应用型本科 电气工程及自动化专业"十三五"规划教材

风光发电技术

钱爱玲　钱显毅　编著

西安电子科技大学出版社

内 容 简 介

本书主要包括风力发电技术发展现状及趋势、风能及其分布、空气动力学及风力机、风力发电负载调节系统的研究、风力发电系统及并网、风力发电系统的储能、风力机的设计、太阳能及其发电技术、太阳能发电储能、风光互补发电及并网技术等内容，符合教育部关于 600 所本科转型的精神和"卓越工程师教育培养计划"及转型课程改革的要求，可供高校理工类专业使用。

图书在版编目(CIP)数据

风光发电技术/钱爱玲，钱显毅编著. —西安：西安电子科技大学出版社，2015.6
应用型本科电气类专业"十三五"规划教材
ISBN 978 - 7 - 5606 - 3637 - 5

Ⅰ. ① 风… Ⅱ. ① 钱… ② 钱… Ⅲ. ① 风力发电系统—高等学校—教材
② 太阳能发电—高等学校—教材 Ⅳ. ① TM614 ② TM615

中国版本图书馆 CIP 数据核字(2015)第 133677 号

策 划 马晓娟
责任编辑 马晓娟 伍 娇
出版发行 西安电子科技大学出版社(西安市太白南路 2 号)
电 话 (029)88242885 88201467 邮 编 710071
网 址 www.xduph.com 电子邮箱 xdupfxb001@163.com
经 销 新华书店
印刷单位 陕西大江印务有限公司
版 次 2015 年 6 月第 1 版 2015 年 6 月第 1 次印刷
开 本 787 毫米×1092 毫米 1/16 印张 14
字 数 329 千字
印 数 1～3000 册
定 价 25.00 元
ISBN 978 - 7 - 5606 - 3637 - 5/TM

XDUP 3929001 - 1

前　　言

　　能源是人类社会和经济发展的重要物质基础，其消费水平也是各国社会经济发展水平的重要标志。在 21 世纪，世界各国都重视新能源的开发和应用，一些国际组织和研究机构对风能和太阳能进行了深入研究，发表了大量的研究报告，其共同的结论是风能和太阳能将得到广泛的应用。目前，风能发电已经在我国得到了广泛的应用，而我国是太阳能发电的关键元件——太阳能电池全球最大的生产国，因此，风能和太阳能发电相关技术在我国得到了广泛应用，许多相关专业技术人员以及高校科研和教学急需新能源相关技术资料。本书即在这种大背景下编写而成。

　　本书按照教育部关于 600 所本科转型的精神和"卓越工程师教育培养计划"及转型课程改革的要求编写。为了扩大本书的使用范围，编写本书时，同时兼顾了对相关工程技术人员的参考作用和工程应用型人才的培养需求。

　　本书具有以下特点：

　　(1) 特色鲜明，实用性强，方便读者自学。相关章节中安排有风能和太阳能发电的阅读材料，并将每个知识点和关键技术紧密结合到相关学科，可以提高相关工程技术人员和学生的学习兴趣，适合不同基础的相关工程技术人员和学生自学。

　　(2) 重点突出，简明清晰，结论表述准确。本书对风能和太阳能发电技术的公式不求严格证明过程，但对可再生发电原理表达清晰、结论准确，有利于帮助学生建立风能和太阳能发电的数理模型，有利于提高工程技术人员进行理论分析和解决实际工程问题的能力。

　　(3) 难易适中，适用面广，因材施教。本书合用不同的工程技术人员学习和参考，也便于普通高校教学之用，特别适用于卓越工程师的人才培养。

　　(4) 系统性强，强化应用，培养动手能力。本书在确保风能和太阳能发电技术知识系统性的基础上，调研并参考了相关行业专家的意见，特别适合用于培养创新型、实用型人才。

　　本书由钱爱玲、钱显毅编著。限于作者水平，书中难免存在不妥之处，欢迎各位同仁多提宝贵意见。作者 QQ：1601907371。

作者于

台州工学院

2015 年 2 月

目　　　录

第1章　风力发电技术发展现状及趋势 ………………………………………… 1

　1.1　风力发电技术现状和发展方向 ……………………………………………… 1

　　1.1.1　风力发电 ………………………………………………………………… 1

　　1.1.2　风力发电技术的发展方向 …………………………………………… 1

　1.2　我国风力发电研发及开发应用 ……………………………………………… 3

　　1.2.1　我国风电技术研发与进展 …………………………………………… 3

　　1.2.2　江苏省2010—2015年风力发电技术研发与进展 …………………… 5

　1.3　前景展望 ……………………………………………………………………… 5

第2章　风能及其分布 ……………………………………………………………… 6

　2.1　风能 …………………………………………………………………………… 6

　2.2　风能分布与计算方法 ………………………………………………………… 16

　2.3　中国风电的必要性和发展政策 ……………………………………………… 25

　　2.3.1　发展风电的必要性 …………………………………………………… 25

　　2.3.2　国家对发展风电的政策支持 ………………………………………… 25

　　2.3.3　发展风电的展望 ……………………………………………………… 26

第3章　空气动力学及风力机 …………………………………………………… 27

　3.1　空气动力学 …………………………………………………………………… 27

　　3.1.1　叶片翼型的几何形状与空气动力学特性 …………………………… 27

　　3.1.2　风力机主要部件的设计 ……………………………………………… 29

　3.2　风力机原理与结构 …………………………………………………………… 32

　　3.2.1　风力机的功率与效率 ………………………………………………… 32

　　3.2.2　各类风力机 …………………………………………………………… 34

　　3.2.3　风力机的气动基础 …………………………………………………… 35

第4章　风力发电负载调节系统的研究 ………………………………………… 37

　4.1　功率负载线 …………………………………………………………………… 37

　　4.1.1　最佳功率负载线 ……………………………………………………… 37

　　4.1.2　实际功率负载线的确定及负载调节 ………………………………… 38

　4.2　负载控制器 …………………………………………………………………… 38

　　4.2.1　分级负载控制器 ……………………………………………………… 38

　　4.2.2　负载控制器与变速恒频风力发电 …………………………………… 40

　4.3　电场风资源与风力发电机组的匹配 ………………………………………… 41

　4.4　风电输出与电网的匹配 ……………………………………………………… 42

第5章　风力发电系统及并网 …………………………………………………… 44

　5.1　风力发电系统的发电机 ……………………………………………………… 44

　　5.1.1　独立运行风力发电系统中的发电机 ………………………………… 44

　　5.1.2　并网运行风力发电系统中的发电机 ………………………………… 52

　5.2　风力发电系统 ………………………………………………………………… 64

　　5.2.1　独立运行的风力发电系统 …………………………………………… 64

　　5.2.2　并网运行的风力发电系统 …………………………………………… 67

5.3 风力发电设备 ·· 78

    5.3.1 风力发电机组设备 ·· 78

    5.3.2 风电场升压变压器、配电线路及变电所设备 ······················· 88

5.4 风力发电机变流装置的研究 ··· 89

    5.4.1 整流器 ·· 89

    5.4.2 逆变器 ·· 91

第6章 风力发电系统的储能 ··· 94

6.1 蓄能装置概述 ·· 94

6.2 飞轮储能 ·· 96

    6.2.1 飞轮电池的组成与工作原理 ·· 96

    6.2.2 飞轮电池转子的支承、驱动和控制 ··· 97

    6.2.3 飞轮电池的应用 ·· 100

6.3 飞轮储能的控制 ··· 101

    6.3.1 飞轮能量转换器 ·· 101

    6.3.2 永磁同步电机的数学模型 ·· 103

    6.3.3 永磁同步电机的控制策略 ·· 104

    6.3.4 结论 ·· 105

6.4 储能的稳定性分析 ·· 105

    6.4.1 引言 ·· 105

    6.4.2 飞轮蓄能系统稳定运转 ·· 106

    6.4.3 阻尼系统的设计 ·· 106

    6.4.4 结论 ·· 107

第7章 风力机的设计 ··· 108

7.1 风机叶片的设计 ··· 108

    7.1.1 物理原型、数字原型与虚拟原型的概念 ································· 108

    7.1.2 虚拟原型开发方法的特点 ·· 111

    7.1.3 风力发电风机叶片研究的意义 ··· 111

    7.1.4 建立虚拟原型的主要步骤 ·· 112

    7.1.5 支持虚拟原型的集成框架 ·· 112

    7.1.6 基于计算机技术在风力发电风机叶片设计中的应用 ·············· 114

    7.1.7 基于计算机技术在风力发电风机叶片设计中的优势 ·············· 114

7.2 叶片的有限元设计方法 ··· 114

    7.2.1 有限元法的基本原理与分析方法 ··· 115

    7.2.2 有限元分析中的离散化处理 ··· 116

    7.2.3 离散化处理 ··· 118

    7.2.4 单元分析 ··· 119

    7.2.5 后置处理 ··· 120

7.3 储能飞轮的设计 ··· 121

    7.3.1 数字化功能样机 ·· 121

    7.3.2 多学科设计优化 ·· 121

    7.3.3 虚拟样机技术在飞轮储能设计中的应用 ································· 122

第8章　太阳能及其发电技术 ························· 123

8.1　太阳和太阳能 ································· 123
8.1.1　太阳的结构和组成 ······················ 123
8.1.2　太阳的能量 ··························· 125
8.1.3　地球上的太阳能 ······················· 126
8.1.4　我国丰富的太阳能资源 ··················· 130
8.2　太阳能电池及发电系统 ······················· 134
8.2.1　太阳能电池及太阳能电池方阵 ··············· 134
8.2.2　太阳能光伏发电 ······················· 143
8.2.3　太阳能光伏发电系统的设计及实例 ············· 150

第9章　太阳能发电储能 ························· 166

9.1　太阳能发电储能控制及逆变 ····················· 166
9.1.1　充、放电控制器 ······················· 166
9.1.2　直流-交流逆变器 ······················ 179
9.2　太阳能电池配电系统 ························· 186
9.2.1　光伏电站交流配电系统的构成和分类 ············ 186
9.2.2　光伏电站交流配电系统的主要功能和原理 ········· 187
9.2.3　对交流配电系统的主要要求 ················· 188
9.2.4　高压配电系统 ························· 189

第10章　风光互补发电及并网技术 ··················· 190

10.1　电网对光伏电站接入的承载能力 ·················· 190
10.1.1　大规模光伏、风电并网对电网的影响 ··········· 190
10.1.2　区域电网对光伏电站接入的承载能力 ··········· 191
10.2　光伏发电并网技术 ························· 198
10.2.1　并网光伏电站接入系统分析 ················ 198
10.2.2　光伏发电接入后电网暂态稳定性分析 ··········· 200
10.2.3　光伏电站并网运行后系统的暂态特性 ··········· 203
10.3　风电并网的技术要求 ························ 203
10.3.1　风电并网技术标准的制定 ················· 203
10.3.2　风电并网技术要求内容 ·················· 204
10.4　电网大规模接入风光电的适应性 ·················· 207
10.4.1　光伏发电并网运行要求 ·················· 207
10.4.2　规划光伏发电的经济效益和运行成本分析 ········· 210

参考文献 ································· 214

第1章 风力发电技术发展现状及趋势

内容摘要：介绍中国及世界风力发电技术现状、发展方向，探讨我国风力发电研发进展及开发应用情况，展望和分析未来我国风力发电前景。

理论教学要求：了解风力发电的原理。

工程教学要求：在有条件的情况下，参观风力发电厂或风力发电实验装置。

1.1　风力发电技术现状和发展方向

人类对风能利用已有数千年的历史。在蒸汽机发明之前，风能一直被用来作为碾磨谷物、抽水、船舶航行等机械设备的动力。如今，风能可以在大范围内无污染地发电，提供给独立用户或输送到中央电网。由于风能资源丰富，风电技术相当成熟，风电价格越来越具有市场竞争力，因此风电成为世界上增长最快的能源。近几年来，风电装机容量年均增长超过 30％，而每年新增风电装机容量的增长率则达到 35.7％。同时，风电装备制造业发展迅猛，恒速、变速等各类风力发电机组逐步实现了商品化和产业化，大型风力发电在世界各地进入产业化。

1.1.1　风力发电

风力发电机组由风机和发电机组组成，一般由叶片（集风装置）、发电机（包括传动装置）、调向器（尾翼）、塔架、限速安全机构和储能装置等构件组成。风力发电有三种运行方式：一是独立运行方式，整套系统通常由风力发电机、逆变器和蓄电池三部分组成，风力发电机向一个或几个用户提供电力，蓄电池用于蓄能，以保证无风时的用电；二是混合型风力发电运行方式，整套系统除了风力发电机外，还带有一套备用的发电系统，通常采用柴油机，在风力发电机不能提供足够的电力时，让柴油机投入运行；三是风力发电并入常规电网运行，向大电网提供电力，通常是一处风电场安装几十台甚至几百台风力发电机，这是风力发电的主要方式。

1.1.2　风力发电技术的发展方向

随着科技的不断进步和世界各国能源政策的倾斜，风力发电发展迅速，展现出广阔的前景，未来数年世界风电技术发展的趋势主要表现在如下几个方面。

1. 风力发电机组向大型化发展

21世纪以前，国际风力发电市场上主流机型容量从 50 kW 增加到 1500 kW。进入 21 世纪后，随着技术的日趋成熟，风力发电机组不断向大型化发展。目前风力发电机组的规模一直在不断增大，国际上单机容量 1～3 MW 的风力发电机组已成为国际主流风电机组，5 MW 风电机组已投入试运行。2004 年以来，1 MW 以上的兆瓦级风力发电机占到新增装机容量的 74.90%。大型风力发电机组有陆地和海上两种发展模式。陆地风力发电，其方向是低风速发电技术，主要机型是 1～3 MW 的大型风力发电机组，这种模式的关键是向电网输电。近海风力发电，主要用于比较浅的近海海域，一般安装 3 MW 以上的大型风力发电机，布置大规模的风力发电场。随着陆地风电场利用空间越来越小，海上风电场在未来风能开发中将占据越来越重要的份额。

风力发电系统中，发电机是能量转换的核心部分。在风力发电中，当发电机与电网并联运行时，要求风电频率和电网频率保持一致，即风电频率保持恒定。因此风力发电系统按发电机的运行方式分为恒速恒频发电机系统(CSCF 系统)和变速恒频发电机系统(VSCF 系统)。恒速恒频发电机系统是指在风力发电过程中保持发电机的转速不变从而得到和电网频率一致的恒频电能。恒速恒频系统一般来说比较简单，所采用的发电机主要是同步发电机和鼠笼式感应发电机，前者以由电机极数和频率所决定的同步转速运行，后者则以稍高于同步转速的速度运行。变速恒频发电机系统是指在风力发电过程中发电机的转速可以随风速变化，并且通过其他的控制方式来得到和电网频率一致的恒频电能。

2. 风力机叶片长度可变

随着风轮直径的增加，风力机可以捕捉更多的风能。直径为 40 m 的风轮适用于 500 kW 的风力机，而直径为 80 m 的风轮则可用于 2.5 MW 的风力机。长度超过 80 m 的叶片已经成功运行。每一米叶片长度的增加，都会使风力机可捕捉的风能显著增加。和叶片长度一样，叶片设计对提高风能利用也有着重要的作用。目前丹麦、美国、德国等风电技术发达的国家和一些知名风电制造企业正在利用先进的设备和技术条件致力于研究长度可变的叶片技术。这项技术可以根据风况，调整叶片的长度。当风速较低时，叶片会完全伸展，以最大限度地产生电力；随着风速增大，输出电力会逐步增至风力机的额定功率，一旦风速超过这一峰点，叶片就会回缩以限制输电量；如果风速继续增大，叶片长度会继续缩小直至最短。风速自高向低变化时，叶片长度也会作相应调整。

3. 风机控制技术不断提高

随着电力电子技术的发展，变速风电机去掉了沉重的增速齿轮箱，发电机轴直接连接到风力机轴上，转子的转速随风速而改变，其交流电的频率也随之变化，经过置于地面的大功率电力电子变换器，将频率不定的交流电整流成直流电，再逆变成与电网同频率的交流电输出。由于它被设计成在几乎所有的风况下都能获得较大的空气动力效率，从而大大地提高了风力机捕捉风能的效率。试验表明，在平均风速为每秒 6、7 m 时，变速风电机要比恒速风电机多捕获 15% 的风能。同时由于机舱质量的减轻，改善了传动系统各部件的受力状况，使风电机的支持结构减轻，从而使设施费用降低，运行维护费用也降低。这种技术在经济上可行，具有较广泛的应用前景。

4. 风力发电从陆地向海面拓展

海上有丰富的风能资源和广阔平坦的区域，风速大且稳定，日平均利用小时数可达到 20 个小时以上。同容量装机，海上比陆上成本增加 60%，电量增加 50% 以上。随着风力发电的发展，陆地上的风机总数已经趋于饱和，海上风力发电场将成为未来发展的重点。虽然近海风电场的前期资金投入和运行维护费用都比陆上风电场高得多，但大型风电场的规模经济使大型风力机变得切实可行。为了在海上风场安装更大机组，许多大型风力机制造商正在开发 3～5 MW 的机组，多兆瓦级风力发电机组在近海风力发电场的商业化运行是国内外风能利用的新趋势。从 2006 年开始，欧洲的海上风力发电开始大规模起飞。到 2010 年，欧洲海上风力发电的装机容量达到 10 000 MW。目前德国正在建设的北海近海风电场，总功率为 100 万千瓦，单机功率为 5 MW，是目前世界上最大的风力发电场，该风电场生产出来的电量之大，可与常规电厂相媲美。

5. 采用新型塔架结构

目前，美国的几家公司正在以不同方法设计新型塔架。采用新型塔架结构有助于提高风力机的经济可行性。Valmount 工业公司提出了一个完全不同的塔架概念，发明了由两条斜支架支撑的非锥形主轴。这种设计比钢制结构坚固 12 倍，能够从整体上降低结构中无支撑部分的成本，使之只有传统简式风力机结构成本的一半。用一个活动提升平台，可以将叶轮等部件提升到塔架顶部。这种塔架具有占地面积小和容易安装的特点。由于其成本低且无需大型起重机，这种新型塔架拓宽了风能利用的可用场址范围。

1.2　我国风力发电研发及开发应用

1.2.1　我国风电技术研发与进展

我国风电技术的发展从 20 世纪 80 年代由小型风力发电机组开始，并由小及大，其间以 100 W～10 kW 的产品为主。"九五"期间，我国重点对 600 kW 三叶片、失速型、双速型发电机的风电机组进行了研制，掌握了整体总装技术和关键部件叶片、电控、发电机、齿轮辐等的设计制造技术，初步掌握了总体设计技术，对变桨距 600 kW 风电机组也研制出了样机。"十五"期间，科技部对 750 kW 的失速型风电机组的技术和产品进行攻关，并取得了成功。目前，600 kW 和 750 kW 定桨距失速型机组已经成为经市场验证的、批量生产的主要国产机组。在此基础上，"十五"期间国家 863 计划支持了国内数家企业研制兆瓦级风力发电机组，以追赶世界主流机型先进技术。另外，还采取和国外公司合作设计，以在国内采购生产主要部件组装风电机组的方式，进行 1.2 MW 直驱式变速恒频风电机组研制项目。第一台样机已经于 2005 年 5 月投入试运行，国产化率达到 25%。第二台样机于 2006 年 2 月投入试运行，国产化率达到 90%。该项目完成后，将形成具有国内自主知识产权的 1.2 MW 直接驱动永磁风力发电机组机型，同时初步形成大型风电机组的自主设计能力以及叶片、电控系统、发电机等关键部件的设计和批量生产能力。

我国对兆瓦级变速恒频风电机组项目的研制，完全立足于自主设计。技术方案采取双馈发电机、变桨距、变速技术，完成了总体和主要部件设计、缩比模型加工制造及模拟试验研究、风电机组总装方案的制订,其中兆瓦级变速恒频风电机组多功能缩比模型填补了我国大型风电机组实验室地面试验和仿真测试设备的空白。首台样机已经于 2005 年 9 月投入试运行。该项目完成后,我国将形成 1 MW 双馈变速恒频风电机组机型和一套风电机组的设计开发方法,从而为全面掌握风电机组的设计技术提供基础。

在市场的激励下,2004 年以来进入风电制造业的众多企业还通过引进技术或自主研发迅速启动了兆瓦级风电机组的制造。其中一些企业与国外知名风电制造企业成立合资企业或向其购买生产许可证,直接引进国际风电市场主流成熟机型的总装技术,在早期直接进口主要部件,然后努力消化吸收,逐步实现部件国产化。

总体上看,当前国内众多整机制造企业引进和研制的各种型号兆瓦级机组(容量为 1~2 MW,技术形式包括失速型、直驱永磁式和双馈式),已经于 2007 年投入批量生产。但是,兆瓦级机组控制系统仍依赖进口。

国内大型风电用发电机的研制生产始于 20 世纪 90 年代初。在国内坚实的电机工业基础上以及国内风电市场的拉动下,目前数家企业已具备 750 kW 级发电机的批量生产供应能力,并在近两年内研制出了兆瓦级双馈型发电机并投入试运行。大型风电机组叶片一度是我国风电国产化的主要瓶颈。目前已经实现了 600 kW 和 750 kW 叶片的设计制造技术并实现产业化,形成了研制兆瓦级容量叶片的创新能力,2005 年研制出了 1.3 MW 叶片。国内主要的叶片生产企业,其产能已达到 1000 MW/年。风电机组电控系统是国内风电机组制造业中最薄弱的环节,过去数年中我国研发生产电控设备的单位经刻苦攻关,已掌握 600 kW、750 kW 风电机组的电控系统技术,可批量生产。

地球上的风能资源非常丰富,开发潜力巨大,全球已有不少于 70 个国家在利用风能。风力发电是风能的主要利用形式。近年来,全球范围内风电装机容量持续较快增长。

到 2009 年年底,全球风电累计装机总量已超过 15 000 万千瓦,中国风电累计装机总量突破 2500 万千瓦,约占全球风电的 1/6。中国风电装机容量增长迅猛,年度新增装机容量增长率连续 6 年超过 100%,成为风电产业增长速度最快的国家。

近年来,风电大开发有力带动了相关设备市场的蓬勃发展。在国家政策支持和能源供应紧张的背景下,中国风电设备制造业迅速崛起,已经成为全球风电投资最为活跃的场所。国际风电设备巨头竞相进军中国市场,Gamesa、Vestas 等国外风电设备企业纷纷在中国设厂或与我国本土企业合作。

经过多年的技术积累,中国风电设备制造业逐步发展壮大,产业链日趋完善,风电机组自主化研发取得丰硕成果,关键零部件市场迅速扩张。内资和合资企业在 2004 年前后还只占据不到三分之一的中国风机市场,到 2009 年,这一市场份额已超过了 6 成。

中国对风电的政策支持由来已久。政策支持的对象由过去的注重发电转向了注重扶持国内风电设备制造。随着国产风电设备自主制造能力不断加强,2010 年国家取消了国产化率政策,提升了准入门槛,加快了风电设备制造业结构优化和产业升级,进一步规范了风电设备产业的有序发展。

中国正逢风电发展的大好时机,遍地开花的风电场建设意味着庞大的设备需求。除了风电整机需求不断增长之外,叶片、齿轮箱、大型轴承、电控等风电设备零部件的供给能力仍不能完全满足需求,市场增长潜力巨大。因此,中国风电设备制造业发展前景乐观。

1.2.2　江苏省 2010—2015 年风力发电技术研发与进展

江苏省是我国较早利用风能的地区之一，风能资源较丰富。江苏的风能资源蕴藏量约有 238 万千瓦。江苏沿海滩涂狭长，风能资源优良，是建设大型海上风电场的理想场区，近海风力发电潜力巨大。

进入 21 世纪以来，江苏省逐步加大了对风能资源的开发力度，对全省风能资源的储量、分布、开发前景进行了深入调研，科学规划了一批风力发电项目。2006 年，江苏如东 15 万千瓦风电场首批风电机组正式并网发电，这是江苏省内风电机组首次并网发电。此后，江苏省如东、响水、滨海、射阳等地陆续启动或获准建设风电项目。海风电场走廊成为江苏沿海近千公里海岸线上的一个新兴产业。

积极开发节能环保的新能源已成为大势所趋。2010 年，中国启动海上风电的首轮特许招标，初步选定在江苏的沿海地区建设两个近海风电和两个滩涂风电项目。其中，近海风电规模定为 30 万千瓦，滩涂风电规模定为 20 万千瓦。江苏风电产业迎来了历史性发展机遇。

1.3　前　景　展　望

江苏省内主要电厂均为燃煤电厂，电源结构形式单一，发电用煤需求量大。但江苏省产煤能力有限，电厂燃煤 80% 需要从外省购进，成本高，电煤供给紧缺，污染严重；水力发电资源极少，核电成本高(由于本省没有多少可供建设核电的地形地貌)。因此，加快开发风力资源，对江苏能源结构调整有一定促进作用。江苏省有效利用风能资源，大规模发展风电产业，有利于和矿产资源、港口运输、制造业发展相结合，构建包括风机制造、风力发电、与风电有关的盐化工产业与冶金工业、金属和非金属原料的精深加工产业在内的大规模风电产业体系，在长三角地区形成独特的绿色能源利用高地。

第2章 风能及其分布

📓 **内容摘要**：分析了风能形成原因，介绍了我国风能分布与地形地貌的关系，分析了风能的计算方法，介绍了发展中国风电的必要性和国家发展风能发电的相关政策。

✏️ **理论教学要求**：了解风能形成原因和分布。

✏️ **工程教学要求**：中国风电的必要性和国家发展风能发电的相关政策。

2.1 风　　能

1. 大气环流

（1）温差形成的空气流动。风的形成是空气流动的结果。空气流动的原因是多方面的，由于地球绕太阳运转，日地距离和方位不同，地球上各纬度所接受的太阳辐射强度也就不同。赤道和低纬度地区比极地和高纬度地区太阳辐射强度强，地面和大气接受的热量多，因而温度高，这种温差形成了南北间的气压梯度，使得空气在等压面向北流动。

（2）地球自转形成的空气流动。由于地球自转形成了科里奥利力，简称偏向力或科氏力。在此力作用下，在北半球，气流向右偏转；在南半球，气流向左偏转。所以，地球大气的运动，除受到气压梯度力的作用外，还受到地转偏向力的影响。地转偏向力在赤道为零，随着纬度的增高而增大，在极地达到最大。

（3）由于地球表面受热不均，引起大气层中空气压力不均衡，因此，形成地面与高空的大气环流。各环流圈伸屈的高度，以赤道最高，中纬度次之，极地最低，这主要是由于地球表面增热程度随纬度增高而降低的缘故。这种环流在地球自转偏向力的作用下，形成了赤道到纬度 30°N 环流圈（哈德来环流）、纬度 30°～60°N 环流圈和纬度 60°～90°N 环流圈，这便是著名的三圈环流，如图 2-1 所示。当然，所谓三圈环流只是一种理论的环流模型。由于地球上海陆的分布不均匀，因此，实际的环流比上述情况要复杂得多。

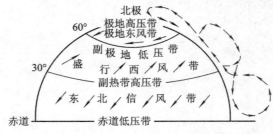

图 2-1 三圈环流示意图

2．季风环流

在一个大范围地区内，它的盛行风向或气压系统有明显的季节变化，这种在一年内随着季节不同有规律转变风向的风，称为季风。季风盛行地区的气候又称季风气候。

亚洲东部的季风主要包括中国的东部、朝鲜、日本等地区。亚洲南部的季风，以印度半岛最为显著，这就是世界闻名的印度季风。中国位于亚洲的东南部，所以东亚季风和南亚季风对中国天气气候变化都有很大影响。

图 2-2 是季风的地理分布。形成中国季风环流的因素很多，主要是由海陆差异、行星风带的季风转换以及地形特征等综合形成的。

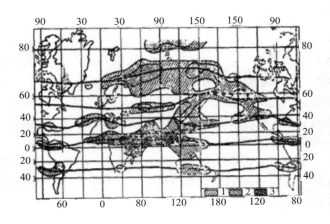

图 2-2　季风的地理分布

1）海陆分布对中国季风的作用

海洋的热容量比陆地大得多。冬季，陆地比海洋冷，大陆气压高于海洋气压，气压梯度力由大陆指向海洋，风从大陆吹向海洋；夏季则相反，陆地很快变暖，海洋相对比较冷，陆地气压低于海洋气压，气压梯度力由海洋指向大陆，风从海洋吹向大陆，如图 2-3 所示。

中国东临太平洋，南临印度洋，冬夏的海陆温差大，所以季风明显。

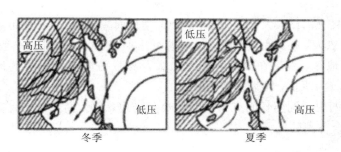

图 2-3　海陆热力差异引起的季风示意图

2）行星风带位置季节转换对中国季风的作用

地球上存在着 5 个风带。东北信风带、盛行西风带、极地东风带在南半球和北半球是对称分布的。这 5 个风带，在北半球的夏季都向北移动，而冬季则向南移动。这样，冬季西风带的南缘地带在夏季可以变成东风带。因此，冬夏盛行风就会发生 180°的变化。

冬季，中国主要在西风带的影响下，强大的西伯利亚高压笼罩着全国，盛行偏北气流。夏季，西风带北移，中国在大陆热低压控制之下，副热带高压也北移，盛行偏南风。

3）青藏高原对中国季风的作用

青藏高原占中国陆地面积的 1/4，平均海拔在 4000 m 以上，对周围地区具有热力作用。在冬季，高原上温度较低，周围大气温度较高，这就形成下沉气流，从而加强了地面高压系统，使冬季风增强；在夏季，高原相对于周围自由大气是一个热源，加强了高原周围地区的低压系统，使夏季季风得到加强。另外，在夏季，西南季风由孟加拉湾向北推行，沿着青藏高原东部的南北走向的横断山脉流向中国的西南地区。

3. 局地环流

1）海陆风

海陆风的形成与季风相同，也是由大陆和海洋之间的温度差异的转变引起的。不过海陆风的范围小，以天为周期，势力也相对薄弱。

由于海陆物理属性的差异，造成海陆受热不均。白天，陆上增温比海洋快，空气上升，而海洋上空气温相对较低，使地面有风自海洋吹向大陆，补充大陆地区的上升气流，而陆上的上升气流流向海洋上空而下沉，补充海上吹向大陆的气流，形成一个完整的热力环流；夜间环流的方向正好相反，所以风从陆地吹向海洋。将这种白天从海洋吹向大陆的风称为海风，夜间从陆地吹向海洋的风称为陆风，将一天中海陆之间的周期循性环流总称为海陆风（如图 2-4 所示）。

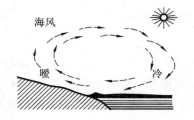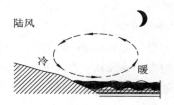

图 2-4　海陆风形成示意图

海陆风的强度在海岸最大，随着离岸距离的增加而减弱，一般影响距离约为 20～50 km。海风的风速比陆风大，在典型的情况下，风速可达 4～7 m/s；而陆风一般仅为 2 m/s 左右。海陆风最强烈的地区，发生在温度日变化最大及昼夜海陆温差最大的地区。低纬度日照强，所以海陆风较为明显，尤以夏季为甚。

此外，在大湖附近同样日间有风自湖面吹向陆地，称为湖风，夜间有风自陆地吹向湖面，称为陆风，合称湖陆风。

2）山谷风

山谷风的形成原理跟海陆风是类似的。白天，山坡接受太阳光热较多，空气增温较多，而山谷上空同高度上的空气因离地较远，增温较少，于是山坡上的暖空气不断上升，并从山坡上空流向谷底上空，谷底的空气则沿山坡向山顶补充，这样便在山坡与山谷之间形成一个热力环流。下层风由谷底吹向山坡，称为谷风。到了夜间，山坡上的空气受山坡辐射冷却影响，空气降温较多，而谷底上空同高度的空气因离地面较远，降温较少，于是山坡上的冷空气因密度大，顺山坡流入谷底，谷底的空气因汇合而上升，向山顶上空流去，形成与白天相反的热力环流。下层风由山坡吹向谷底，称为山风。山风和谷风又总称为山谷风（如图 2-5 所示）。

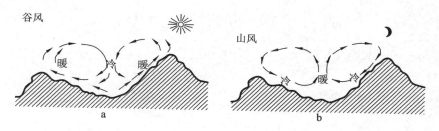

图 2-5 　山谷风形成示意图

山谷风风速一般较弱，谷风比山风大一些，谷风速度一般为 2～4 m/s，有时可达 6～7 m/s。谷风通过山隘时，风速加大。山风速度一般仅为 1～2 m/s。但在峡谷中，风速还能增大一些。

4. 中国风能资源的形成

风资源的形成受多种自然因素的影响，特别是天气气候背景、地形和海陆的影响至关重要。风能在空间分布上是分散的，在时间分布上也是不稳定和不连续的，也就是说风速对天气气候非常敏感，时有时无，时大时小，尽管如此风能资源在时间和空间分布上仍存在着很强的地域性和时间性。对中国来说，风能资源丰富及较丰富的地区，主要分布在北部和沿海及其岛屿两个大带里，其他只是在一些特殊地形或湖岸地区成孤岛式分布。

1）三北（西北、华北、东北）风能资源丰富的地区

冬季（12～2 月份），整个亚洲大陆完全受蒙古高压控制，其中心位置在蒙古人民共和国的西北部，在高压中不断有小股冷空气南下，进入中国。同时还有移动性的高压（反气旋）不时地南下，南下时气温较低。若一次冷空气南下过程中最低气温在 5℃ 以下，且这次过程中日平均气温 48h 内最大降温达 10℃ 以上，则称为一次寒潮，不符合这一标准的称为一次冷空气。

影响中国的冷空气有 5 个源地，这 5 个源地侵入的路线称为路径。第一条路径来自新地岛以东附近的北冰洋面，从 NW 方向进入蒙古人民共和国西部，再东移南下影响中国，称为西北 1 路径，如图 2-6 中的 NW1；第二条源于新地岛以西北冰洋面，经俄罗斯、蒙古国进入中国，称西北 2 路径，如图 2-6 中的 NW2；第三条源于地中海附近，称西路径，东移到蒙古国西部再影响中国，如图 2-6 中的 W；第四条源于太梅尔半岛附近北冰洋洋面，向南移入蒙古国，然后再向东南影响中国，称为北路径，如图 2-6 中的 N；第五条源于贝加尔湖以东的东西伯利亚地区，进入中国东北及华北地区，称为东北路径，如图 2-6 中的 NE。

从图 2-6 中还可以看到，冷空气从这 5 条路径进入中国后，分两条不同的路径南下，一条是经河套、华北、华中，由长江中下游入海，有时可侵入华南地区。沿此路径侵入的寒潮可以影响中国大部分地区，出现次数占总次数的 60% 左右，冷空气经过之地有连续的大风、降温并常伴有风沙。另一条经过华北北部、东北平原，东移进入日本海，也有一部分经华北、黄河下游，向西南移入西湖盆地。这一条出现次数约占总次数的 40%。它常使渤海、黄海、东海出现东北大风，也给长江以北地区带来大范围的大风、降雪和低温天气。

这五条路径除东北路径外，一般都要经过蒙古人民共和国，当冷空气经过蒙古高压时

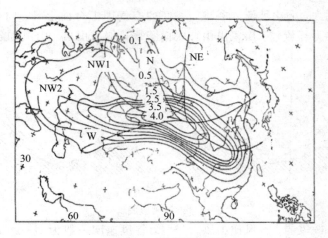

图 2-6　寒潮路径图

得到新的冷高压的补充和加强，这种高压往往可以迅速南下，进入中国。每当冷空气侵入一次，大气环流必定发生一次大的调整，天气也将发生剧烈的变化。

欧亚大陆面积广大，北部气温低，是北半球冷高压活动最频繁的地区，而中国地处亚欧大陆南岸，正是冷空气南下必经之路。三北地区是冷空气侵入中国的前沿地区，一般冷高压前锋称为冷锋，在冷锋过境时，在冷锋后面 200km 附近经常可出现大风，可造成一次 6～10 级(10.8～24.4 m/s)大风。而对风能资源利用来说，就是一次可以有效利用的高质量风速。强冷空气除在冬季侵入外，在春秋季也常有侵入。

从中国三北地区向南，由于冷空气从源地长途跋涉，到达中国黄河中下游，再到长江中下游，地面气温有所升高，原来寒冷干燥的气流性质逐渐改变为较冷湿润的气流性质(称为变性)，也就是冷空气逐渐地变暖，这时气压差也变小，所以，风速由北向南逐渐减小。

中国东部处于蒙古高压的东侧和东南侧，所以盛行风向都是偏北风，只因其相对蒙古高压中心的位置不同而实际偏北的角度有所区别。三北地区多为西北风，秦岭黄河下游以南的广大地区，盛行风向偏于北和东北之间。

春季(3～5 月份)是由冬季到夏季的过渡季节。由于地面温度不断升高，从 4 月份开始，中、高纬度地区的蒙古高压强度已明显地减弱，而这时印度低压(大陆低压)及其向东北伸展的低压槽，已控制了中国的华南地区，与此同时，太平洋副热带高压也由菲律宾向北逐渐侵入中国华南沿海一带，这几个高、低气压系统的强弱、消长都对中国风能资源有着重要的作用。

在春季，这几种气流在中国频繁地交替。春季是中国气旋活动最多的季节，特别是中国东北及内蒙古一带气旋活动频繁，造成内蒙古和东北的大风和沙暴天气。同样，江南气旋活动也较多，但造成的却是春雨和华南雨季。这也是三北地区风资源较南方丰富的一个主要原因。全国风向已不如冬季那样稳定少变，但仍以偏北风占优势，但风的偏南分量显著地增加。

夏季(6～8 月份)东南地面气压分布形势与冬季完全相反。这时中、高纬度的蒙古高压向北退缩得已不明显，相反地，印度低压继续发展控制了亚洲大陆，为全国最盛的季风。太平洋副热带高压此时也向北扩展和单路西伸。可以说，东亚大陆夏季的天气气候变化基本上受这两个环流系统的强弱和相互作用所制约。

随着太平洋副热带高压的西伸北扩，中国东部地区均可受到它的影响，此高压的西部为东南气流和西南气流带来了丰富的降水,但高、低压间压差小,风速不大,夏季是全国全年风速最小的季节。夏季,大陆为热低压,海上为高压,高、低压间的等压线在中国东部几乎呈南北向分布的形式,所以夏季风盛行偏南风。

秋季(9～11 月份)是由夏季到冬季的过渡季节,这时印度低压和太平洋高压开始明显衰退,而中高纬度的蒙古高压又开始活跃起来。冬季风来得迅速,且维持稳定。此时,中国东南沿海已逐渐受到蒙古高压边缘的影响,华南沿海由夏季的东南风转为东北风。三北地区秋季已确立了冬季风的形势。各地多为稳定的偏北风,风速开始增大。

2) 东南沿海及其岛屿风能资源丰富的地区

其形成的天气气候背景与三北地区基本相同,所不同的是海洋与大陆由两种截然不同的物质所组成,二者的辐射与热力学过程都存在着明显的差异。大陆与海洋间的能量交换不大相同,海洋温度变化慢,具有明显的热惰性,大陆温度变化快,具有明显的热敏感性。冬季海洋较大陆温暖,夏季较大陆凉爽。在冬季,每当冷空气到达海上时,风速增大,再加上海洋表面平滑,摩擦力小,一般风速比大陆快 2～4 m/s。

东南沿海又受台湾海峡的影响,每当冷空气南下到达这里时,由于狭管效应的影响使风速增大,因此是风能资源最佳地区。在沿海,夏秋季节均受到热带气旋的影响(中国现行的热带气旋名称和等级标准见表 2-1)。当热带气旋风速达到 8 级(17.2 m/s)以上时,称为台风。台风是一种直径为 1000 km 左右的圆形气旋,中心气压极低。距台风中心 10～30 km 的范围内是台风眼,台风眼中天气极好,风速很小。在台风眼外壁,天气最为恶劣,最大破坏风速就出现在这个范围内,所以一般只要不是台风正面直接登陆的地区,风速一般小于 10 级(26 m/s),它的影响平均有 800～1000 km 的直径范围。每当台风登陆后,沿海地区就产生一次大风过程,而风速基本上在风力机切出风速范围之内,所以这是一次满发电的好机会。

表 2-1　热带气旋名称和等级标准

中心附近最大风力等级	国际热带气旋名称	中国现行热带气旋名称	
		对国内	对国外
6、7	热带低压	热带低压	热带低压
8、9	热带风暴	台风	热带风暴
10、11	强热带风暴		
12 或 12 以上	台风	强台风	台风

登陆台风在中国每年有 11 次,而广东每年登陆台风最多,为 3.5 次,海南次之,为 2.1 次,台湾为 1.9 次,福建为 1.6 次,广西、浙江、上海、江苏、山东、天津、辽宁等合计仅为 1.7 次,由此可见,台风影响的地区由南向北递减。对从台湾路径通过的次数,进行等频率线图的分析可看出(如图 2-7 所示),南海和东海沿海频率远大于北部沿海,对风能资源来说也是南大北小。由于台风登陆后中心气压升高极快,再加上东南沿海东北—西南走向的山脉重叠,所以形成的大风仅在距海岸几十公里内,风能功率密度由 300 W/m² 锐减到 100 W/m² 以下。

综上所述,冬春季的冷空气、夏秋的台风,都能影响到沿海及其岛屿。相对内陆来说,这里形成了风能丰富带。由于台湾海湾的狭管效应的影响,东南沿海及其岛屿是风能最佳

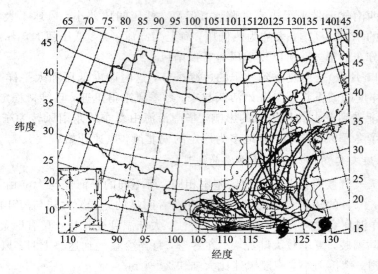

图 2-7　5~10 月台风频率

丰富区。中国的海岸线有 18 000 多公里，有 6000 多个岛屿和近海广大的海域，这里是风能大有开发利用前景的地区。

3）内陆风能资源丰富地区

在两个风能丰富带之外，风能功率密度一般较小，但是在一些地区，由于湖泊和特殊地形的影响，风能比较丰富，如鄱阳湖附近较周围地区风能就大，湖南衡山、湖北九宫山和利川、安徽的黄山、云南太华山等较平地风能大。但是这些只限于很小范围之内，没有两大带那样大的面积。

青藏高原海拔在 4000 m 以上，这里的风速比较大，但空气密度小，如海拔 4000 m 以上的空气密度大致为地面的 0.67，也就是说，同样是 8 m/s 的风速，在平原上风能功率密度为 313.6 W/m²，而在海拔 4000 m 处只为 209.9 W/m²，所以对风能利用来说仍属一般地区。

5. 中国风速变化特性

1）风速年变化

各月平均风速的空间分布与造成风速的天气气候背景、地形以及海陆分布等有直接关系，就全国而论，各地年变化有差异，如三北地区和黄河中下游，全国风速最大的时期绝大部分出现在春季，风速最小出现在秋季。以内蒙古多伦为代表，风速最大的时期在 3~5 月份，最小的时期在 7~9 月份。冬季冷空气经三北地区奔腾而下，风速也较大，但春季不但有冷空气经过，而且气旋活动频繁，故而春季比冬季风要大些。北京也是 3 月份和 4 月份风速最大，7~9 月份风速最小。但在新疆北部，风速年变化情况和其他地区有所不同，春末夏初（4~7 月份）风速最大，冬季风最小，这是由于冬季蒙古高压盘踞在这里，冷空气聚集在盆地之下，下层空气极其稳定，风速最小，而在 4~7 月份，特别是在 5、6 月份，冷锋和高空低槽过境较多，地面温度较高，冷暖平流很强，容易产生较大气压梯度，所以风速最大。

东南沿海全年风速的变化以福建平潭为例，如图 2-8 所示，夏季风较小，秋季风速最大。由于秋季北方冷高压加强南下，海上台风活跃北上，东南沿海气压梯度很大，再加上台湾海峡的狭管效应，因此风速最大；初夏因受到热带高压脊的控制，风速最小。

青藏高原以班戈为代表，风速年变化如图 2-8 所示，它是春季风速最大，夏季最小。在春季，由于高空西风气流稳定维持在这一地区，高空动量下传，所以风速最大；在夏季，由于高空西风气流北移，地面为热低压，因此风速较小。

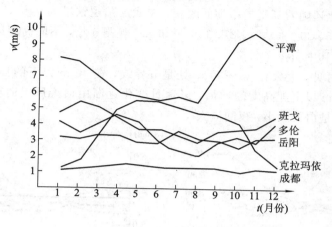

图 2-8　风速年变化

2）风速日变化

风速日变化即风速在一日之内的变化，一般有陆地上和海上日变化两种类型。陆地上风速日变化是白天风速大，午后 14 时左右达到最大，晚上风速小，在清晨 6 时左右风速最小。这是由于白天地面受热，特别是午后地面最热，上下对流旺盛，高层风动量下传，使下层空气流动加速，且加速最多，因此风速最大；日落后地面迅速冷却，气层趋于稳定，风速逐渐减小，到日出前地面气温最低，有时形成逆风，因此风速最小。如图 2-9 所示是某城市某日湿度-风速变化曲线。

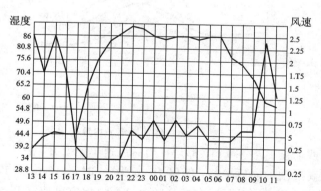

图 2-9　某城市某日湿度-风速变化曲线

海上风速日变化与陆地相反，白天风速小，午后 14 时左右最小，夜间风速大，清晨 6 时左右风速最大。地面风速日变化是因高空动量下传引起的，而动量下传又与海陆昼夜稳定变化不同有关。由于海上夜间海温高于气温，大气层热稳定度比白天大，正好与陆地相反。另外海上风速日变化的幅度较陆面为小，这是因为海面上水温和气温的日变化都比陆地小和陆地上白天对流强于海上夜间的缘故。

但在近海地区或海岛上,风速的变化既受海面的影响又受陆地的影响,所以风速日变化便不属于任一类型。稍大的一些岛屿一般受陆地影响较大,白天风速较大,如成山头、南澳、西沙等。但有些较大的岛屿,如平潭岛,风速日变化几乎已经接近陆上风速日变化的类型。

风速的日变化还随着高度的增加而改变,如武汉阳逻铁塔高 146 m,风的梯度观测有9层,即 5、10、15、20、30、62、87、119、146 m。观测 5 年,不同高度风速日变化特点很不相同,如图 2-10 所示。

由图 2-11 可见,大致在 15~30 m 处是分界线,在 30 m 以下的日变化是白天风大、夜间风小,在 30 m 以上随高度的增加,风速日变化逐渐由白天风大向夜间风大转变,到62 m 以上基本上是白天风小,夜间风大。

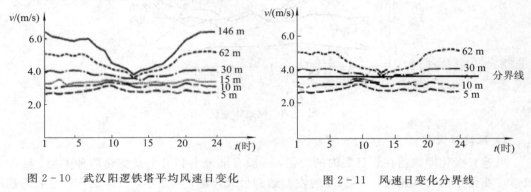

图 2-10 武汉阳逻铁塔平均风速日变化　　　　图 2-11 风速日变化分界线

这一结果与北方锡林浩特铁塔 4 年的实测资料的结果有着明显的差异,如图 2-12所示。

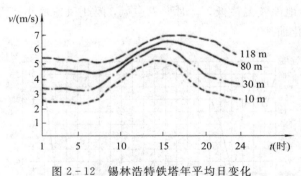

图 2-12 锡林浩特铁塔年平均日变化

由图 2-12 可见,在 10~118 m,都是日出后风速单调上升,直到午后达到最大。但达到最大的时间,随高度增加向后推移,低层 10 m 为 14 时,118 m 为 17 时左右。此后,随着午后太阳辐射强度的减弱,上下层交换又随之减弱,相应风速又开始下降,在早 7 时左右风速最小。达到风速最小的时间也是随高度向后推移的,在 118 m 高度,风速最小值在9 时左右。

这两地的风速随高度日变化不同,主要是由于武汉阳逻铁塔上下动量交换远比锡林浩特交换的高度低所致。该结果同时也表明,中国北方地区昼夜温度场变化大,是由于白天湍流交换比长江沿岸要大得多这一特点。因此在风能利用中,必须掌握各地不同高度风速日变化的规律。

6. 风速随高度变化

在近地层中，风速随高度有显著的变化。造成风在近地层中垂直变化的原因有动力因素和热力因素，前者主要来源于地面的摩擦效应，即地面的粗糙度，后者主要表现为与近地层大气垂直稳定度的关系。

风速与高度的关系式：

$$u_n = u_1 \left(\frac{z_n}{z_1} \right)^{\alpha} \qquad (2-1)$$

式中：α 为风速随高度变化系数，u_1 为高度为 z_1 时的风速，u_n 是高度为 z_n 时的风速。

一般直接应用风速随高度变化的指数律，以 10 m 为基准，订正到不同高度上的风速，再计算风能。

由式(2-1)可知，风速垂直变化取决于 α 值。α 值的大小反映风速随高度增加的快慢，α 值大，表示风速随高度增加的快，即风速梯度大；α 值小，表示风速随高度增加的慢，即风速梯度小。

α 值的变化与地面粗糙度有关，地面粗糙度是随地面的粗糙程度变化的常数。在不同的地面粗糙度的情况下，风速随高度变化差异很大。粗糙地面比光滑地面更易在近地层中形成湍流，使得垂直混合更为充分，混合作用加强，近地层风速梯度就减小，而梯度风的高度就较高，也就是说粗糙的地面比光滑的地面到达梯度风的高度要高，所以粗糙的地面层中的风速比光滑地面的风速小。

指数 α 值变化一般为 1/15～1/4，最常用的是 1/7(即 $\alpha=0.142$)。1/7 代表气象站地面粗糙度。为了便于比较，计算了 $\alpha=0.12$、0.142、0.16 时的三种不同地面粗糙度，如表 2-2 所示。

表 2-2　风速随高度变化系数

离地高度/m	$\alpha=0.12$	$\alpha=0.142$	$\alpha=0.16$	离地高度/m	$\alpha=0.12$	$\alpha=0.142$	$\alpha=0.16$
10	1.10	1.10	1.00	55	1.23	1.27	1.31
15	1.05	1.06	1.07	60	1.24	1.29	1.33
20	1.09	1.10	1.12	65	1.25	1.30	1.35
25	1.12	1.14	1.16	70	1.26	1.32	1.37
30	1.14	1.17	1.19	75	1.27	1.33	1.38
35	1.16	1.19	1.22	80	1.28	1.34	1.39
40	1.18	1.22	1.25	85	1.29	1.36	1.41
45	1.20	1.24	1.27	90	1.30	1.37	1.42
50	1.21	1.26	1.29	100	1.32	1.39	1.45

由式(2-1)可以推导出 α 的计算公式为

$$\alpha = \frac{\ln u_n - \ln u_1}{\ln z_n - \ln z_1} \qquad (2-2)$$

α 值也可根据现场实测 2 层以上的资料推算出来，但由于风速在不同时刻，其值不同，使用不便，这里不作介绍。

2.2　风能分布与计算方法

在了解了地球上风的形成和风带的分布规律之后，我们将进一步估计某一地区以及更大范围内风能资源的潜力。这是风能利用的基础，也是最重要的工作。因为任何风能利用装置，从设计、制造到安装使用以及使用效果，都必须考虑风能资源状况。

如前所述，地球上风的形成主要是由于太阳辐射造成地球各部分受热的不均匀，因此形成了大气环流以及各种局地环流。除了这些有规则的运动形式之外，自然界的大气运动还有复杂而无规则的乱流运动。因此，这就给对风能资源潜力的估计、风电场的选址带来了很大的困难，但是在大的天气气候背景和有利的地形条件下仍有很强的规律可循。

1. 中国风能资源总储量的估计

要知道风能利用究竟有多大的发展前景，就需要对它的总储量有一个科学的估计。这样在制定今后可以发展的各种能源比例上就能够进行更合理的配置，充分发挥其效益。

早在 1948 年普特南姆（Putnam）就对全球风能储量进行了估算，他认为大气总能量约为 10^{14} MW，这个数量得到世界气象组织的认可。1954 年，世界气象组织在出版的技术报告第 4 期《来自于风的能量》专辑中进一步假定上述数量的一千万分之一是可被人们所利用的，即有 10^7 MW 为可利用的风能。这就相当于 10 000 个每座发电量为 100 万千瓦的利用燃料发电的发电厂的总发电量。这个数量相当于当今全世界能源的总需求量。可见，它是一个十分巨大的潜在能源库。然而在 1974 年冯·阿尔克斯（W. S. Von Arx）认为上述的量过大，这个量只是一个储藏量，对于再生能源来说，必须跟太阳能的流入量对它的补充相平衡，其补充率比它小时，它将会衰竭，因此人们关心的是可利用的风的动能。他认为地球上可以利用的风能为 10^6 MW。即使如此，可利用风能的数量仍旧是地球上可利用的水力的 10 倍。因此在再生能源中，风能是一种非常可观的、有前途的能源。

古斯塔夫逊在 1979 年从另一个角度推算了风能利用的极限。他根据风能从根本上说是来源于太阳能这一理论，认为可以通过估计到达地球表面的太阳辐射流有多少能够转变为风能来得知有多少可利用的风能。根据他的推算，到达地球表面的太阳辐射流是 1.8×10^{17} W，经折算后就是 350 W/m²，其中转变为风的转换率 $\eta = 0.02$，可以获得的风能为 3.6×10^{15} W，即 7 W/m²。在整个大气层中的边界层中，风能占总风能的 35%，也就是边界层中能获得的风能为 1.3×10^{15} W，即 2.5 W/m²。作为一种稳妥的估计，在近地面层中的风能提取的极限是它的 1/10，即 0.25 W/m²。全球的总量就是 1.3×10^{14} W。

根据全国年平均风能功率密度分布图，利用每平方米 25、50、100、200 W 等各等值线区间的面积乘以各等级风能功率密度，然后求其各区间积之和，可计算出全国 10 m 高度处风能储量为 322.6×10^{10} W，即 32.26 亿千瓦，这个储量称作理论可开发量。要考虑风力机间的湍流影响，一般取风力机间距等于 10 倍的叶轮直径，因此按上述总量的 1/10 估计，并考虑风力机叶片的实际扫掠面积（对于 1 m 直径叶轮的面积为 $0.5^2 \times \pi = 0.785$ m²），因此，再乘以扫掠面积系数 0.785，即为实际可开发量。由此，便可得到中国风能实际可开发量为 2.53×10^{11} W，即 2.53 亿千瓦。这个值不包括海面上的风能资源量。同时，这仅是

10 m 高度层上的风能资源量，而非整层大气或整个近地层内的风能量。因此，本估算与阿尔克斯、古斯塔夫逊等人的估算值不属同一概念，不能直接与之比较。我国东海和南海开发利用的风能资源量为 7.5 亿千瓦。

2. 风能的计算

风能的利用主要就是将它的动能转化为其他形式的能，因此计算风能的大小也就是计算气流所具有的动能。

在单位时间内流过垂直于风速截面积 $A(m^2)$ 的风能，即风功率为

$$\bar{\omega} = \frac{1}{2}\rho v^3 A \tag{2-3}$$

式中：$\bar{\omega}$ 为风能，单位为 W（即 $kg \cdot m^2 \cdot s^{-3}$）；$\rho$ 为空气密度，kg/m^3；v 为风速，m/s。

式(2-3)是常用的风功率公式。而在风力工程上，则习惯将之称为风能公式。

由式(2-3)可以看出，风能大小与气流通过的面积、空气密度和风速的立方成正比。因此，在风能计算中，最重要的因素是风速，风速取值准确与否对风能的估计有决定性作用。如风速大 1 倍，风能可大 8 倍。

为了衡量一个地方风能的大小，评价一个地区的风能潜力，风能密度是最方便和有价值的量。风能密度是气流在单位时间内垂直通过单位截面积的风能。将式(2-3)除以相应的面积 A，即当 $A=1$ 时，便得到风功率密度的公式，也称风能密度公式，即

$$\bar{\omega} = \frac{1}{2}\rho v^3 \quad (W/m^2) \tag{2-4}$$

由于风速是一个随机性很大的量，必须通过一定时间长度的观测来了解它的平均状况。因此在计算一段时间长度内的平均风能密度时，可以将上式对时间积分后平均。当知道了在 T 时间长度内风速 v 的概率分布 $P(v)$ 后，平均风能密度便可计算出来。

在研究了风速的统计特性后，可以用一定的概率分布形式来拟合，这样就大大简化了计算的过程。

风力机需要根据一个确定的风速来确定风力机的额定功率，这个风速称为额定风速。在这种风速下，风力机功率达到最大。风力工程中，把风力机开始运行做功时的这个风速称为启动风速或切入风速。达到某一极限风速时，风力机就有损坏的危险，必须停止运行，这一风速称为停机风速或切出风速。因此，在统计风速资料计算风能潜力时，必须考虑这两种风速。通常将切入风速到切出风速之间的风能称为有效风能。因此还必须引入有效风能密度这一概念，它是有效风能范围内的风能平均密度。

3. 风能资源分布

风能资源潜力的多少，是风能利用的关键。

利用上述方法计算出的全国有效风能功率密度和可利用小时数（如图 2-13 和图 2-14 所示），代表了风能资源丰歉的指标值。将这两张图综合归纳分析，可以看出如下几个特点。

1) 大气环流对风能分布的影响

东南沿海及东海、南海诸岛，因受台风的影响，最大年平均风速在 5 m/s 以上。大陈岛台山可达 8 m/s 以上，风能也最大。东南海沿岸有效风能密度≥200 W/m^2，其等值线平行于海岸线，有效风能出现时间百分率可达 80%～90%。风速≥3 m/s 的风全年出现累积

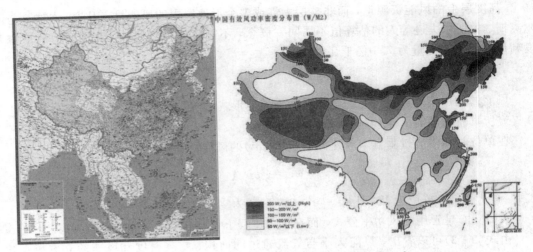

图 2-13　中国地图及有效风能功率密度(单位:W/m²)

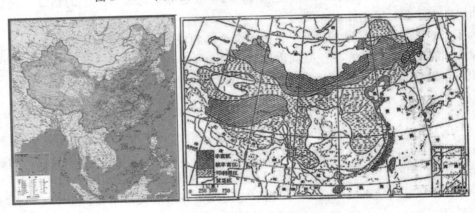

图 2-14　中国地图及风能资源分布图

小时数为 7000~8000 h;风速≥6 m/s 的风有 4000 h 左右。岛屿上的有效风能密度为 200~500 W/m²,风能可以集中利用。福建的台山、东山、平潭、三沙,台湾的澎湖湾,浙江的南麂山、大陈岛、嵊泗岛等,有效风能密度都在 500 W/m² 左右,风速≥3 m/s 的风累积为 800 h,换言之,平均每天可以有 21 h 以上的风速≥3 m/s。但在一些大岛,如台湾和海南,又具有独特的风能分布特点。台湾风能南北两端大,中间小;海南西部大于东部。

　　内蒙古和甘肃北部地区,高空终年在西风带的控制下。冬半年地面在蒙古高原东南缘,冷空气南下,因此,总有 5~6 级以上的风速出现在春夏和夏秋之交。该地区气旋活动频繁,当每一气旋过境时,风速也较大。这一地区年平均风速在 4 m/s 以上,最高可达 6 m/s,有效风能密度为 200~300 W/m²,风速≥3 m/s 的风全年累积小时数在 5000 h 以上,风速≥6 m/s 的风在 2000 h 以上。其规律是从北向南递减。其分布范围较大,从面积来看,是中国风能连成一片的最大地带。

　　云南、贵州、四川、甘南、陕西、豫西、鄂西和湘西风能较小。这些地区因受西藏高原的影响,冬半年高空在西风带的死水区,冷空气沿东亚大槽南下很少影响这里。夏半年海上来的天气系统也很难到这里,所以风速较弱,年平均风速约在 2.0 m/s 以上,有效风能密度在 500 W/m² 以下,有效风力出现时间仅占 20% 左右。风速≥3 m/s 的风全年出现累积小时数在 2000 h 以下，风速 ≥6 m/s 的风在 150 h 以下。在四川盆地和西双版纳最小，年平均风速小于 1 m/s。这里全年静风频率在 60％以上，如绵阳为 67％，巴中为 60％，阿坝为 67％，恩施为 75％，德格为 63％，耿马孟定为 72％，景浩为 79％，有效风能密度仅 30 W/m² 左右。风速 ≥3 m/s 的风全年出现累积小时数仅 3000 h 以上，风速 ≥6 m/s 的风仅 20 多小时，换句话说，这里平均每 18 天以上才有 1 次 10 min 的风速 ≥6 m/s 的风，风能是没有利用价值的。图 2-14 是中国风能资源分布图。

　　2）海陆和水体对风能分布的影响

　　中国沿海风能都比内陆大，湖泊都比周围的湖滨大。这是由于气流流经海面或湖面的摩擦力较小，风速较大。由沿海向内陆或由湖面向湖滨，动能很快消耗，风速急剧减小。故有效风能密度利用率小，风速 ≥3 m/s 和风速 ≥6 m/s 的风的全年累积小时的等值线不但平行于海岸线和湖岸线，而且数值相差很大。福建海滨是中国风能分布丰富地带，而距此 50 km 处，风能反变为贫乏地带。山东荣成和文登两地相差不到 40 km，荣成的有效风能密度为 240 W/m²，而文登为 141 W/m²，相差 59％。台风风速随着登陆的距离风速削减情况的统计结果如图 2-15 所示。台风登陆时在海岸上的地形影响风速，具体可分山脉、海拔高度和一般地形等几个方面。

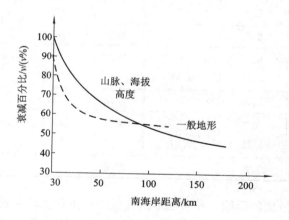

图 2-15　台风登陆风速衰减百分比

　　3）地形对风能分布的影响

　　（1）山脉对风能的影响。气流在运行中遇到地形阻碍的影响，不但会改变大形势下的风速，还会改变方向，其变化的特点与地形形状有密切关系。一般范围较大的地形，对气流有屏障的作用，使气流出现爬绕运动。所以在天山、祁连山、秦岭、大小兴安岭、阴山、太行山、南岭和武夷山等的风能密度线和可利用小时数曲线大都平行于这些山脉。特别明显的是东南沿海的几条东北—西南走向的山脉，如武夷山、戴云山、鹫峰山、括苍山等。所有东南沿海式山脉，山的迎风面风能是丰富的，风能密度为 200 W/m²，风速 ≥3 m/s 的风出现的小时数约为 7000～8000 h。而在山区及其背风面风能密度在 50 W/m² 以下，风速 ≥3 m/s 的风出现的小时数约为 1000～2000 h，风能是不能利用的。四川盆地和塔里木盆地由于天山和秦岭山脉的阻挡为风能不能利用区。雅鲁藏布江河谷，也是由于喜马拉雅山脉和冈底斯山的屏障作用，风能很小，不值得利用。

　　（2）海拔高度对风能的影响。由于地面摩擦消耗运动气流的能量，山地风速是随着海拔高度增加而增加的。表 2-3 是高山与山麓年平均风速对比，每上升 100 m，风速约增加 0.11～0.34m/s。

事实上，在复杂山地，很难分清地形和海拔高度的影响，二者往往交织在一起。如北京与八达岭风力发电试验站同时观测的平均风速分别为 2.8 m/s 和 5.8 m/s，相差 3.0 m/s。后者风大，一是由于它位于燕山山脉的一个南北向的低地，二是由于它海拔比北京高 500 多米。

青藏高原海拔在 4000 m 以上，所以这里的风速比周围大，但其有效风能密度却较小，在 150 W/m² 左右。这是由于青藏高原海拔高，空气密度较小，因此风能较小，如在 4000 m 的空气密度大致为地面的 67%。也就是说，同样是 8 m/s 的风速，在平地海拔 500 m 以下时为 313.6 W/m²，而在 4000 m 时只有 209.9 W/m²。表 2-3 是不同地区不同海拔高度的年平均风速。

表 2-3 不同地区不同海拔高度的年平均风速

站名	海拔高度/m	年平均风速/(m/s)	每百米递增率/(m/s)	站名	海拔高度/m	年平均风速/(m/s)	每百米递增率/(m/s)
泰山	1534	6.2		衡山	1266	6.2	
	1405	2.3	0.25		1165	2.82	0.34
泰安	129	2.7		衡阳	101	2.2	
五台山	2896	9.0		庐山	1164	5.5	
	2059	3.91	0.33		1132	1.9	0.23
原平	837	2.3		九江	32	2.9	
黄山	1840	5.7		华山	2065	4.3	
	1696	4.75	0.27		1716	1.73	0.11
屯溪	147	1.2		渭南	349	2.5	

（3）中小地形对风能的影响。蔽风地形风速较小，狭管地形风速增大。明显的狭管效应地区如新疆的阿拉山口、达坂城，甘肃的安西，云南的下关等，这些地方风速都明显增大。即使在平原上的河谷，如松花江、汾河、黄河和长江等河谷，风能也比周围地区大。

海峡也是一种狭管地形，与盛行风向一致时，风速较大，如台湾海峡中的澎湖列岛，年平均风速为 6.5 m/s，马祖为 5.9 m/s，平潭为 8.7 m/s，南澳为 8 m/s，又如渤海海峡的长岛，年平均风速为 5.9 m/s。

局地风对风能的影响是不可低估的。在一个小山丘前，气流受阻，强迫抬升，所以在山顶流线密集，风速加强。山的背风面，因为流线辐射，风速减小。有时气流过一个障碍，如小山包等，其产生的影响在下方 5～10 km 的范围。有些低层风是由于地面粗糙度的变化形成的。

4. 风能区划

划分风能区划的目的，是为了了解各地风能资源的差异，以便合理地开发利用风能。

1）区划标准

风能分布具有明显的地域性的规律，这种规律反映了大型天气系统的活动和地形作用的综合影响。

第一级区划选用能反映风能资源多寡的指标，即利用年有效风能密度和年风速≥3 m/s 的风的年累积小时数的多少将中国分为 4 个区，见表 2-4。

表 2-4　风能区划指标

指标 ＼ 区别	丰富区	较丰富区	可利用区	贫乏区
年有效风能密度/(W/m²)	≥200	200～150	150～50	≤50
风速≥3 m/s 的年小时数/h	≥5000	5000～4000	4000～2000	≤2000
占全国面积/(%)	8	18	50	24

第二级区划指标，选用一年四季中各季风能大小和有效风速出现的小时数。

第三级区划指标，采用风力机安全风速，即抗大风的能力，一般取 30 年一遇。

根据这三种指标，将全国分为 4 个大区，30 个小区。

一般仅需粗略地了解风能区划的大的分布趋势，所以，按一级指标就能满足。

2) 中国风能分区及各区气候特征

按表 2-5 的指标将全国划分为 4 个区，如图 2-16 所示。

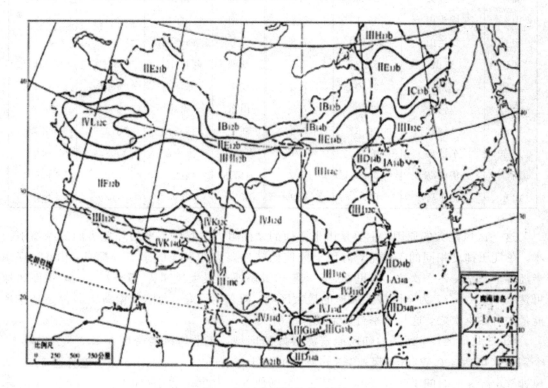

图 2-16　中国风能分区图

（1）风能丰富区。

① 东南沿海、山东半岛和辽东半岛沿海区。这些地区由于面临海洋，风力较大。愈向内陆，风速愈小，风力等值线与海岸线平行。从表2-5中可以看出，除了高山站——台山、天池、五台山、贺兰山外，全国气象站风速≥7 m/s的地方，都集中在东南沿海。平潭海洋站年平均风速为8.7 m/s，是全国平地上拥有最大年平均风速的地区。该地区有效风能密度在200 W/m² 以上，海岛上可达300 W/m² 以上，其中平潭最大（749.1 W/m²）。风速≥3 m/s的小时数全年有6000 h以上，风速≥6 m/s的小时数在3500以上，而平潭分别可达7939 h和6395 h。也就是说，风速≥3 m/s的风每天平均有21.75 h。这里的风能潜力是十分可观的。台山、南麂、成山头、东山、马祖、马公、东沙岛、嵊泗等风能也都很大。

表 2-5　全国年平均风速≥6 m/s 的地点

省名	地点	海拔高度/m	年平均风速/(m/s)	省名	地点	海拔高度/m	年平均风速/(m/s)
吉林	天池	2670.0	11.7	福建	九仙山	1650.0	6.9
山西	五台山	2895.8	9.0	福建	平潭	24.7	6.8
福建	平潭海洋站	36.1	8.7	福建	崇武	21.7	6.8
福建	台山	106.9	8.3	山东	朝连岛	44.5	6.4
浙江	大陈岛	204.9	8.1	山东	青山岛	39.7	6.2
浙江	南麂岛	220.9	7.8	湖南	南岳	1265.9	6.2
山东	成头山	46.1	7.8	云南	太华山	2358.3	6.2
宁夏	贺兰山	2901.0	7.8	江苏	西连岛	26.9	6.1
福建	东山	51.2	7.3	新疆	阿拉山口	282.0	6.1
福建	马祖	91.0	7.3	辽宁	海洋岛	66.1	6.1
台湾	马公	22.0	7.3	山东	泰山	1533.7	6.1
浙江	嵊泗	79.6	7.2	浙江	括苍山	1373.9	6.0
广东	东沙岛	6.0	7.1	内蒙古	宝音图	1509.4	6.0
浙江	岱山岛	66.8	7.0	内蒙古	前达门	1510.9	6.0
山东	砣矶岛	66.4	6.9	辽宁	长海	17.6	6.0

这一区风能大的原因，主要是由于海面的摩擦阻力比起伏不平的陆地表面的摩擦阻力小。在气压梯度相同的条件下，海面上风速比陆地要大的风能的季节分配是：山东，辽东半岛春季最大，冬季次之，这里30年一遇10 min平均最大风速为35～40 m/s，瞬间风速可达50～60 m/s，为全国最大风速的最大区域；而东南沿海、台湾及南海诸岛都是秋季风能最大，冬季次之，这与秋季台风活动频率有关。

② 三北地区。本区是内陆风能资源最好的区域，年平均风能密度在200 W/m² 以上，个别地区可达300 W/m²，风速≥3 m/s的时间1年有5000～6000 h，虎勒盖可达7659 h，风速≥6 m/s的时间1年在3000 h以上，个别地点在4000 h以上（如朱日和为4180 h）。本区地面受蒙古高压控制，每次冷空气南下都可造成较强风力，而且地面平坦，风速梯度较

小，春季风能最大，冬季次之。30 年一遇 10 min 平均最大风速可达 30～35 m/s，瞬时风速为 45～50 m/s。而且本区地域远较沿海为广。

③ 松花江下游区。本区风能密度在 200 W/m² 以上，风速≥3 m/s 的时间有 5000 h，每年风速≥6～20 m/s 的时间在 3000 h 以上。本区的大风多数是由东北低压造成的。东北低压春季最易发展，秋季次之，所以春季风力最大，秋季次之。同时，这一区又处于峡谷中，北为小兴安岭，南有长白山，这一区正好在喇叭口处，风速加大。30 年一遇 10 min 平均最大风速为 25～30 m/s，瞬时风速为 40～50 m/s。

（2）风能较丰富区。

① 东南沿海内陆和渤海沿海区。从汕头沿海岸向北，沿东南沿海经江苏、山东、辽宁沿海到东北丹东，实际上是丰富区向内陆的扩展。这一区的风能密度为 150～200 W/m²，风速≥3 m/s 的时间有 4000～5000 h，风速≥6 m/s 的有 2000～3500 h。长江口以南，大致秋季风能最大，冬季次之；长江口以北，大致春季风能最大，冬季次之。30 年一遇 10 min 平均最大风速为 30 m/s，瞬时风速为 50 m/s。

② 三北的南部区，即从东北图们江口区向西，沿燕山北麓经河西走廊，过天山到新疆阿拉山口南，横穿三北中北部。这一区的风能密度为 150～200 w/m²，风速≥3 m/s 的时间有 4000～4500 h。这一区的东部也是丰富区向南向东扩展的地区。西部北疆是冷空气的通道，风速较大也形成了风能较丰富区。30 年一遇 10 min 平均最大风速为 30～32 m/s，瞬时风速为 45～50 m/s。

③ 青藏高原区。本区的风能密度在 150 W/m² 以上，个别地区（如五道梁）可达 180 W/m²；而 3～20 m/s 的风速出现的时间却比较多，一般在 5000 h 以上（如茫崖为 6500 h）。所以，若不考虑风能密度，仅以风速≥3 m/s 出现时间来进行区划，那么该地区应为风能丰富区。但是，由于这里海拔在 3000～5000 m 以上，空气密度较小。在风速相同的情况下，这里的风能较海拔低的地区为小，若风速同样是 8 m/s，上海的风能密度为 313.3 W/m²，而呼和浩特为 286.0 W/m²，二地高度相差 1000 m，风能密度则相差 10%。林芝与上海高度相差约 3000 m，风能密度相差 30%；那曲与上海高度相差 4500 m，风能密度则相差 40%（见表 2-6）。

表 2-6　不同海拔高度风能的差异

风能密度/(W/m²)　　海拔高度/m　　　风速/(m/s)	4.5（上海）	1063.0（呼和浩特）	11984.9（阿合奇）	3000（林芝）	4507.0（那曲）
3	16.5	15.1	13.5	11.8	11.0
5	76.5	69.8	62.4	54.4	46.4
8	313.3	286.0	255.5	223.0	190.0
10	612.0	558.6	499.1	435.5	371.1

由此可见，计算青藏高原（包括内陆的高山）的风能时，必须考虑空气密度的影响，否则计算值将会大大地偏高。青藏高原海拔较高，离高空西风带较近，春季随着地面增热，对流加强，上下冷热空气交换，使西风急流动量下传，风力较大，故这一区的春季风能最

大，夏季次之。这是由于此区在夏季转为东风急流控制，西南季风爆发，雨季来临，但由于热力作用强大，对流活动频繁且旺盛，所以风力也较大。30 年一遇 10 min 平均最大风速为 30 m/s，虽然这里极端风速可达 11～12 级，但由于空气密度小，风压却只相当于平原的 10 级。

（3）风能可利用区。

① 两广沿海区。这一区在南岭以南，包括福建海岸向内陆 50～100 km 的地带。其风能密度为 50～100 W/m²，每年风速≥3 m/s 的时间为 2000～4000 h，基本上从东向西逐渐减小。本区位于大陆的南端，但冬季仍有强大冷空气南下，其冷锋可越过本区到达南海，使本区风力增大。所以，本区的冬季风最大；秋季受台风的影响，风力次之。由广东沿海的阳江以西沿海，包括雷州半岛，春季风能最大。这是由于冷空气在春季被南岭山地阻挡，一股股冷空气沿漓江河谷南下，使这一地区的春季风力变大。秋季，台风对这里虽有影响，但台风西行路径仅占所有台风的 19%，台风影响不如冬季冷空气影响的次数多，故本区的冬季风能较秋季为大。30 年一遇 10 min 平均最大风速可达 37 m/s，瞬时风速可达 58 m/s。

② 大小兴安岭山地区。大小兴安岭山地的风能密度在 100 W/m² 左右，每年风速≥3 m/s 的时间为 3000～4000 h。冷空气只有偏北时才能影响到这里，本区的风力受东北低压影响较大，故春、秋季风能大。30 年一遇最大 10 min 平均风速可达 37 m/s，瞬时风速可达 45～50 m/s。

③ 中部地区，即从东北长白山开始向西过华北平原，经西北到中国最西端，贯穿中国东西的广大地区。由于本区有风能欠缺区（即以四川为中心）在中间隔开，这一区的形状与希腊字母"π"很相像，它约占全国面积的 50%。在"π"字形的前一半，包括西北各省的一部分、川西和青藏高原的东部与南部。风能密度为 100～150 W/m²，一年风速≥3 m/s 的时间有 4000 h 左右。这一区春季风能最大，夏季次之。但雅鲁藏布江两侧（包括横断山脉河谷）的风能春季最大，冬季次之。"π"字形的后一半分布在黄河和长江中下游，这一区风力主要是冷空气南下造成的，每当冷空气过境，风速明显加大，所以这一地区的春、冬季风能大。冷空气南移的过程中，地面气温较高，冷空气很快变性分裂，很少有明显的冷空气到达长江以南。但这时台风活跃，所以这里秋季风能相对较大，春季次之。30 年一遇最大 10 min 平均风速为 25 m/s 左右，瞬时风速可达 40 m/s。

（4）风能欠缺区。

① 川云贵和南岭山地区。本区以四川为中心，西为青藏高原，北为秦岭，南为大娄山，东面为巫山和武陵山等。这一地区冬半年处于高空西风带"死水区"，四周的高山使冷空气很难入侵，夏半年台风也很难影响到这里，所以，这一地区为全国最小风能区，风能密度在 500 W/m² 以下，成都仅为 35 W/m² 左右；风速≥3 m/s 的时间在 2000 h 以上，成都仅有 400 h，恩施、景洪二地更小。南岭山地风能欠缺。由于春、秋季冷空气南下，受到南岭阻挡，往往停留在这里，冬季弱空气到此地也形成南岭准静止峰，故风力较小。南岭北侧受冷空气影响相对比较明显，所以冬、春季风力最大。南岭南侧多为台风影响，故风力最大的在冬、秋两季。30 年一遇 10 min 平均最大风速 20～25 m/s，瞬时风速可达 30～38 m/s。

② 雅鲁藏布江和昌都。雅鲁藏布江河谷两侧为高山。昌都地区也在横断山脉河谷中。这两地区由于山脉屏障，冷、暖空气都很难侵入，所以风力很小。有效风能密度在 50 W/m² 以下，风速≥3 m/s 的时间在 2000 h 以下。雅鲁藏布江风能是春季最大，冬季次

之，而昌都是春季最大，夏季次之。30 年一遇 10 min 平均最大风速为 25 m/s，瞬时风速为 38 m/s。

③ 塔里木盆地西部区。本区四面亦为高山环抱，冷空气偶尔越过天山，但为数不多，所以风力较小。塔里木盆地东部由于是一马蹄形"C"的开口，冷空气可以从东灌入，风力较大，所以盆地东部属可利用区。30 年一遇 10 min 平均最大风速为 25～28 m/s，瞬时风速为 40 m/s 左右。

3）各风能区中，不同下垫面风速的变化

上面已谈到，4 个风能区是粗略地区分开来的。往往在一些情况下，丰富区中可能包括较丰富的地区，较丰富区又包括丰富的额地区。这种差异，一般是由于下垫面造成的，特别是山脊山顶和海岸带地区。

根据大量实测资料对比分析，参照国外的资料给出表 2－7。

表 2－7　10 m 高 4 类不同地形条件下风能密度和年平均风速

风能区	城郊气象站（遮蔽）		开阔平原		海岸带		山脊和山顶	
	风速/(m/s)	风能/(W/m²)	风速/(m/s)	风能/(W/m²)	风速/(m/s)	风能/(W/m²)	风速/(m/s)	风能/(W/m²)
丰富区	>4.5	>225	>6.0	>330	>6.5	>372	>7.0	>425
较丰富区	3.0～4.5	155～255	4.5～6.0	225～330	5.0～6.5	262～372	55～7.0	296～425
可利用区	2.0～3.0	95～115	3.0～4,5	123～225	3.5～5.0	155～262	4.0～5.5	193～296
贫乏区	<2.0	<95	<3.0	<123	<3.5	<155	<4.0	<193

由表 2－7 可知，气象站观测的风速较小，这主要是由于气象站一般位置在城市附近，受城市建筑等的影响，测得的风速偏小。如在丰富区，气象站年平均风速为 4.5 m/s，开阔的平原为 6 m/s，海岸带为 6.5 m/s，到山顶可达 7.0 m/s。这就说明地形对风速的影响是很大的。若以风能而论，则大得更为明显，同是丰富区，气象站风能功率密度为 225 W/m²，而山顶可达 425 W/m²，几乎增加 1 倍。

2.3　中国风电的必要性和发展政策

2.3.1　发展风电的必要性

中国有丰富的风能资源，为发展风电事业创造了十分有利的条件。目前电力发电、火力发电仍是中国的主力电源，主要以燃煤发电为主，正在大量排放 CO_2 和 SO_2 等污染气体，形成大量的 PM2.5，这对中国环境保护极为不利。而发展风电，有利于中国电源结构的调整和减少污染气体的排放，缓解全球变暖的趋势，同时又有利于减少能源进口方面的压力，对提高中国能源供应的多样性和安全性将作出积极的贡献。

2.3.2　国家对发展风电的政策支持

由于风电场建设成本较高，加之风能的不稳定性，因而导致风电电价较高，无法与常规的火电相竞争。在这种情况下，为了支持发展风力发电，国家曾给予多方面政策支持。

例如，1994 年原电力工业部决定将风电作为电力工业的新清洁能源，制定了关于风电并网的规定。规定指出，风电场可以就近上网，而电力部门应全部收购其电量，同时指出其电价可按"发电成本加还本付息加合理利润"原则确定，高于电网平均电价的部分在网内摊销。为了搞好风电场项目的规范化管理，国家又陆续发布了一些行业标准，如风电场项目可行性研究报告编制规程和风电场运行规程等。有了上述的政策支持，从此风电的发展便进入了产业化发展阶段。与此同时，国家为了支持和鼓励发展风电产业，原国家计委和国家经贸委曾给建立采用国产机组的示范风电场业主提供补贴或贴息贷款。

2.3.3 发展风电的展望

据不完全统计，我国 2003 年年初在建项目的装机容量约为 60 多万千瓦，其中正在施工的约有 10 万千瓦，可研批复的有 22 万千瓦，项目建议书批复的有 32 万千瓦，包括两个特许权项目。如果这些项目能够如期完成，那么到 2005 年底合计装机可超过 100 万千瓦。

"十一五"计划期间（2006～2010 年），全国新增风电装机容量达 280 万千瓦，因而累计装机总容量约可达 400 万千瓦。

2012 年，中国（不包括台湾地区）新增安装风电机组 7872 台，装机容量为 12 960 MW，同比下降 26.5%；累计安装风电机组 53 764 台，装机容量为 75 324.2 MW，同比增长 20.8%。

风力发电是一个集计算机技术、空气动力学、结构力学和材料科学等为一体的综合性学科技术。中国有丰富的风能资源，因此风力发电在中国有着广阔的发展前景，而风能利用必将为中国的环保事业、能源结构的调整、减少对进口能源依赖做出巨大的贡献。展望未来，随着风电机组制造成本的不断降低，化石燃料的逐步减少及其开采成本的增加，大力发展风力发电势在必行。

第3章 空气动力学及风力机

📋 **内容摘要**：分析研究叶片翼型的几何形状与空气动力学特性，介绍风力机原理与结构，讲述风力机主要部件的设计方法及风力机输出功率和效率的计算方法。

🖊️ **理论教学要求**：掌握空气动力学基础、风力发电的风力机设计方法、风力机输出功率和效率的计算方法。

🖊️ **工程教学要求**：在有条件的情况下参观各类风力机及测试各类风力机输出功率和效率。

3.1 空气动力学

3.1.1 叶片翼型的几何形状与空气动力学特性

如图 3-1 所示是风力机叶片的示意图。叶片的功能是将风能转变成机械能。风力机的风轮一般由 2～3 个叶片组成。先考虑一个不动的翼型受到风吹的情况。风的速度为矢量 v，方向与翼型平面平行。有关翼型几何形状定义如下：翼型的尖尾点 B 称为后缘，圆头上 A 点为前缘。连接前、后缘的直线 AB 长为 l，称为翼弦。AMB 称为翼型上表面，ANB 称为翼型下表面。从前缘到后缘的弯曲虚线叫做翼型的中线。仰角 θ 是翼弦与气流速度矢量 v 之间的夹角。

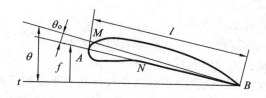

图 3-1 风力机叶片翼型图

下面考虑风吹过叶片时所受的空气动力。如图 3-2 所示是翼剖面上的压力示意图，上表面压力为负，下表面压力为正，合力如图 3-3 所示。

合力 F 可用下式表达，即

$$F = \frac{1}{2}\rho C S v^2$$

$$(3-1)$$

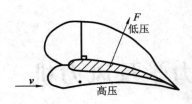

图 3-2　翼面压力分布

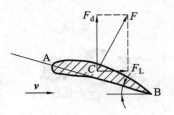

图 3-3　翼面受力

力 F 可分解为两个分力，一个是垂直于气流速度 v 的分力——阻力 F_d，另一个是平行于气流速度 v 的分力——升力 F_L，F_L 和 F_d 可用下式表示，即

$$F_L = \frac{1}{2}\rho C_L S v^2$$
$$F_d = \frac{1}{2}\rho C_d S v^2$$

$$(3-2)$$

式中：C_L 和 C_d 和分别是翼型的升力系数和阻力系数。

翼型的升力系数 C_L 和阻力系数 C_d 随攻角（翼弦与来流速度之间的夹角）的变化曲线如图 3-4 和图 3-5 所示。

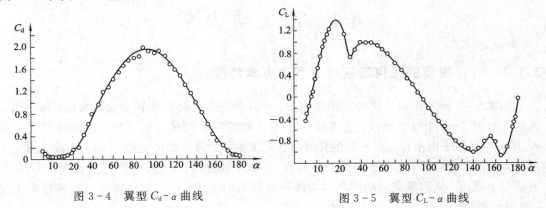

图 3-4　翼型 C_d-α 曲线

图 3-5　翼型 C_L-α 曲线

与风轮有关的几何定义有：

（1）风轮轴：风轮旋转运动的轴线。

（2）旋转平面：与风轮轴垂直，叶片在旋转时的平面。

（3）风轮直径：风轮扫掠面的直径。

（4）叶片轴：叶片纵向轴，绕此轴可以改变叶片相对于旋转平面的偏转角（安装角）。

（5）叶片截面：叶片在半径 r 处并以风轮轴为轴线的圆柱相交的截面。

（6）安装角或桨距角：在半径 r 处翼型的弦线与旋转面的夹角 α，如图 3-6 所示。

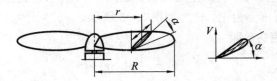

图 3-6　风轮空气动力学的几何名词

R 为风轮半径，也可称为叶片长度；将叶片视为椭圆，r 为叶片长半轴，这里通常叫叶片半径；α 为叶片半径外翼型的弦线与旋转角面的夹角；t 为叶片最大宽度；V 为叶片外边缘气流速度。

3.1.2　风力机主要部件的设计

风力机经过多年的发展，现在已有很多种形式，有的是老式风力机，现在不再使用；有的是现代风力机，正为人们广泛利用；有的正在研究之中。尽管风力机的形式各异，但它们的工作原理是相同的，即利用风轮从风中吸收能量，然后再转变成其他形式的能量。下面主要研究新型风力机的风轮、塔架和对风装置。

风力机主要由风轮、塔架及对风装置组成，如图 3-7 所示。

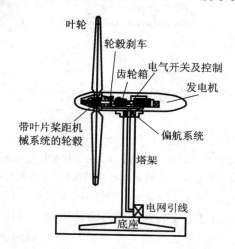

图 3-7　典型并网风力机的剖面图

1）风轮

水平轴风力机的风轮由 1～3 个叶片组成。叶片是风力机从风中吸收能量的部件。叶片的结构有四种形式，如图 3-8 所示。

（1）实心木质叶片。这种叶片是用优质木材精心加工而成的，其表面可以蒙上一层玻璃钢，以防雨水和尘土对木材的侵蚀。

（2）使用管子作为叶片的受力梁，用泡沫材料、轻木或其他材料作中间填料，并在其表面包上一层玻璃钢。

（3）叶片用管梁、金属肋条和蒙皮组成。金属蒙皮做成气动外形，用钢钉和环氧树脂将蒙皮、肋条和管梁黏结在一起。

（4）叶片用管梁和具有气动外形的玻璃钢蒙皮做成。玻璃钢蒙皮较厚，具有一定的强度，同时，在玻璃钢蒙皮内可黏结一些泡沫材料的肋条。

当风轮旋转时，叶片受到离心力和气动力的作用，离心力对叶片是一个拉力，而气动力使叶片弯曲，如图 3-9 所示。当风速高于风力机的设计风速时，为防止叶片损坏，需对风轮进行控制。控制风轮有三种主要方法：① 使风轮偏离主风向；② 改变叶片角度（改变桨距角）；③ 利用扰流器，产生阻力，以降低风轮转速。

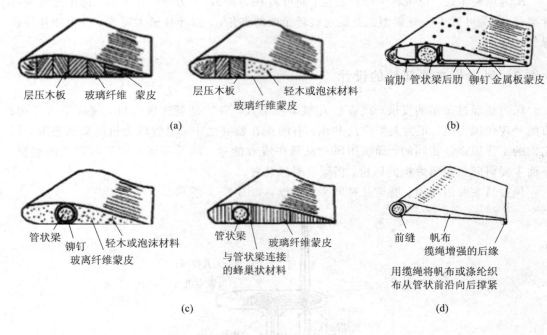

图 3-8 叶片的结构形式

（a）用玻璃纤维作蒙皮的木制叶片结构；（b）用金属板作蒙皮的管状梁叶片结构；

（c）用玻璃纤维作蒙皮的管状梁叶片结构；（d）典型的帆翼结构

偏离主风向的控制方法如图 3-10 所示。当风速太大时，风轮向侧方或上方偏转，从而减少风轮的迎风面，防止超过额定转速。侧向偏转风轮在风轮中心与风力机支撑塔的旋转中心之间有一个偏心距，当风速太大时，使风轮旋转面偏向侧方。对于向上偏转风轮，当风速太大时，风轮旋转面便向上偏转。

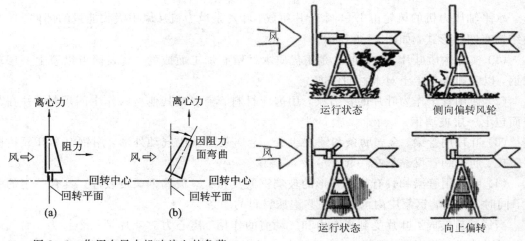

图 3-9 作用在风力机叶片上的负荷

（a）没弯曲的叶片；（b）弯曲的叶片

图 3-10 偏离主风向的控制方法

叶片变桨距机构如图 3-11 所示。它是通过改变风力机叶片的角度来控制输出功率的。对于小风力机，当叶片转速超过额定转速时，由连接在每个叶片上控制锤的离心力的作用使叶片的桨距角加大，从而避开风力的作用。对于大风力机，通过控制系统来改变桨距以控制输出功率。

扰流控制器如图 3-12 所示。在风力机风轮叶片的尖端装上扰流控制器后，在过转速时离心力增大，扰流控制器克服弹簧的拉力张开，增加了阻力，从而降低了风轮转速。在大型风力机上，为了使风轮完全停下来，可在低速轴或高速轴上安装机械刹车。

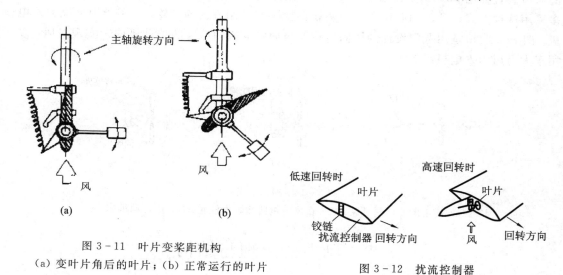

图 3-11　叶片变桨距机构
（a）变叶片角后的叶片；（b）正常运行的叶片

图 3-12　扰流控制器

2）塔架

为了让风轮能在地面上以较高的风速运行，需要用塔架把风轮支撑起来，如图 3-13 所示。这时，塔架主要承受两个力：一个是风力机的重力，向下压在塔架上；另一个是阻力，使塔架向风的下游方向弯曲。塔架有张线支撑式和悬臂梁式两种基本形式。塔架可以是木杆、铁管做成的圆柱结构，也可以是钢材做成的桁架结构。

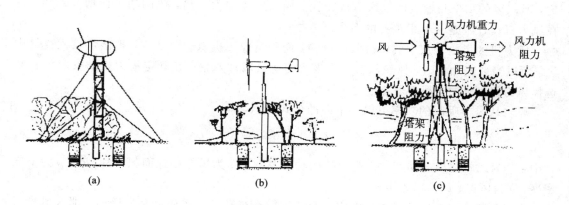

图 3-13　塔架
（a）张线支撑式塔架；（b）悬臂梁式塔架；（c）塔架所受的力

不论选择什么塔架，使用塔架的目的都是使风轮获得较大的风速。在选择塔架时，必须考虑塔架成本。破坏塔架的力主要是风力机的重力和塔架所受的阻力。因此，选择塔架要根据风力机的实际情况来确定。大型风力机的塔架基本上是锥形圆柱钢塔架。

3）对风装置

自然界的风，不论是速度还是方向，都经常发生变化。对于水平轴风力机，为了得到最高的风能利用效率，应使风轮的旋转面经常对准风向，为此，需要对风装置。一些典型的对风装置如图 3-14 所示。图 3-14(a)是用尾舵控制对风的最简单的方法，小型风力机多采用这种方式；图 3-14(b)是在风力机两侧装有控制方向的舵轮，多用于中型风力发电机。图 3-14(c)是用专门设计的风向传感器与伺服电机相结合的传动机构来实现对风，多用于大型风力发电机组。

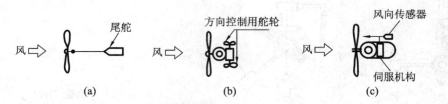

图 3-14 对风装置
(a) 利用尾舵控制对风；(b) 在风力机两侧装设舵轮；(c) 用传动机构

3.2 风力机原理与结构

3.2.1 风力机的功率与效率

风的动能与风速的平方成正比。当一个物体使流动的空气速度变慢时，流动的空气中的动能部分转变成物体上的压力能。整个物体上的压力就是作用在这个物体上的力。

功率是力和速度的乘积，这也可以用于风轮的功率计算。因为风力与速度的平方成正比，所以风的功率与速度的三次方成正比。如果风速增大一倍，风的功率便增大八倍。这在风力机设计中是一个很重要的概念。

风力机的风轮是从空气中吸收能量的，而不是像飞机螺旋桨那样，把能量投入空气中去。所以当风速加倍时，风轮从气流中吸收的能量增加八倍。在确定风力机的安装位置和选择风力机型号时，都必须考虑这个因素。

风轮从风中吸收的功率可以用下面的公式表示，即

$$P = \frac{1}{2}C_P A \rho v^3 \tag{3-3}$$

式中：P 为风轮输出的功率；C_P 为风轮的功率系数；A 为风轮扫掠面积 $A = \pi R^2$；ρ 为空气密度；v 为风速；R 为风轮半径。

众所周知，如果接近风力机的空气全部动能都被转动的风轮叶片所吸收，那么风轮后的空气就不动了，然而空气不可能完全停止，所以风力机的效率总是小于 1。

下面介绍一下贝兹（Betz）极限。

贝兹假设了一种理想的风轮，即假设风轮是一个平面圆盘（叶片无穷多），空气没有摩

擦和黏性，流过风轮的气流是均匀的，且垂直于风轮旋转平面，气流可以看做是不可缩压的、速度不大，所以空气密度可看做不变。当气流通过圆盘时，因为速度下降，流线必须扩散。利用动量理论，圆盘上游和下游的压力是不同的，但在整个盘上是个常量。实际上假设现代风力机一般具有 2～3 个叶片的风轮，用一个无限多的薄叶片的风轮所替代。

在图 3-15 所示的流管中，远前方(0)、风轮(1)和远后方(2)的流量是相同的，所以

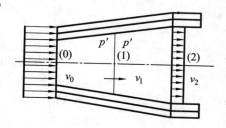

$$M = \rho A_0 v_0 = \rho A_1 v_1 = \rho A_2 v_2 \qquad (3-4)$$

作用在圆盘上的力 F 可由动量变化来确定，即

$$F = M(v_0,\ v_2) \qquad (3-5)$$

风轮所吸收的功 W 可用动量变化的速率来确定，即

$$W = \frac{1}{2}M(v_0^2 - v_2^2) \qquad (3-6)$$

图 3-15　空气的流管

在圆盘上，力 F 以 v 速度做功，所以

$$W = Fv_1 \qquad (3-7)$$

由式(3-5)、式(3-6)、式(3-7)得

$$v_1 = \frac{1}{2}(v_0 + v_2) \qquad (3-8)$$

下游速度因子 b 的计算公式为

$$b = \frac{v_2}{v_0} \qquad (3-9)$$

利用式(3-4)、式(3-6)、式(3-7)，可得

$$\frac{F}{A_1} = \frac{1}{2}\rho v_0^2(1 - b^2) \qquad (3-10)$$

利用式(3-9)和式(3-10)，可得

$$\frac{W}{A_1} = \frac{1}{2}\rho v_0^3 \times \frac{1}{2}(1 - b^2)(1 + b) \qquad (3-11)$$

功率系数定义为风轮吸收的能量和总能量之比，即

$$C_P = \frac{W}{W_1} \qquad (3-12)$$

因为

$$W_1 = \frac{1}{2}\rho A_1 v_0^3 \qquad (3-13)$$

所以

$$C_P = \frac{1}{2}(1 - b^2)(1 + b) \qquad (3-14)$$

把 C_P 对 b 微分，当 $b = 1/3$ 时，C_P 最大，$C_P = 16/27 = 0.59$，这就是贝兹极限，它表示风轮可达的最大效率。尖速比，是用来表述风电机特性的一个十分重要的参数。风轮叶片尖端线速度与风速之比称为尖速比。

试验数据表明：二叶片的风轮旋转速度越快，风轮效率越高，尖速比为 5 或 6 时，效率可达 0.47。同样，达里厄式风轮在尖速比为 6 时，最大效率为 0.35。其他一些风轮的效率

如图 3 - 16 所示。

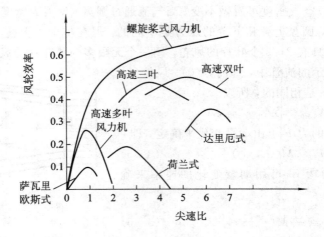

图 3 - 16   几种典型风轮的效率

3.2.2   各类风力机

尽管风力机多种多样，但归纳起来，可分为两类：一是水平轴风力机，其风轮的旋转轴与风向平行；二是垂直轴风力机，其风轮的旋转轴垂直于地面或气流方向。

1. 水平轴风力机

水平轴风力机可分为升力型和阻力型两类。升力型旋转速度快，阻力型旋转速度慢。对于风力发电，多采用升力型水平轴风力机。大多数水平轴风力机具有对风装置，能随风向改变而转动。对小型风力机，这种对风装置采用尾舵，而对于大型的风力机，则利用风向传感元件及伺服电动机组成的传动机构。

风力机的风轮在塔架前面的称为上风向风力机，风轮在塔架后面的则称为下风向风力机。

水平轴风力机的式样很多，有的具有反转叶片的风轮；有的在一个塔架上安装多个风轮，以便在输出功率一定的条件下减少塔架的成本；有的利用锥型罩，使气流通过水平轴风轮时集中或扩散，起到加速或减速的作用；还有的水平轴风力机在风轮周围产生旋涡，集中气流，增加气流速度。

2. 垂直轴风力机

垂直轴风力机在风向改变时无需对风，在这点上相对水平轴风力机是一大优点，它不仅使结构设计简化，而且也减少了风轮对风时的陀螺力。

利用阻力旋转的垂直轴风力机有几种类型，其中有利用平板和杯子做成的风轮，这是一种纯阻力装置；S 型风机，具有部分升力，但主要还是阻力装置。这些装置有较大的启动力矩，但尖速比较低，在风轮尺寸、重量和成本一定的条件下，提供的功率输出较低。

达里厄式风轮是法国 G. J. M. 达里厄于 19 世纪 30 年代发明的。在 20 世纪 70 年代，加拿大国家科学研究院对此进行了大量的研究。达里厄式风轮现在是水平轴风力机的主要竞争者。

达里厄式风轮是一种升力装置,弯曲叶片的剖面是翼型。它的启动力矩低,但尖速比可以很高,对于给定的风轮重量和成本,有较高的输出功率。现在有多种达里厄式风力机,如 Φ 形、△ 形和 Y 形等。这些风轮可以设计成单叶片、双叶片、三叶片或多叶片。我国的达里厄式风力机一般采用三叶片。

其他形式的垂直轴风轮有美格劳斯效应风轮。美格劳斯效应风轮是由自旋的圆柱体组成。当它在气流中工作时,产生的移动力是由美格劳斯效应引起的,其大小与风速成正比。

垂直轴风轮有的使用管道或旋涡发生塔,通过套管或扩压器使水平气流变成垂直方向,以增加速度;有些还利用太阳能或燃烧某种燃料,使水平气流变成垂直方向气流。

3.2.3 风力机的气动基础

风力发电机组主要是利用气动升力的风轮。气动升力是由飞行器的机翼产生的一种力。从图 3 - 17 可以看出,机翼翼型运动的气流方向有所变化,在其上表面形成低压区,在其下表面形成高压区,产生向上的合力,并垂直于气流方向。如图 3 - 18 所示,在产生升力的同时也产生阻力,风速因此有所下降。

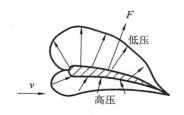

图 3 - 17 高低压区

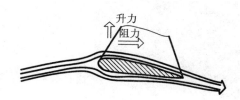

图 3 - 18 气动升力

现在做一个升力和阻力试验。把一块板子从行驶的车中伸出来,只抓住板子的一端,板子迎风边称做前缘。把前缘稍稍朝上,会感到一种向上的升力,如果前缘朝下一点,会感到一个向下的力。在向上和向下的升力之间,有一个角度,不产生升力,称做零升力角。

在零升力角的位置,会产生很小的阻力。阻力向后拉板子,使板子成 90°,前缘向上,这时阻力已大大增加。如果车的速度很大,板子可能从手中吹走。

升力和阻力是同时产生的,将板子的前缘从零升力角开始慢慢地向上转动,开始时升力增加,阻力也增加,但升力比阻力增加的快得多;到某一个角度之后,升力突然下降,但阻力继续增加。迎角度是在达里厄垂直风力机中,叶片倾角与风速流动水平方向的夹角。这时的迎角度大约是 20°,这时的机翼会产生失速。

在某些特定的迎角度下,升力比阻力大得多,升力就是设计高效风力机的动力。翼型的高升力区、低阻力区对风力机设计是十分重要的,翼型的升力、阻力曲线如图 3 - 19 所示。

达里厄垂直轴风力机的功率轴是垂直于风向的。帆船可做环形运动,但坐在帆船上时,可以看到风帆在开始有一面受风的作用,并做弯曲运动,当帆船弯曲运动到一定角度时,另一面受风,继续做弯曲运动。达里厄风力机的工作原理与此相同。

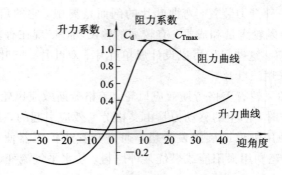

图 3 - 19　翼型的升力、阻力曲线

　　对于水平轴风力机，升力总是推动叶片绕中心轴转动。如果风速不变，则升力的大小也不变。而达里厄风力机的叶片在转动过程中，升力是不断变化的。在叶片转动过程中有两个区间升力很小，一个是叶片运动到与风向一致时，另一个是运动到下风向时。在叶片转动过程中的其他各点，升力变得较大。

第4章　风力发电负载调节系统的研究

内容摘要：风力发电负载调节系统是风力发电的关键技术。本章主要介绍最佳功率负载线、负载控制器、控制器与变速恒频风力发电、电场风资源与风力发电机组的匹配和风电输出与电网的匹配等内容。

理论教学要求：掌握最佳功率负载线、分级负载控制器、电场风资源与风力发电机组的匹配和风电输出与电网的匹配。

工程教学要求：掌握电场风资源与风力发电机组的匹配和风电输出与电网的匹配的模拟数据分析。

4.1　功率负载线

4.1.1　最佳功率负载线

在不同风速下，风轮机的输出功率与风轮机转速的关系如图 4-1 所示。从图中曲线可以看出，在不同风速下，风轮机的输出功率与转速的关系特性曲线中皆有一个最大输出功率值，如 a、b、c …g 点，将这些点连成曲线，就得到风轮机的最佳功率输出线，即最佳功率负载线，如图 4-1 中虚线所示。前已阐明，风轮机的输出功率 $P = \frac{1}{2}\rho A v^3 \cdot C_P$，而功率系数 C_P 是风轮机的高速性系数（或叶尖速比）λ 的函数，即 $C_P = f(\lambda)$。当 $\Lambda = \omega R/v$ 变化时，C_P 值是变化的，在某一个 λ 值时，C_P 值达到最大值，对应于此最大 C_P 值（$C_{P\,max}$）的 λ 值，称为最佳叶尖速比。因此所谓最佳功率负载线即意味着在这条线上的各点皆是运行于最佳叶尖速

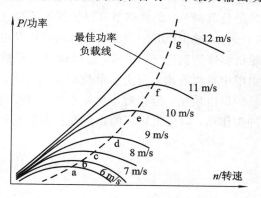

图 4-1　输出功率与风速及转速的关系

比情况下。这就是说，当风速增大时，风轮机转速也应随之增高（即 v 增加，n 增加），从而维持叶尖速比为最佳的叶尖速比，即 $\lambda = \omega R/v$ 不变（最佳），以达到维持风能利用系数 $C_P = C_{P\,max}$ 不变，风轮机的输出功率也将达最大值。从最大限度地利用风能的角度看，应使风轮机运行在最佳功率负载上，但从图 4-1 可以看出，若风轮机运行在最佳功率负载线上，则风轮机的转速应随风速的变化而在很大的范围内变化。在独立运行的风力发电系统

中，一般多采用同步发电机，而同步发电机输出电能的频率与其转速有固定的比例关系（即频率 $f \propto n$），这将导致供电质量达不到要求。因此实际上风力发电机在运行过程中应按照用户用电设备对电能质量（如频率、电压）的要求，使风轮机在尽可能接近最佳功率负载线的情况下运行，而不是在实际最佳功率负载线上运行。

4.1.2　实际功率负载线的确定及负载调节

为了保证输出电能的质量（频率、电压等），风轮机不可能完全按照最佳功率负载线运行，但应尽量接近最佳功率负载线，特别是额定风速及接近额定风速时，风轮机应运行在最佳功率负载线上或靠近最佳功率负载线，如图 4-2 所示。

例如额定风速为 8 m/s，则实际功率负载线应选择如图 4-2 中实线所示，可以看出，当如此选择时，在 6～8 m/s 风速内运行时，风轮机的实际功率负载线与最佳功率负载线是靠近的。由图 4-2 中还可以看出，按照所选择的实际功率负载运行时，风轮机转速的变化，远较按照最佳功率负载线运行时要小，这样，输出电能的质量可以得到保证。

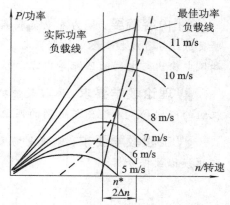

图 4-2　实际功率负载线的确定及风轮机转速的变化范围

图 4-2 中，n_s 为额定风速下风轮机的转速。而当风轮机在 4～12 m/s 的风速下运行时，风轮机的转速为 $n_s \pm \Delta n$，相应的同步发电机的频率将为 $f(50 \text{ Hz}) \pm \Delta f$。

由图 4-2 可以看出，当风速变化时，为了使风轮机能沿着实际功率负载线运行，必须相应地增加或减少负载，以使风轮机的输出功率与负载上所吸收（或消耗）的功率平衡，这就是负载调节。负载调节可以按照风轮机在风速（或负载）变化时转速的变化来相应地增加（投入）或减少（切除）负载，也可以按照发电机输出电能频率的变化来调节负载，从而使风轮机转速达到稳定。所以，也可以认为负载调节即是利用改变负载来稳定风轮机的转速。由图中可以看出，当实际负载功率线选定的转速变化范围如果很小时，显然可以提高发电机的供电质量，但相对于比较小的转速变化所需增加或减少的负载就显得较大，对机组有冲击作用，对机组运行的稳定性会有影响。

4.2　负载控制器

4.2.1　分级负载控制器

独立运行的风力发电系统最大的特点是不需要蓄能设备，直接向用户的用电设备提供交流电能。采用负载调节，理想的情况是根据来自发电机的频率信号的变化连续地改变用户负载，以使风轮机的输出功率与用户负载达到平衡。实际上是采用分级投入或切除负载的方式来平衡风轮机输出功率的变化，只要每级负载的变化不是太大，风轮机就能靠近最佳功率负载线运行。在采用负载调节的风力发电系统中，经常变动（投入或切除）的负载宜采用电阻式设备（如电热器、电炉等）。这种性质的负载属于线性变化元件，对于提高整个系统运行的稳定性有利，当然变动负载的最大功率值应按照风轮机及发电机的最大允许功率值来确定，这样，当系统内属于经常固定的负载因不需要而减少时，则可由系统内的变动负载来补足。

　　分级负载控制器的原理如图 4-3 所示。将负载分成几级，每一级负载的投入或切除动作点频率皆不同，可以事先调整确定。当发电机的输出频率大于该级负载投入动作点频率，该级负载便投入；当频率变得小于该级负载切除动作点频率，该级负载便切除。由于负载的投入和切除是分级进行的，当投入或切除负载时会引起发电机输出频率相应的变化。因此如果选择某一级负载的投入与切除动作点的频率相同，则可能引起该级负载在动作点反复投入和切除，为了避免这种现象，在同一级负载的投入动作点与切除动作点之间设置了回滞区，使投入点频率略高于标称动作点值，而切除点频率略低于标称动作点频率值。如图 4-4 所示，若标称动作点的频率选定为 50 Hz，回滞区选定为 -0.25 Hz ～0.25 Hz，则该级负载投入点频率为 50.25 Hz，切除点频率为 49.75 Hz。这种负载投入点频率与切除点频率之间的回滞差，保证了整个系统的稳定。

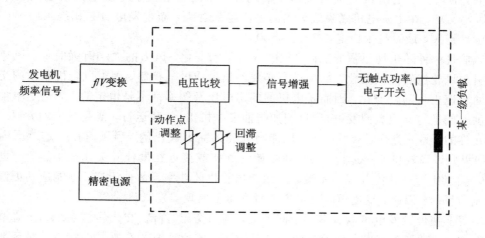

图 4-3　分级负载控制器原理图

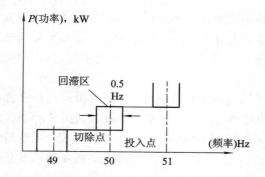

图 4-4　负载调节动作点频率及回滞区的确定

利用负载调节系统中的分级负载控制器，可以自动依次投入或切除负载，使独立的风电系统达到稳定运行，发电机的频率可控制在 49～51 Hz 或 48～52 Hz 之间。为了防止独立运行的风力发电机组超负载运行，风轮机应具有桨距调节装置或失速叶片，当大风或超速运行时能自动降低风轮机输出功率，保证系统的安全。

4.2.2　负载控制器与变速恒频风力发电

当风轮机转速波动（或停转），发电机电压低于蓄电池电压时，发电机不但不能对蓄电池充电，相反，蓄电池却要向发电机送出电流。为了防止这种情况出现，在发电机电枢回路与蓄电池组之间加入截流器，其作用是当发电机电压低于蓄电池电压时，截流器动作断开两者之间的连接。

风轮机带动主发电机转子旋转后，由于发电机有剩磁，在发电机的附加绕组中产生感应电势。感应电势经二极管全波整流后，供给励磁机励磁绕组。

风轮机与励磁机的三相交流绕组同轴旋转，在三相交流绕组中感应出交流电势，经三相半波旋转二极管整流后供给主发电机励磁绕组。

主发电机励磁绕组通电后，则在主发电机绕组中产生感应电势，同时又在附加绕组中感应电势，增大了励磁机的励磁绕组中的电流，从而又增大了主发电机励磁绕组中的电流，如此反复，在主发电机励磁绕组内的电流越来越大，而主发电机三相绕组内感应的电势也越来越大，最后趋于稳定，并建立起电压。

风能是一种随机性很强的能源，风的方向不断变化，风力的大小时强时弱。风速的变化会引起风轮机转速的变化，如果没有必要的机械或电气控制，则由风轮机驱动的交流发电机的转速也将随之变化，因而发电机的输出电压及频率都不是恒定的。无论是单独由风电站供电或是与其他类型发电机组（例如柴油发电机组）并联运行，或是与电网并联，这都是不允许的。另一方面，众所周知，风能与风速的立方成比例，当风速在一定范围内变化时，如果允许风轮机变速运行，使风轮机始终维持或接近在最佳叶尖速比下运行，也就是维持叶尖速比为最佳值并保持不变，从而使风轮机的功率系数值不变，则能达到更好地利用风能的目的。因此，变速恒频发电方式具有重要的现实意义。

实现变速恒频发电可以有多种不同方案，例如交流-直流-交流转换系统；交流整流子发电机方式；磁场调制发电机及降频转换系统等。各种系统各有不同的特点，并且都在进一步的研究和发展中。

交流-直流-交流转换系统是将变速运转的风轮机转子和交流发电机连接，发电机发出的变频交流电，经整流器变成直流，再经逆变器转变为工频交流电。这种方法在技术上是成熟的，但由于采用整流及逆变装置，电子设备成本较高，会导致发电设备的投资费用提高。

当风轮机的转速由于风速的变化而改变时，电磁滑差连接装置的主动轴转速将随之改变，但与交流同步发电机硬性连接的电磁滑差连接装置的从动轴转速则可以通过自动调节电磁滑差连接装置的磁场（通过调节励磁电流）而维持不变，也就是使电磁滑差连接装置的主动轴与从动轴之间的转速差（滑差）作相应的变化。磁场的调节是通过测速机构及电子调节装置而实现的。所以电磁滑差连接装置变速恒频发电系统是在风轮机及发电机之间借助电磁联系实现滑差连接，并通过调节电磁滑差连接装置的磁场。改变滑差，就能在风轮机风速变化的情况下，保证在发电机端得到稳定频率的电源。

　　电磁滑差连接装置实质上是一个特殊电机,起着离合器的作用。它由两个旋转的部分组成,区别于一般电磁离合器的地方,是在这两个旋转部分之间没有机械上的硬性连接,而是以电磁场的方式实现从原动机到被驱动机械之间的弹性连接来传递力矩。

　　从结构原理上看,电磁连接装置与工业上日趋广泛使用的滑差电机相似。在工业上当交流电动机由恒定频率的电网供电时,滑差电机可作为均匀调速的装置,实现由恒频电能到变速机械能的能量转换。而电磁滑差连接装置与交流发电机一起则可以实现由变速的机械能到恒频电能的转换。

　　电磁滑差连接装置的结构形式可以是多种多样的。考虑到运行可靠简单,可以采用不带滑环的无刷励磁方式,其不足之处是滑差功率不能利用,特别是在滑差值比较大时整个系统的效率会受到影响。为提高整个系统的效率,同时获得可以利用的直流电能,则可考虑采用转动部分带有滑环的结构形式,通过滑环将滑差功率引出,当然随着滑差的变化,在滑环上引出的滑差功率的频率及电压也是变化的,但这种结构形式对于充分利用风能是有效的。由滑环引出的滑差功率经过整流设备整流以后可以对蓄电池充电,并将这部分电功率输送到需要直流电的网路上去。

　　由滑环引出的滑差功率也可以经过整流器及逆变器,先转变成直流,再转变成工频交流电馈给电网。这也是一种交流-直流-交流转换系统。

4.3　电场风资源与风力发电机组的匹配

　　风力发电的匹配问题包括两个方面,一是风力发电机组与风电场风资源的匹况,二是风电场与电网的匹配。火力发电厂装机容量越大,发电量也就越多,但风力发电则不同,风力发电机组必须和风场资源相匹配,才能提高发电量。另外,在具有风力发电的电网中,风电场容量也不是越大越好,只有保持一定的比例,才能保证电力系统可靠、稳定、经济运行,这就是风电场与电网的匹配问题。

　　对于一个特定的风电场,风力发电机组的输出功率取决于多种因素。这些因素包括风电场址的平均风速,风力发电机组输出特性,特别是轮毂高度、切入风速 v_c、额定风速 v_r 和切出风速 v_f,如图 4-5 所示。

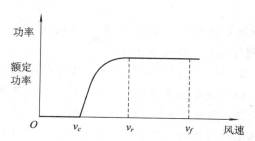

图 4-5　一个典型的变桨距风力发电机组输出特性

　　现在,市场上销售的风力发电机组种类很多,容量从 11 kW 到 1.5 MW 不等。对于某一个风电场,应选择最好而又适合的风力发电机组,而不能局限于风力发电机组容量。平均容量系数反映风力发电机组与风电场风资源匹配信况,下面介绍怎样计算风力发电机组的平均容量系数。

平均风速使用下面公式计算：

$$v_i = \left[\frac{\sum_{v=1}^{N_j} v_k^3}{N_j} \right]^{\frac{1}{3}} \tag{4-1}$$

风速概率密度函数可用韦布尔概率密度函数表示，即

$$f(v) = \left(\frac{k}{c} \right) \left(\frac{v}{c} \right)^{k-1} \exp \left(1 - \frac{v}{c} \right)^k \tag{4-2}$$

式中：c 为标度参数，k 为形状系数，v 为风速。

容量系数是平均功率与额定输出的功率之比，即

$$C_f = \frac{P_a}{P_r} \tag{4-3}$$

$$P_a = \int_0^\infty P f(v) \mathrm{d}v$$

$$P_r = \frac{1}{2} (e_v C_P A v^3) \tag{4-4}$$

式中：e_v 为风力机的效率，C_P 为风力机性能指系数，P 为空气密度，A 为叶片扫风面积，v 为平均风速。所以

$$C_f = \frac{1}{v^3} \int_{v_r}^{v_r} v^3 f(v) \mathrm{d}v + \int_{v_r}^{v_f} f(v) \mathrm{d}v \tag{4-5}$$

显然，C_f 值越大，风力机与风电场风资源匹配越好。C_f 值通常在 20%～40%。

4.4　风电输出与电网的匹配

风力发电机组并网运行，对电网有一定的影响。由于风力发电机组单机容量比较小，一般不超过 2 MW，对于一个大电网，影响很小，可以忽略。但对一个风电场来说，由几十台、上百台机组组成，总装机容量超过几十万千瓦，对于一个容量不大的电网，就会造成很大的影响，影响程度与风电容量所占电网容量的比例有关。风电场对电网有多大影响，为了保证电网安全可靠运行，风电场容量应占多大比例比较合适，这就是本节要研究的风电场与电网的匹配问题。

据丹麦专家分析，风电比例低于 10% 对电网不会构成危险。德国也曾提出过，风电场并入人口稀少地区的电网可能受到容量的潜在限制。我国原电力部颁布的《风力发电场并网运行管理规定》中有一条：风电场容量与电网统一调度的原则是由稳态运行下的电能质量、最小线路损失和暂态稳定性等因素决定。当风电场容量占电网统一调度容量的 5% 以下时，一般无需装控制设备，当超过 5% 时，应与电网调度机构协商解决。

对于某电网，目前风电装机容量已约占 3.3%，有必要对风电场与电网的匹配问题进行深入的研究，从而既充分利用风能资源，又保证电网的安全、可靠、经济运行。

风电场对电网稳态频率的影响是指电网受到扰动后，从一个稳态频率到另一个稳态频率的情况，而不考虑期间的频率变化过程。风力发电的不稳定性表现在间歇性和难以预计性。阵风、从有风到无风等，都会对电网曲率产生影响。

众所周知，电力系统的作用是维持发电输出功率和用电负荷的动态平衡。当风电场输

出功率突然增加时，对电网产生影响，电网频率有增加的趋势，电网对这种变化适应能力比较强。当风电场电输出功率下降时，或者用电负荷增加时，这样就破坏了原有电力平衡，旋转备用容量经一次调频和二次调频后，若仍不能达到新的电力平衡，即仍有功率缺额 ΔP，则电网球频率必然下降，同时用电负荷的功率随之下降，其下降额度等于功率缺额 ΔP 时，重新达到电力平衡，电网频率也就稳定下来。负荷的这种对频率的补偿作用称为负荷的频率静特性。该特性在 50 Hz 附近可以近似为一条直线，其数学表达式为

$$k = \frac{\Delta P / P_0}{\Delta f / f_0}$$

或

$$\frac{\Delta P_0}{P_0} = k \frac{\Delta f}{f_0} \tag{4-6}$$

式中：k 为负荷频率调节效应系数，P_0 为初始用电负荷，f_0 为初始电网频率，ΔP 为功率缺额，Δf 为允许频率偏差。

假设一个风电场的装机容量为 $P_风$，风电负载率为 m_i，则电风场输出功率为 $m_i P_风$。常规电源装机总容量为 P_0，常规电源开机容量 $P_风$，旋转备用容量的比率 m_c，则常规电源输出 $(1-m_c)P_开$。电网总的容量为

$$P_0 = m_i P_风 + (1-m_c)P_开 \tag{4-7}$$

允许风电失去造成功率缺额最大值的条件是：常规电源的旋转备用经一次调频和二次调频全部调出后，电网频率降低的幅度不大于 Δf。功率缺额：

$$\begin{aligned} \Delta P &= m_i P_风 + (1-m_c)P_开 - P_开 \\ &= m_i P_风 - m_c P_开 \end{aligned} \tag{4-8}$$

根据公式（4-6）可以得到：

$$\frac{m_i P_风 - m_c P_开}{P_0} \leqslant k \frac{\Delta f}{f_0} \tag{4-9}$$

再根据公式（4-7）～（4-9），可以推出以下结果：

常规电源开机容量占最大负荷的比例：

$$\frac{P_开}{P_0} \geqslant 1 - k \frac{\Delta f}{f_0} \tag{4-10}$$

风电装机容量占最大负荷的比例：

$$\frac{P_风}{P_0} \leqslant \frac{1}{m_i}\left[m_c + (1-m_c)k \frac{\Delta f}{f_0} \right] \tag{4-11}$$

风电装机容量占常规开机容量的比例：

$$\frac{P_风}{P_开} \leqslant \frac{1}{m}\left(\frac{k\Delta f}{f_0 - k\Delta f} + m_c \right) \tag{4-12}$$

从以上公式可以看出，风电比例与电网正常运行频率、允许频率偏差、负荷频率调节效应系数以及风电负载率、允许的常规电源旋转备用容量等因素有关系。

解决风电场与电网的匹配问题，常规电源开机容量占最大负荷的比例、风电装机容量占最大负荷的比例、风电装机容量占常规开机容量的比例可以参考式（4-10）～（4-12）进行。

第5章 风力发电系统及并网

📓 **内容摘要**：本章主要包括独立运行和并网运行风力发电系统中的发电机，独立运行和并网运行的风力发电系统，风力发电设备和风力发电机变流装置等内容。

✒️ **理论教学要求**：了解独立运行和并网运行风力发电系统中的发电机，独立运行和并网运行的风力发电系统。

✒️ **工程教学要求**：了解风力发电设备和风力发电机变流装置。

5.1 风力发电系统的发电机

5.1.1 独立运行风力发电系统中的发电机

1. 直流发电机

1）基本结构及原理

较早时期的小容量风力发电装置一般采用小型直流发电机。在结构上有永磁式和电励磁式两种类型，永磁式直流发电机利用永久磁铁来提供发电机所需的励磁磁通，其结构形式如图 5-1 所示；电励磁式直流发电机则是借助励磁线圈产生励磁通，由于励磁绕组与电枢绕组连接方式的不同，分为他励与并励（自励）两种形式，其结构形式如图 5-2 所示。

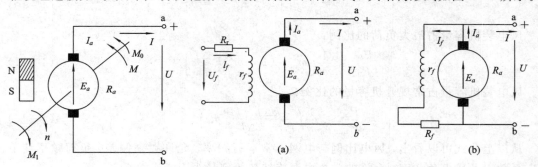

图 5-1 永磁式直流发电机

图 5-2 电励磁式直流发电机
（a）他励式直流电动机；（b）并励式（自励）直流发电机

在风力发电装置中，直流发电机由风力机拖动旋转时，根据法拉第电磁感应定律，在直流发电机的电枢绕组中产生感应电势，在电枢的出线端（a、b 两端）若接上负载，就会有电流流向负载，即在 a、b 端有电能输出，风能也就转换成了电能。

直流发电机电枢回路中各电磁物理量的关系为

$$E_a = C_e \phi n \tag{5-1}$$

$$U = E_a - I_a R_a \tag{5-2}$$

励磁回路中各电磁物理量的关系如下：

他励发电机

$$I_f = \frac{U_f}{R_f + r_f}$$

并励发电机

$$I_f = \frac{U}{R_f + r_f} \tag{5-3}$$

$$\phi = f(I_f) \tag{5-4}$$

以上三式中：C_e 为电机的电势系数；ϕ 为电机每极下的磁通量；R_a 为电枢绕组电阻；R_f 为励磁绕组的外接电阻；E_a 为绕组感应电势；U 为电枢端电压；n 为发电机转速；I_f 为励磁电流。

2）发电机的电磁转矩与风力机的驱动转矩之间的关系

根据比奥-沙瓦定律，直流发电机的电枢电流与电机的磁通作用会产生电磁力，并由此而产生电磁转矩，电磁转矩可表示为

$$M = C_M \varphi I_a \tag{5-5}$$

式中：C_M 为电机的转矩系数，M 为电磁转矩，I_a 为电枢电流。

电磁转矩对风力机的拖动转矩为制动性质的。当转速恒定时，风力机的拖动转矩与发电机的电磁转矩平衡，即

$$M_1 = M + M_0 \tag{5-6}$$

式中：M_1 为风力机的拖动转矩，M_0 为机械摩擦阻转矩。

当风速变化时，引起风力机的驱动转矩变化或者发电机的负载变化时，则转矩的平衡关系为

$$M_1 = M + M_0 + J \frac{\mathrm{d}\Omega}{\mathrm{d}t} \tag{5-7}$$

式中：J 为风力机、发电机及传动系统的总转动惯量，Ω 为发电机转轴的旋转角速率，$J \frac{\mathrm{d}\Omega}{\mathrm{d}t}$ 为动态转矩。

从公式（5-6）可见，当负载不变时，即当 M 为常数时，若风速增大，发电机转速将增加；反之，转速将下降。由公式（5-2）知，转速的变化，将导致感应电势及电枢端电压变化，为此风力机的调速装置应动作，以调整转速。

3）发电机与变化的负载连接时，电磁转矩与转速的关系

图 5-3 是他励直流发电机与变化的负载电阻 R 连接，他励直流发电机的电磁转矩为

$$M = C_M \phi \frac{E_a}{R_a + R} = C_M \phi \frac{C_e \phi n}{R_a + R} = \frac{C_e C_M \phi^2 n}{R_a + R} = K_n \tag{5-8}$$

$$K = \frac{C_e C_M \phi^2}{R_a + R}$$

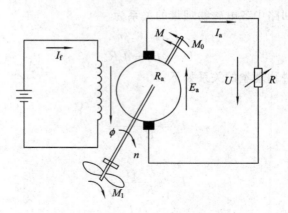

图 5-3　他励直流发电机与变化的负载电阻 R 连接

　　当励磁磁通 ϕ 及负载电阻 R 不变化时，K 为一常数。故 M 与 n 的关系为直线关系，对应于不同的负载电阻，M 与 n 有不同的线性关系，如图 5-4 中的 A、B、C 三条直线，分别对应负载电阻为 R_1、R_2 及 R_3（$R_3 > R_2 > R_1$）时的 $M-n$ 特性。并励直流发电机的 $M-n$ 特性与他励的相似，只是在并励时励磁磁通将随电枢端电压的变化而改变，因此 $M-n$ 的关系不再是直流关系，其 $M-n$ 特性为曲线形状，如图 5-5 所示。

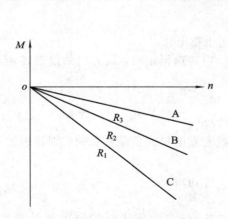

图 5-4　他励直流发电机的 $M-n$ 特性

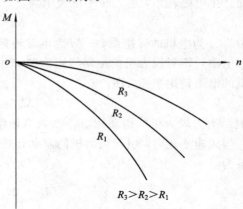

图 5-5　并励直流发电机的 $M-n$ 特性

　　4）并励直流发电机的自励

　　在采用并励发电机时，为了建立电压，在发电机具有剩磁的情况下，必须使励磁绕组并联到电枢两端的极性正确，同时励磁回路的总电阻 $R_f + r_f$ 必须小于某一定转速下的临界值，如果并联到电枢两端的极性不正确（即励磁绕组接反了），则励磁回路中的电流所产生的磁势将削减发电机中的剩余磁通，发电机的端电压就不能建立，即电机不能自励。

　　当励磁绕组解法正确，励磁回路中的电阻为 $(r_f + R_f)$ 时，则由图 5-6 可知

$$\tan\alpha = \frac{U_o}{I_{f_o}} = \frac{I_{f_o}(r_f + R_f)}{I_{f_o}} = r_f + R_f$$

　　励磁回路电阻线与无载特性曲线的交点即为发电机自励后建立起来的电枢端电压 U_o。若励磁回路中串入的电阻值 R_f 增大，则励磁回路的电阻与无载特性曲线相切，无稳定交

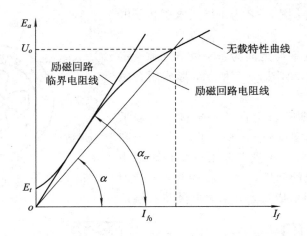

图 5-6 并励发电机的无载特性曲线及励磁回路电阻线

点，则不能建立稳定的电压。

从图 5-6 可见，此时的 $\alpha_{cr} > \alpha$，对应于此 α_{cr} 的电阻值 $R_{cr} = \tan\alpha_{cr}$，此 R_{cr} 即为临界电阻值，所以为了建立电压，励磁回路的总电阻 $R_f + r_f$ 必须小于临界电阻值。

必须注意，若发电机励磁回路的总电阻在某一转速下能够自励，当转速降低到某一转速数值时，可能不能自励，这是因为无载特性曲线与发电机的转速成正比。转速降低时，无载特性曲线也改变了形状，因此，对于某一励磁回路的电阻值，就对应地有一个最小的临界转速值 n_{cr}，若发电机转速小于 n_{cr}，就不能自励。在小型风力发电装置中，为了使发电机建立稳定的电压，在设计风电装置时，应考虑使使风力机调速机构确定的转速值大于发电机最小的临界转速值。

2. 交流发电机

1) 永磁式发电机

(1) 永磁发电机的特点。永磁发电机转子上无励磁绕组，因此不存在励磁绕组铜损耗，比同容量的电励磁式发电机效率高；转子上没有滑环，运转时更安全可靠；电机的重量轻，体积小，制造工艺简便，因此在小型及微型发电机中被广泛采用，永磁发电机的缺点是电压调节性能差。

(2) 永磁材料。永磁电机的关键是永磁材料，表征永磁材料的性能的主要技术参数为 B_r（剩余磁通密度）、H_c（矫顽力）、$(BH)_{max}$（最大磁能积）等。在小型及微型风力发电机中常用得永磁材料有铁氧体和钕铁硼两种。由于铝镍钴、钐钴两种材料价格高且最高磁能积不够高，故经济性差，用得不多。铁氧体材料价格较低，H_c 较高，能稳定运行，永磁铁的利用率较高，但氧化铁的 $(BH)_{max}$ 约为 3.5×10^7 OeGs（高奥），B_r 在 4000Gs（高斯）以下，而钕铁硼的 $(BH)_{max}$ 为 $(25 \sim 40) \times 10^6$ OeGs，电机的总效率可更高，因此在相同的输入机械功率下，输出的电功率可以提高，故而在微型及小型风力发电机中采用此种材料的更多，但与铁氧体比较，价格要贵些，无论是哪种永磁材料，都要现在永磁机中充磁才能获得磁性。

(3) 永磁电机的结构。永磁发电机定子与普通交流电机相同，包括定子铁芯及定子绕组。定子铁芯槽内安放定子三相绕组或单相绕组。

永磁发电机的转子按照永磁体的布置及形状，有凸极式和爪极式两类，图 5-7 为凸极式永磁转子电机结构，图 5-8 为爪极式永磁转子电机结构。

凸极式永磁电机磁通走向为：N 极—气隙—定子齿槽—气隙—S 极，如图 5-7 所示，形成闭合磁通回路。

爪极式永磁电机磁通走向为：N 极—左端爪极—气隙—定子—右端爪极—S 极。爪极的 N 极和 S 极交错排列，爪极与定子铁芯间的气隙距离远小于左右两端爪极之间的间隙，因此磁通不会直接由 N 极爪进入 S 极爪而形成短路，左端爪极与右端爪

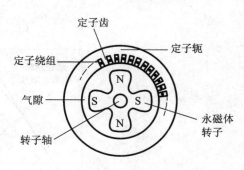

图 5-7 凸极式永磁电机结构图

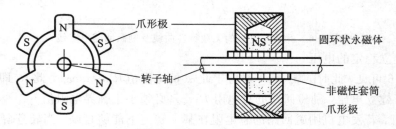

图 5-8 爪极式永磁电机转子结构图

极皆做成相同的形状。

为了使永磁电机的设计能达到获得高效率及节约永磁材料的效果，应使永磁电机在运行时永磁材料的工作点接近最大磁能积处，此时永磁材料最节省。图 5-9 表示了永磁材料的磁通密度 B、磁场强度 H 及磁能积 (BH) 的关系曲线，图中第 Ⅱ 象限的曲线为永磁材料的退磁曲线，第 Ⅰ 象限的曲线为磁能积曲线，若永磁材料工作于 a 点，则显而易见其磁能积 (BH) 接近于最大磁能积 $(BH)_{max}$。

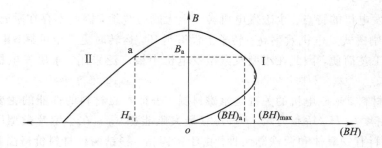

图 5-9 B、H 及 (BH) 的函数关系曲线

2）硅整流自励交流发电机

（1）结构、工作原理及电路图。硅整流自励交流发电机的电路图如图 5-10 所示，发电机的定子由定子铁芯和定子绕组组成，定子绕组为三相，Y 形连接，放在定子铁芯内圆槽内，转子由转子铁芯、转子绕组（即励磁绕组）、滑环和转子轴组成，转子铁芯可做成凸极式或爪形，一般多用爪形磁极，转子励磁绕组的两端接到滑环上，通过与滑环接触的电刷与硅整流器的直流输出端相连，从而获得直流励磁电流。

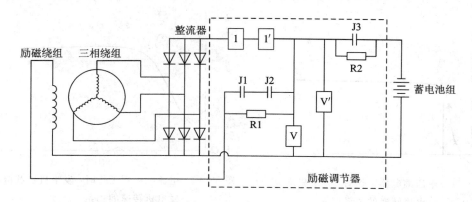

图 5-10　硅整流自励交流发电机及励磁调节器电路原理图

　　独立运行的小型风力发电机组的风力机叶片多数是固定桨距的,当风力变化时,风力机转速随之发生变化,与风力机相连接的发电机的转速也将发生变化,发电机的出口电压也会发生波动,这将导致硅整流器输出的直流电压及发电机励磁电流的变化,并造成励磁磁场的变化,这样又会造成发电机出口电压的波动。这种连锁反应使得发电机出口电压的波动范围不断增加,显而易见,如果电压的波动得不到控制,在向负载独立供电的情况下,将会影响供电的质量,甚至会造成用电设备损坏。此外独立运行的风力发电机都带有蓄电池组,电压的波动会导致蓄电池组过充电,从而降低蓄电池组的使用寿命。

　　为了消除发电机输出端电压的波动,硅整流交流发电机配有励磁调节器,如图 5-10所示,励磁调节器由电压继电器、电流继电器、逆流继电器及其所控制的动断触点 J1、J2和动合触点 J3 以及电阻 R1、R2 等组成。

　　(2) 励磁调节器的工作原理。励磁调节器的作用是使发电机能自动调节其励磁电流(也即励磁磁通)的大小,来抵消因风速变化而导致的发电机转速变化对发电机端电压的影响。

　　当发电机转速较低,发电机端电压低于额定值时,电压继电器 V 不动作,其动断触点J1 闭合,硅整流器输出端电压直接施加在励磁绕组上,发电机属于正常励磁状况;当风速加大,发电机转速增高,发电机端电压高于额定值,动断触点 J1 断开,励磁回路中被串入了电阻 R1,励磁电流及磁通随之减小,发电机输出端电压也随之下降;当发电机电压降至额定值时,触点 J1 重新闭合,发电机恢复到正常励磁状况。电压继电器工作时发电机端电压与发电机转速的关系如图 5-11 所示。

　　风力发电机组运行时,当用户投入的负载过多时,可能出现负载电流过大,超过额定值的状况,如不加以控制,使发电机过负荷运行,会对发电机的使用寿命有较大影响,甚至会损坏发电机的定子绕组。电流继电器的作用就是为了抑制发电机过负荷运行。电流继电器 I 的动断触点 J2 串接在发电机的励磁回路中,发电机输出的负荷电流则通过电流继电器的绕组。当发电机的输出电流低于额定值时,继电器不工作,动断触点闭合,发电机属于正常励磁状况;当发电机输出电流高于额定值时,动断触点 J2 断开,电阻 R1 被串入励磁回路,励磁电流减小,从而降低了发电机输出端电压并减小了负载电流。电流继电器工作时,发电机负载电流与电机转速的关系如图 5-12 曲线。

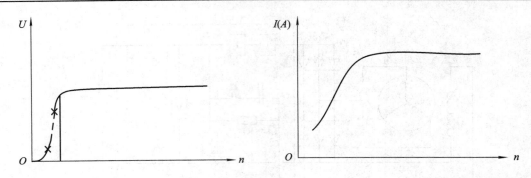

图 5-11 电压继电器工作时，发电机端电压与 　图 5-12 电流继电器工作时，发电机负载电流与
　　　　 发电机转速的关系 　　　　　　　　　　　　 发电机转速的关系

为了防止无风或风速太低时，蓄电池组向发电机励磁绕组送电，即蓄电池组由充电运行变为反方向放电状况，这不仅会消耗蓄电池所储电能，还可能烧毁励磁绕组，因此在励磁调节器装置中，还装有逆流继电器。逆电流继电器由电压线圈 V′、电流线圈 I′、动合触点 J3 及电阻 R2 组成。发电机正常工作时，逆电流继电器的电压线圈及电流线圈内流过的电流产生的吸力使动合触点 J3 闭合；当风速太低，发电机端电压低于蓄电池组电压时，继电器电流线圈瞬间流过反向电流，此电流产生的磁场与电压线圈内流过的电流产生的磁场作用相反，电压线圈内流过的电流由于发电机电压下降而减小，由其产生的磁场也减弱了，故由电压线圈及电流线圈内电流产生的总磁场的吸力减弱，使得动合触点 J3 断开，从而断开了蓄电池向发电机励磁绕组送电的回路。

采用励磁调节器的硅整流交流发电机，与永磁发电机比较，其特点是能随风速变化自动调节发电机的输出端电压，防止产生对蓄电池过充电，延长蓄电池的使用寿命；同时还实现了对发电机的过负荷保护，但励磁调节器的动断触点，由于其断开和闭合的动作较频繁，需对触点材质及断弧性能做适当的处理。

用交流发电机进行风力发电时，发电机的转速要达到在该转速下的电压才能够对蓄电池充电。

3）电容自励异步电机

从异步发电机的理论知道，异步发电机在并网运行时，其励磁电流是由电网供给的，此励磁电流对异步电机的感应电势而言是电容性电流，在风力驱动的异步发电机独立运行时，为得到此电容性电流，必须在发电机输出端接上电容，从而产生磁场并建立电压。

自励异步电机建立电压的条件是：

（1）发电机必须有剩磁，一般情况下，发电机都会有剩磁存在，万一失磁，可用蓄电池充磁的方法重新获得剩磁；

（2）在异步发电机的输出端并上足够数量的电容，如图 5-13 所示。

从图 5-13 可知，在异步发电机输出端所并的电容的容抗 $X_C = \dfrac{1}{\omega C}$，只有电容 C 增大，使 X_C 减小，励磁电流 I_0 才能增大；而只有 I_0 增大到足够大时，才能建立稳定的电压，如图 5-13 中的 a 点，a 点的位置是由发电机的无载特性曲线与电容 C 所确定的电容线的交点来决定的。对于建立了稳定电压的 a 点应有如下的关系。

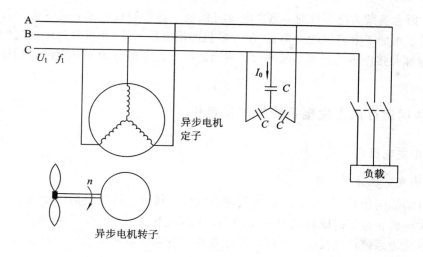

图 5 - 13　自励异步风力发电机

$$\frac{U_1}{I_0} = X_C = \frac{1}{\omega C} = \arctan\alpha \qquad\qquad (5-9)$$

故 X_C 的大小，即电容 C 的大小决定了电容线的斜率，若电容 C 减小，则容抗 X_C 增加，励磁电流 I_0 减小，从图 5 - 14 可以看出电容线将变陡，即角度 α 增大，当电容线与无载特性不相交时，就不能建立稳定电压。

对应于最小的电容值为临界电容值 C_{σ}，此时的电容线称为临界电容线，而临界电容线与横坐标轴之间的夹角为临界角度 α_{σ}，由此可知在独立运行的自励异步发电机中，发电机输出端并联的电容值应大于临界电容值 C_{σ}，即 α 角度小于临界角度 α_{σ}。

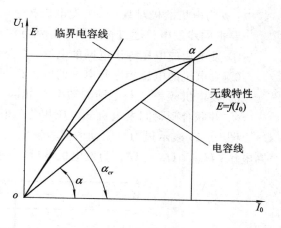

图 5 - 14　独立运行的自励异步发电机电压的建立

值得注意的是，发电机的无载特性曲线与发电机的转速有关，若发电机的转速降低，无载特性曲线也随之下降，可能导致自励失败而不能建立电压。独立运行的异步发电机在带负载运行时，发电机的电压及频率都将随负载的变化及负载的性质有较大额变化，要想维持异步电机的电压及频率不变，应采取调节措施。

为了维持发电机的频率不变，当发电机负载增加时，必须相应地提高发电机转子的转速。因为当负载增加时，异步发电机的滑差绝对值 $|S|$ 增大（异步电机的滑差 $S = \dfrac{n_s - n}{n_s}$，在异步电机作为发电机运行时，发电机的转速 n 大于电机旋转磁场的转速 n_s，故滑差 S 为负值），而发电机的频率 $f_1 = \dfrac{pn_s}{60}$（p 为发电机的极对数），故欲维持频率 f_1 不变，则 n_s 应维持不变，因此当发电机负载增加时，必须增大发电机转子的转速。

为了维持发电机的电压不变，当发电机负载增加时，必须相应地增加发电机端并接电容的数值。因为负载为电感性时，感性电流将抵消一部分容性电流，这样将导致励磁电流减小，相当于增加了电容线的夹角 α，使发电机的端电压下降(严重时可以使端电压消失)，所以必须增加并接电容的数量，以补偿负载增加时感性电流增加而导致的容性励磁电流的减少。

5.1.2 并网运行风力发电系统中的发电机

1. 同步发电机

1) 同步发电机并网方法

(1)自动准同步并网。在常规并网发电系统中，利用三相绕组的同步发电机是最普遍的，同步发电机在运行时既能输出有功功率，又能提供无功功率，且频率稳定，电能质量高，因此被电力系统广泛接受。在同步发电机中，发电机的极对数、转速及频率之间有着严格不变的固定关系，即

$$f_s = \frac{pn_S}{60} \tag{5-10}$$

式中：p 为电机的极对数；n_S 为发电机转速，r/min；f_s 为发电机产生的交流点频率，Hz。

要把同步发电机通过标准同步并网方法连接到电网上必须满足以下四个条件：

① 发电机的电压等于电网的电压，并且电压波形相同。

② 发电机的电压相序与电网的电压相序相同。

③ 发电机频率 f_s 与电网的频率 f_1 相同。

④ 并联合闸瞬间发电机的电压相角与电网并联的相角一致。

图 5-15 表示风力机驱动的同步发电机与电网并联的情况，图中 U_{AB}、U_{BC}、U_{CA} 为电网电压；U_{ABS}、U_{BCS}、U_{CAS} 为发电机电压；n_T 为风力机转速；n_S 为发电机转速。

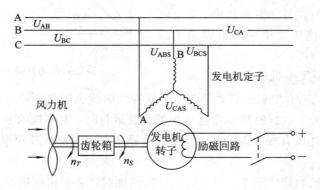

图 5-15　风力驱动的同步发电机与电网并联

风力机转轴与发电机转轴间由升速齿轮及联轴器来连接。

满足上述理想并网条件的并网方式即为准同步并网方式，在这种并网条件下，并网瞬间不会产生冲击电流，不会引起电网电压的下降，也不会对发电机定子绕组及其他机械部件造成损坏。这是这种并网方式的最大优点，但对风力驱动的同步发电机而言，要准确达到这种理想并网条件实际上是不容易的，在实际并网操作时，电压、频率及相位都往往会有一些偏差，因此并网时仍会产生一些冲击电流。一般规定发电机与电网系统的电压差不

超过 5%～10%，频率差不超过 0.1%～0.5%，使冲击电流不超出其允许范围。但如果电网本身的电压及频率也经常存在较大的波动，则这种通过同步发电机整步实现准同步并网就更加困难。

（2）自同步并网。自同步并网就是同步发电机在转子未加励磁，励磁绕组经限流电阻短路的情况下，由原动机拖动，待同步发电机转子转速升高到接近同步转速（约为 80%～90% 同步转速）时，将发电机投入电网，再立即投入励磁，靠定子与转子之间电磁力的作用，发电机自动牵入同步运行。由于同步发电机在投入电网时未加励磁，因此不存在准同步并网时的对发电机电压和相角进行调节和校准的整步过程，并且从根本上排除了发生非同步合闸的可能性。当电网出现故障并恢复正常后，需要把发电机迅速投入并联运行时，经常采用这种并网方法。这种并网方法的优点是不需要复杂的并网装置，并网操作简单，并网过程迅速；这种并网方法的缺点是合闸后有电流冲击（一般情况下冲击电流不会超过同步发电机输出端三相突然短路时的电流），电网电压会出现短时间的下降。电网电压降低的程度和电压恢复时间的长短，同并入的发电机容量与电网容量的比例有关，在风力发电情况下还与风电场的风资源特性有关。

必须指出，发电机自同步过程与投入励磁的时间及投入励磁后励磁增长的速率密切有关。如果发电机是在非常接近同步转速时投入电网，则应迅速加上励磁，以保证发电机能迅速被拉入同步，而且励磁增长的速率愈大，自同步过程也就结束的愈快；但是在同步发电机转速距同步速较大的情况下应避免立即迅速投入励磁，否则会产生较大的同步力矩，并导致自同步过程中出现较大的振荡电流及力矩。

2）同步发电机的转矩-转速特性

当同步发电机并网后正常运行时，其转矩-转速特性曲线如图 5-16 所示，图中 n_s 为同步转速，从图 5-16 可以看出，发电机的电磁转矩对风力机来讲是制动转矩性质，因此不论电磁转矩如何变化，发电机的转速应为维持不变（即维持为同步转速 n_S），以便维持发电机的频率与电网的频率相同，否则发电机将与电网解裂。这就要求风力机有精确的调速机构，当风速变化时，能维持发电机的转速不变，等于同步转速，这种风力发电系统的运行方式，称为恒速恒频方式。与此相对应，在变速恒频系统运行方式下（即风力机及发电机的转速随风速变化做变速运行，而

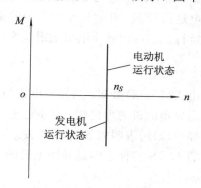

图 5-16　并网运行的同步电机的转矩-转速特性

在发电机输出端则仍能得到等于电网频率的电能输出），风力机不需要调速机构。带有调速机构的同步风力发电系统的原理性框图如图 5-17 所示。

调速系统是用来控制风力机转速（即同步发电机转速）及有功功率的，励磁系统是调控同步发电机的电压及无功功率的，图中 n、U、P 分别代表风力机的转速、发电机的电压、输出功率。总之，同步发电机并网后，对发电机的电压、频率及输出功率必须进行有效的控制，否则会发生失步现象。

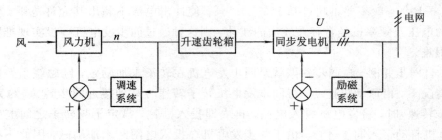

图 5-17 带有调速机构的同步风力发电系统原理图

2. 异步发电机

1) 异步发电机的基本原理及其转矩-转速特性

风力发电系统中并网运行的异步电机，其定子与同步电机的定子基本相同，定子绕组为三相的，可按成三角形或星形接法。转子则有鼠笼型和绕线型两种。根据异步电机理论，异步电机并网时由定子三相绕组电流产生的旋转磁场的同步转速决定于电网的频率及电机绕组的极对数，即

$$n_S = \frac{60f}{p} \tag{5-11}$$

式中：n_S 为同步转速，f 为电网频率，p 为绕组极对数。

按照异步电机理论又知，当异步电机连接到频率恒定的电网上时，异步电机可以有不同的运行状态：当异步电机的转速小于异步电机的同步转速时（即 $n < n_S$），异步电机以电动机的方式运行，处于电动运行状态，此时异步电机自电网吸取电能，而由其转轴输出机械功率；而当异步电机由原动机驱动，其转速超过同步转速时（即 $n > n_S$），则异步电机将处于发电运行状态，此时异步电机吸收由原动力供给的机械而向电网输出电能。异步电机的不同运行状态可用异步电机的滑差率 S 来区别表示。异步电机的滑差率定义为

$$S = \frac{n_S - n}{n_S} \times 100\% \tag{5-12}$$

由式（5-12）可知，当异步电机与电网并联后作为发电机运行时，滑差率 S 为负值。

由异步电机的理论知，异步电机的电磁转矩 M 与滑差率 S 的关系如图 5-18 所示。根据式（5-12）所表明的 S 与 n 的关系，异步电机的 $M-S$ 特性也即是异步电机的 $M-n$ 特性。

改变异步电机转子绕组回路内电阻的大小可以改变异步电机的转矩-转速特性曲线，图 5-13 中曲线 2 代表转子绕组电阻较大的转矩-转矩特性曲线。

在由风力机驱动异步发电机与电网并联运行的风力发电系统中，滑差率 S 的绝对值取为 2%～5%，$|S|$ 取值越大，则系统平衡阵风扰动的能力越好，一般与电网并联运行的容量较大的异步风力发电机其转

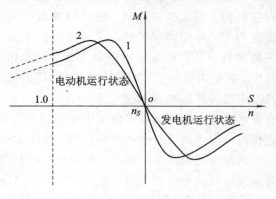

图 5-18 异步电机的转矩-转速（滑差率）特性曲线

速的运行范围在 $n_S \sim 1.05 n_S$ 之间。

2）异步发电机的并网方法

由风力机驱动异步发电机与电网并联运行的原理图如图 5 - 19 所示。因为风力机为低速运转的动力机械，在风力机与异步发电机转子之间经增速齿轮传动来提高转速以达到适合异步发电机运转的转速，一般与电网并联运行的异步发电机多选 4 极或 6 极电机，因此异步电机转速必须超过 1500 r/min 或 1000 r/min，才能运行在发电状态，向电网送电。电机极对数的选择与增速齿轮箱关系密切，若电机的极对数选小，则增速齿轮传动的速比增大，齿轮箱加大，但电机的尺寸则小些；反之，若电机的极对数选大些，则传动速比减小，齿轮箱相对小些，但电机的尺寸则大些。

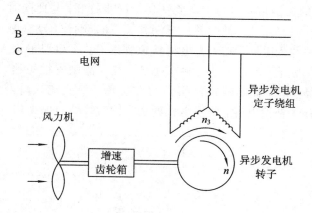

图 5 - 19 风力机驱动的异步发电机与电网并联

根据电机理论，异步发电机并入电网运行时，是靠滑差率来调整负荷的，其输出的功率与转速几乎成线性关系，因此对机组的调速要求，不像同步发电机那么严格精确，不需要同步设备和整步操作，只要转速接近同步转速时就可并网。国内及国外的电网并联运行的风力发电机组中，多采用异步发电机，但异步发电机在并网瞬间会出现较大的冲击电流（约为异步发电机额定电流的 4～7 倍），并使电网电压瞬时下降。随着风力发电机组单机容量的不断增大，这种冲击电流对发电机自身部件的安全及对电网的影响也愈加严重。过大的冲击电流，有可能使发电机与电网连接与电网连接的主回路中的自动开关断开，而电网电压的较大幅度下降，则可能会使低压保护动作，从而导致异步发电机根本不能并网。当前在风力发电系统中采用的异步发电机并网方法有以下几种。

（1）直接并网。这种并网方法要求在并网时发电机的相序与电网的相序相同，当风力驱动的异步发电机转速接近同步转速时即可自动并入电网；自动并网的信号由测速装置给出，而后通过自动空气开关合闸完成并网过程，显而易见这种并网方式比同步发电机的准同步并网简单。但如上所述，直接并网时会出现较大的冲击电流及电网的下降，因此这种并网方法只适用于异步电机容量在百千瓦以下，而电网容量较大的情况下。中国最早引进的 55 kW 风力发电机组及自行研制的 50 kW 风力发电机组都是采用这种方法并网的。

（2）降压并网。这种并网方法是在异步电机与电网之间串接电阻、电抗器或者接入自耦变压器，以达到降低并网合闸瞬间冲击电流幅值及电网电压下降的幅度。因为电阻、电抗器等元件要消耗功率，在发电机并入电网以后，进入稳定运行状态时，必须将其迅速切除，这种并网方法适用于百千瓦以上、容量较大的机组，显而易见这种并网方法的经济性较差，中国引进的 200 kW 异步风力发电机组，就是采用这种并网方式，并网时发电机每相绕组与电网之间皆串接有大功率电阻。

（3）通过晶闸管软并网。这种并网方法是在异步发电机定子与电网之间通过每相串入一只双向晶闸管连接起来。三相均有晶闸管控制。双向晶闸管的两端与并网自动开关 S2 的动合触头并联（如图 5-20 所示）。接入双向晶闸管的目的是将发电机并网瞬间的冲击电流控制在允许的限度内。其并网过程如下：当风力发电机组接收到由控制系统内微处理机发出的启动命令后，先检查发电机的相序与电网的相序是否一致，若相序正确，则发出松闸命令，风力发电机组开始启动。当发电机转速接近同步转速时（约为 99%～100% 同保护转速），双向晶闸管的控制角同时由 180°到 0°逐渐同步打开；与此同时，双向晶闸管的导通角则同时由 0°到 180°逐渐增大，此时并网自动开关 S2 未动作，动合触头未闭合，异步发电机通过晶闸管平稳地并入电网；随着发电机转速继续升高，电机的滑差率渐趋于零，当滑差率为零时，并网自动开关动作，动合触头闭合，双向晶闸管被短接，异步发电机的输出电流将不再经双向晶闸管，而是通过已闭合的自动开关触头流入电网，在发电机并网后，应立即在发电机端并入补偿电容，将发电机的功率因数（$\cos\varphi$）提高到 0.95 以上。

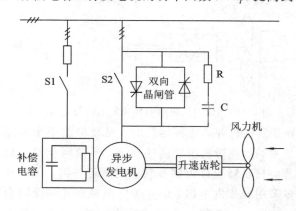

图 5-20　异步电机经晶闸管软并网原理图

这种软并网方法的特点是通过控制晶闸管的导通角，将发电机并网瞬间的冲击电流值限制在规定的范围内（一般为 1.5 倍额定电流以下），从而得到一个平滑的并网暂态过程。

图 5-20 所示的软并网线路中，在双向晶闸管两端并接有旁路并网自动开关，并在零滑差率时实现自动切换，在并网暂态过程完毕后，将双向晶闸管短接。与此种软并网连接方式相对应的另一种软并网方式是在异步电动机与电网之间通过双向晶闸管直接连接，在晶闸管两端没有并接的旁路并网自动开关，双向晶闸管既在并网过程中起到控制冲击电流的作用，同时又作为无触头自动开关，在并网后继续存在于主回路中，这种软并网连接方式可以省去一个并网自动开关，因而控制回路也较高的开关频率，这是其优点。但这种连接方式需选用电流允许值大的高反压双向晶闸管，这是因为在这种连接方式下，双向晶闸管中通过的电流需满足通过异步电机的额定电流值，而具有旁路并网自动开关的软并网连接方式中的高反压双向晶闸管只要能通过较发电机空载电流略高的电流就可以满足要求，这是这种连接方式的不利之处。这种软并网连接方式的并网过程与上述具有并网自动开关

的软并网连接方式的并网过程相同，在双向晶闸管开始导通阶段，异步电机作为电动机运行，但随着异步电机转速的升高，滑差率渐渐接近于零，当滑差率为零时，双向晶闸管已全部导通，并网过程也就结束。

晶闸管软并网技术虽然是目前一种先进的并网方法，但它也对晶闸管器件及与之相关的晶闸管触发器提出了严格的要求，即晶闸管器件的特性要一致、稳定以及触发电路要可靠，只有发电机主回路中的每相的双向晶闸管特性一致，控制极触发电压、触发电流一致，全开通后压降相同，才能保证可控硅导通角在 0°~180°范围内同步逐渐增大，才能保证发电机三相电流平衡，否则会对发电机不利。目前在晶闸管软并网方法中，根据晶闸管的通断状况，触发电路有移相触发和过零触发两种方式，移相触发会造成发电机每相电流为正负半波对称的非正弦波（缺角正弦波）含有较多的谐波分量，这些谐波会对电网造成污染，必须加以限制和消除。过零触发是在设定的周期内，逐步改变晶闸管大的导通周波数，最后达到全部导通，使发电机平稳并入电网，因而不产生谐波干扰。

通过晶闸管软并网将风力驱动的异步发电机并入电网是目前国内外中型及大型风力发电组中普遍采用的并网技术，中国引进和自行开发研制生产的 250 kW、300 kW、600 kM 的并网型异步风力发电机组，都采用这种并网技术。

3. 双馈异步发电机

1）工作原理

众所周知，同步发电机在稳态运行时，其输出端电压的频率与发电机的极对数及发电机转子的转速有着严格固定的关系，即

$$f = \frac{pn}{60} \qquad (5-13)$$

式中：f 为发电机输出电压频率，Hz；p 为发电机的极对数；n 为发电机旋转速度，r/min。

显而易见，在发电机转子变速运行时，同步发电机不可能发出恒频电能。由电机结构知，绕线转子异步电机的转子上嵌装有三相对称绕组，根据电机原理知道，在三相对称绕组中通入三相对称交流电，则将在电机气隙内产生旋转磁场，此旋转磁场的转速与所通入的交流电的频率及电机的极对数有关，即

$$n_2 = \frac{60 f_2}{p} \qquad (5-14)$$

式中：n_2 为绕线转子异步电机转子的三相对称绕组通入频率为 f_2 的三相对称电流后所产生的旋转磁场相对于转子本身的旋转速度，r/min；p 为绕线转子异步电机的极对数；f_2 为绕线转子异步电机转子三相绕组通入的三相对称交流电频率，Hz。

从式（5-14）可知，改变频率 f_2，即可改变 n_2，而且若改变通入转子三相电流的相序，还可以改变此转子旋转磁场的转向。因此，若设 n_1 为对应于电网频率为 50 Hz（$f_1 = 50$ Hz）时异步发电机的同步转速，而 n 为异步电机转子本身的旋转速度，则只要维持 $n \pm n_2 = n_1 =$ 常数，见式（5-14），则异步电机定子绕组的感应电势，如同在同步发电机时一样，其频率将始终维持为 f_1 不变。

$$n \pm n_2 = n_1 = \text{同步转速} \qquad (5-15)$$

异步发电机的滑差率 $S = \frac{n_1 - n}{n_1}$，则异步电机转子三相绕组内通入的电流频率应为

$$f_2 = \frac{pn_2}{60} = \frac{p(n_1 - n)}{60} = \frac{pn_1}{60} \times \frac{n_1 - n}{n_1} = f_1 S \tag{5-16}$$

公式(5-16)表明，在异步电机转子以变化的转速转动时，只要在转子的三相对称绕组中通入滑差率(即 $f_1 S$)的电流，则在异步电机的定子绕组中就能产生 50 Hz 的恒频电势。

根据双馈异步发电机转子转速的变化，双馈异步发电机可有以下三种运行状态：

(1) 亚同步运行状态。在此种状态下 $n < n_1$，由滑差率为 f_2 的电流产生的旋转磁场转速 n_2 与转子的转速方向相同，因此有 $n + n_2 = n_1$。

(2) 超同步运行状态。此种状态下 $n > n_1$，改变通入转子绕组的频率为 f_2 的电流相序，则其所产生的旋转磁场转速 n_2 的转向与转子相反，因此有 $n - n_2 = n_1$。为了实现 n_2 转向反向，在由亚同步运行转向超同步运行时，转子三相绕组必须能自动改变其相序；反之，也是一样。

(3) 同步运行状态。此种状态下 $n = n_1$，滑差率 $f_2 = 0$，这表明此时通入转子绕组的电流的频率为 0，即直流电流，因此与普通同步电机一样。

2) 等值电路及向量图

根据电机理论，双馈异步发电机的等值电路如图 5-21 所示。

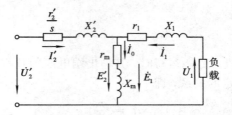

图 5-21　双馈异步发电机的等值电路

3) 功率传递关系

双馈异步发电机在亚同步运行及超同步运行时的功率流向如图 5-22 所示，图中 P_{em} 为发电机的电磁功率，S 为电机的滑差。

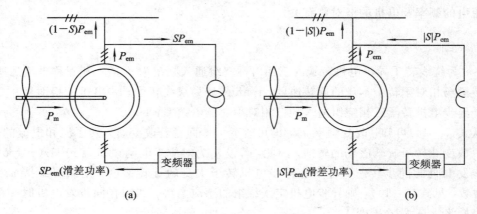

图 5-22　双馈异步发电机运行时的功率流向
(a) 亚同步运行；(b) 超同步运行

4. 低速交流发电机

1) 风力机直接驱动的低速交流发电机的应用场合

众所周知,火力发电厂中应用的是高速的交流发电机,核发电厂中应用的也是高速交流发电机,其转速为 300 r/min 或 1500 r/min。在水力发电厂中应用的则是低速的交流发电机,视水流落差的高低,其转速为几十转每分至几百转每分。这是因为火力发电厂是由高速旋转的汽轮机直接驱动交流发电机,而水力发电厂中则是由低速旋转的水轮机直接驱动交流发电机的缘故。

风力机也属于低速旋转的机械,中型及大型风力机的转速约为 10 r/min～40 r/min,比水轮机的转速还要低。大型风力发电机组在风力机与交流发电机之间装有增速齿轮箱,借助齿轮箱提高转速,因此应用的仍是高速交流发电机。如果由风力机直接驱动交流发电机,则必须应用低速交流发电机。

2) 低速交流发电机的特点

(1) 外形特点。根据电机理论知,交流发电机的转速(n)与发电机的极对数(p)及发电机发出的交流电的频率(f)有固定的关系,即

$$p = \frac{60f}{n} \tag{5-17}$$

当 $f = 50$ Hz 为恒定值时,若发电机的转速愈低,则发电机的极对数应愈多。从电机结构知,发电机的定子内径(D_i)与发电机的极数($2p$)及极距(τ)成正比,即

$$D_i = 2p\tau \tag{5-18}$$

因此低速发电机的定子内径大于高速发电机的定子内径。从电机设计的原理又知,发电机的容量(P_N)与发电机定子内径(D_i)、发电机的轴向长度(l)有关,即

$$P_N = \frac{1}{C}nD_i^2l \tag{5-19}$$

由式(5-19)可知,当发电机的设计容量一定时,发电机的转速愈低,则发电机的尺寸(D_i^2l)愈大,而由式(5-18)知,对于低速发电机,发电机的定子内径大,因此发电机的轴向长度相对于定子内径而言是很小的,即 $D_i \gg l$,也可以说,低速发电机的外形酷似一个扁平的大圆盘。

(2) 绕组槽数。由于低速交流发电机极数多、发电机每极每相的槽数(q)少,当 q 为小的整数(例如 $q=1$)时,就不能利用绕组分布的方法来削减谐波磁密在定子绕组中感应产生的谐波电热,同时由定子上齿槽效应而产生的齿谐波电势也加大了,这将导致发电机绕组的电势波形不再是正弦形,根据电机绕组理论,采用分数槽绕组,则可以削弱高次谐波电势及高次齿谐波电势,使发电机绕组电势波形得到改善,成为正弦波形。所谓分数槽绕组就是发电机的每极每相槽数不是整数,而是分数,即

$$q = \frac{Z}{2pm} = 分数 = b + \frac{c}{d} \tag{5-20}$$

式中:Z 为沿定子铁芯内圆的总槽数;m 为发电机的相数。

大型水轮发电机多采用分数槽绕组,在中小型低速发电机中也可采用斜槽(把定子铁

芯上的槽数或转子磁极扭斜一个定子齿距的大小)或采用磁性槽楔,也可减小齿谐波电势。

在风力发电系统中,若风力机为变速运行,并采用 AC—DC—AC 方式与电网连接,也可不采用分数槽绕组,而在逆变器中采用 PWM(脉宽调制)方式来获得正弦形的交流电。

(3)转子极数。低速交流发电机转子磁极数多,采用永久磁体,可以使转子的结构简单,制造方便。

低速交流发电机的定子内径大,因而转子尺寸大及惯量也大,这对平抑风力变化引起的电动势变化是有利的;但转子轮缘的结构和其截面尺寸应满足允许的机械强度及导磁的需要。

(4)结构形式。风力机的结构形式分为水平轴和垂直轴两种形式,低速交流发电机也有水平轴和垂直轴两种形式,德国采用的是水平轴结构形式,而加拿大采用的是垂直轴结构形式。

5. 无刷双馈异步发电机

1)结构

无刷双馈异步发电机在结构上由两台绕线式三相异步电机组成,一台作为主发电机,其定子绕组与电网连接,另一台作为励磁机,其定子绕组通过变频器与电网连接。两台异步电机的转子为同轴连接,转子绕组在电路上互相连接,因而在转子转轴上皆没有滑环和电刷,其结构原理图如图 5-23 所示。

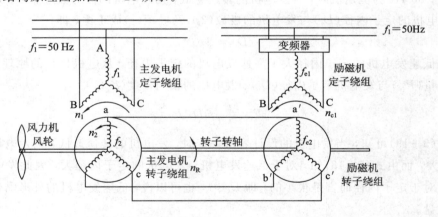

图 5-23 无刷双馈异步发电机结构原理图

2)利用无刷双馈异步发电机实现变速恒频发电的原理

若风力机风轮经升速齿轮箱带动异步电机转子旋转的转速为 n_R,当风速变化时,则 n_R 也变化,即异步电机为变速运行。

设主发电机的极对数为 p,励磁机的极对数为 p_e,由发电机的基本结构可知,励磁机定子绕组是经变频器与电网连接的,设励磁机定子绕组由变频器输入的电流频率为 f_{e1},则励磁机定子绕组产生的旋转磁场 n_{e1} 为

$$n_{e1} = \frac{60 f_{e1}}{p_e}$$

(5-21)

这样，在励磁机转子绕组中将感应产生频率为 f_{e2} 的电势及电流，若 n_R 与 n_{e1} 转向相反，则

$$f_{e2} = \frac{p_e(n_R + n_{e1})}{60} \tag{5-22}$$

若 n_R 与 n_{e1} 转向相同，则

$$f_{e2} = \frac{p_e(n_R - n_{e1})}{60} \tag{5-23}$$

因为两台电机的转子绕组在电路上是互相连接的，故主发电机转子绕组中电流的频率 $f_2 = f_{e2}$，即

$$f_2 = f_{e2} = \frac{p_e(n_R \pm n_{e1})}{60} \tag{5-24}$$

由电机原理又知，主发电机转子绕组电流产生的旋转磁场相对于主发电机转子自身的旋转速度 n_2 应为

$$n_2 = \frac{60 f_2}{p}$$

将式(5-24)代入上式，则有

$$n_2 = \frac{p_e}{p}(n_R \pm n_{e1}) \tag{5-25}$$

此主发电机转子旋转磁场相对于其定子的转速 n_1 为

$$n_1 = n_R \pm n_2 \tag{5-26}$$

在式(5-26)中，当主发电机转子旋转磁场的转速 n_2 与 n_R 的转向相反时应取"—"号；反之，若 n_2 与 n_R 的旋转方向相同时，则取"＋"号，表明主发电机转子绕组与励磁机转子绕组是反相序连接的。

这样，定子绕组中感应电势频率 f_1 应为

$$f_1 = \frac{p n_1}{60} = \frac{p(n_R \pm n_2)}{60} \tag{5-27}$$

将式(5-25)代入式(5-27)，整理后可得

$$f_1 = \frac{(p \pm p_e)n_R}{60} \pm f_{e1} \tag{5-28}$$

由式(5-28)可以看出，当风力机的风轮以转速 n_R 作变速运行时，只需改变由变频器输入励磁机定子绕组电流的频率 f_{e1}，就可实现主发电机定子绕组输出电流的频率为恒定值(即 $f_1 = 50$ Hz)，即达到了变速恒频发电。

3) 能量传递关系

无刷双馈异步发电机运行时的能量传递情况在低风速运行与高风速运行时是不相同的，下面分别说明。

(1) 低风速运行时，$n_1 > n_R$，n_{e1} 与 n_R 旋转方向相反，如图 5-24(a)所示，此时能量传递情况如图 5-24(b)所示。图中 P_m 为电机轴上输入机械功率；P_{e1} 为由变频器输入的电功率；P_1 为主发电机定子绕组输出的电功率(不考虑电机及变频器的各种损耗)。

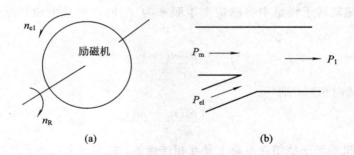

图 5 - 24　低风速运行时能量传递情况图

(a) 示意图；(b) 能量传递图

（2）高风速运行时，$n_R > n_1$，n_{e1} 与 n_R 旋转方向相反，如图 5 - 25(a)所示，此时能量传递情况如图 5 - 25(b)所示。从电机轴上输入的机械功率 P_m 分别从主发电机定子绕组转换为电功率即由励磁机定子绕组转变为电功率经变频器馈入电网。

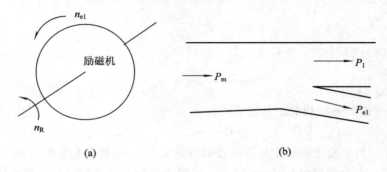

图 5 - 25　高风速运行时能量传递情况

(a) 示意图；(b) 能量传递图

4）无刷双馈异步发电机的优缺点

（1）由于不存在滑环及电刷，运行时的事故率小，更安全可靠。

（2）在高风速运行时除去主发电机向电网送入电功率外，励磁机经变频器可向电源馈送电功率。

（3）采用了两台异步发电机，整个电机系统的结构尺寸增大，这将导致风电机组舱结构尺寸及质量增加。

6. 交流整流子发电机

在风力发电系统中采用交流整流子发电机(A. C. Commutator Machine)亦可以实现在风力机变速运转下获得恒频交流电。交流整流子发电机是一种特殊的发电机，这种发电机的输出频率等于其励磁频率，而与原动机的转速无关，因此只需有一个频率恒定的交流励磁电源，例如 50 Hz 的励磁电源就可以了。这种采用交流整流子发电机的变速恒频发电系统是由前苏联科学院院士 M. II. Kostenko 于 20 世纪 40 年代提出，其后在 80 年代美国的大学曾进行过将这种发电机用于风力发电系统中的研究，图 5 - 26 为这种系统的原理性简图。

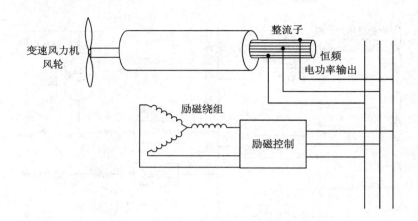

图 5 - 26　变速恒频交流整流子发电机系统

7. 高压同步发电机

1）结构特点

这种发电机是将同步发电机的输出端电压提高到 $10\sim20$ kV，甚至高达 40 kV 以上。因为发电机的定子绕组输出电压高，因而可以不用升压变压器而直接与电网连接，即兼有发电机及变压器的功能，是一种综合的发电设备，故称为 Powerformer，是由 ABB 公司于 1998 年研制成功的。这种电机在结构上有两个特点：一是发电机的定子绕组不是采用传统发电机中带绝缘的矩形截面铜导体，而是利用圆形的电缆线制成，电缆具有坚固的绝缘，此外因为定子绕组的电压高，为满足绕组匝数的要求，定子铁芯槽形为深槽的；二是发电机转子采用永磁材料制成，且为多极的，因为不需要电流励磁，故转子上没有滑环。

2）高压发电机（Powerformer）在风里发电系统中的应用

（1）高压发电机与风力机转子叶轮直接连接，不用增速齿轮箱，以低速运转，减少了齿轮箱运行时的能量损耗，同时由于省去了一台升压变压器，又免除了变压器运行时的损耗，转子上没有励磁损耗及滑环上的摩擦损耗，故与采用具有齿轮增速传动及绕线转子异步发电机的风力发电系统比较，系统的损耗降低，效率约可提高 5％ 左右。这种高压发电机应用在风力发电系统中，又称为 Windformcr。

（2）由于不采用增速齿轮箱，减少了运行时的噪声及机械应力，降低了维护工作量，提高了运行的可靠性。与传统的发电机相比，采用电缆线圈可减少线圈匝间及相间绝缘击穿的可能性，也提高了系统运行的可靠性。

（3）采用 Windformer 技术的风电场与电网连接方便、稳妥。风电场中每台高压发电机的输入端可通过整流装置变换为高压直流电输出，并接到直流母线上，实现并网，在将直流电经逆变器转换为交流电，输送到地方电网；若需要将电力远距离输送时，可通过再设置更高变比的升压变压器接入高压输电线路，如图 5 - 27 所示。

（4）这种高压发电机因采用深槽形定子铁芯，会导致定子齿抗弯强度下降，必须采用新型强固的槽楔，使定子铁芯齿得以压紧，同时因应用电缆来制造定子绕组，使得电机的质量增加约 20％～40％，但由于省去了一台变压器及增速齿轮箱，风电机组的总质量并未增加。

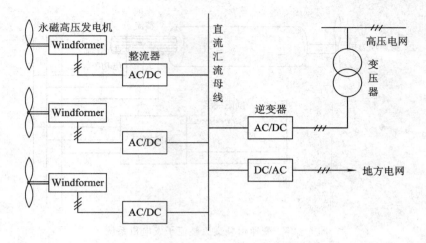

图 5-27 采用 Windformer 技术的风电厂电气连接图

（5）这种发电机采用永磁转子，需要用大量的永磁材料，同时对永磁材料的性能稳定性要求很高。

1998 年 ABB 公司展示了单机容量为 3~5 MW，电压为 1.2 kV 的高压永磁同步发电机，计划安装于瑞典的 Nassuden 风电场（该风场为近海风场，年平均风速为 8 m/s，估算年发电量可达 11 GW·h），以期对海上风电场运行做出评价。

5.2 风力发电系统

5.2.1 独立运行的风力发电系统

1. 直流系统

图 5-28 为一个风力机驱动的小型直流发电机经蓄能装置向电阻性负载供电的电路图，图中 L 代表电阻性负载（如照明灯等），J 为逆流继电器控制的动断触点。当风力减小，风力机转速降低，致使直流发电机电压低于蓄电池组电压时，则发电机不能对蓄电池充电，而蓄电池却要向发电机反向送电。为了防止这种情况出现，在发电机电枢电路与蓄电池组之间装有由逆流继电器控制的动断触点，当直流发电机电压低于蓄电池组电压时，逆流继电器动作，断开动断触点 J 使蓄电池不能向发电机反向供电。

以蓄电池组作为蓄能装置的独立运行风力发电系统中，蓄电池组容量的选择至关重要，因为这是保证在无风期能对负载持续供电的关键因素，一般来说，蓄电池容量的选择与选定的风力发电机的额定数值（容量、电压等）、日负载（用电量）状况以及该风力发电机安装地区的风况（无风期持续时间）等有关，同时还应按 10 h 放电率电流值（蓄电池的最佳充放电电流值）的规定来计算蓄电池组的充电及放电电流值，以保证合理地使用蓄电池，延长蓄电池的使用寿命。

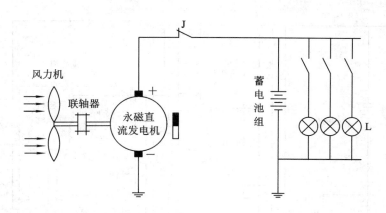

图 5-28　独立运行的直流风力发电系统

2. 交流系统

图 5-29 是独立运行的硅整流发电机向蓄电池充电的电流原理图，如果在蓄电池的正负极两端加上电阻性的直流负载，则构成了一个由交流风力发电机组经整流器组整流后向蓄电池充电及向直流负载供电的系统，如果在蓄电池的正负极端接上逆变器，则可向交流负载供电，如图 5-30 所示。

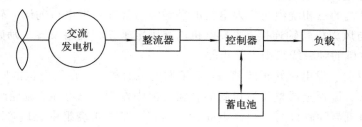

图 5-29　交流发电机向直流负载供电

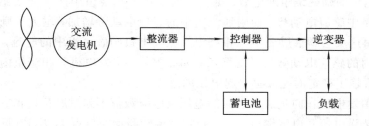

图 5-30　交流发电机向交流负载供电

逆变器可以是单相逆变器，也可以是三相逆变器，视负载为单相或三相而定。照明及家用电器（如电视机、电冰箱等）只需单相交流电源，选单相逆变器；对于动力负载（如电动机等），必须采用三相逆变器，对逆变器输出的交流电的波形按负载的要求可以是正弦波或方波。

交流发电机除了永磁式交流发电机及硅整流自励交流发电机外，还可以是采用无刷励磁的硅整流自励交流发电机，这种形式的发电机转子上没有滑环，因此工作时更加可靠，无刷励磁硅整流自励交流发电机的工作原理如图 5-31 所示。

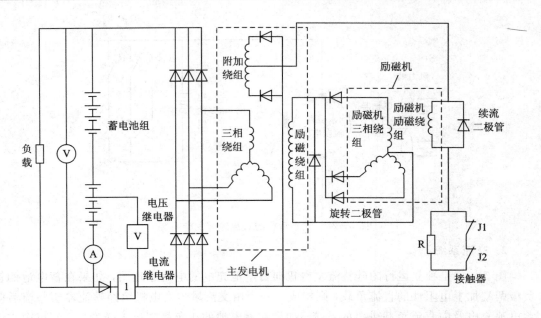

图 5-31　无刷励磁硅整流自励交流发电机原理图

　　无刷励磁硅整流自励交流发电机在结构上由主发电机和励磁机两部分组成，励磁机为转枢式，即励磁机的三相绕组与主发电机的励磁绕组皆在主发电机的同一转轴上，并经联轴器及齿轮箱与风力机转轴连接，主发电机内除了定子三相绕组及转子励磁绕组外，尚有附加绕组，励磁机的励磁绕组则为静止的。

　　当风力机驱动主发电机转子转动后，由于发电机有剩磁，在发电机的附加绕组中产生感应电动势，经二极管全波整流后得到的直流电流则作为励磁电流，流经励磁机的励磁绕组；而此时风力机与励磁机的三相绕组同轴旋转，故在三相绕组中感应产生交流电动势，再经过与之连接的每相一个旋转二极管的三相半波整流，产生的直流电供给主发电机的励磁绕组，主发电机的励磁绕组通电后，则在主发电机三相绕组中产生交变感应电动势；同时也在附加绕组中感应电动势，使附加绕组中的感应电动势增加，增大了励磁机的励磁绕组中的电流，而这又会增大励磁机三相绕组及主发电机励磁绕组中的电流，从而导致主发电机三相绕组内的感应电动势也随之增大；如此重复，主发电机三相绕组内的感应电动势越来越大，最后趋于稳定而完成建立起电压的过程。

　　为了控制主发电机在向负载供电时的电压及电流数值不超过其额定值，可以在主发电机的主回路中装设电压及电流继电器，分别控制接触器动断触点 J1 及 J2（见图 5-31）。当风速增大，主发电机输出电压高于额定值时，电压继电器动作，J1 触点打开，则励磁机的励磁电流将流经电阻 R，电流减小，导致主发电机励磁电流减小，从而迫使主发电机输出电压下降；当风速下降，主发电机输出电压降低到一定程度时，电压继电器复位，J1 触点恢复闭合，发电机输出电压又升高，如此不断调节，能保持主发电机的输出电压维持在额定值附近。当主发电机电流超过额定值时，电流继电器动作，J2 触点打开，电阻 R 被串入励磁机的励磁绕组电路中，励磁电流下降，进而导致主发电机的输出电压下降，迫使输出电流也下降。

5.2.2　并网运行的风力发电系统

1. 风力机驱动双速异步发电机与电网并联运行

1) 双速异步发电机

在与电网并联运行的风力发电系统中大多采用异步发电机，由于风能的随机性，风速的大小经常变化，驱动异步发电机的风力机不可能经常在额定风速下运转，通常风力机在低于额定风速下运行的时间约占风力机全年运行时间的 60%～70%。为了充分利用低风速时的风能，增加全年的发电量，近年来广泛应用双速异步发电机。

双速异步发电机系统指具有两种不同的同步转速(低同步转速和高同步转速)的电机，根据前述的异步电机理论，异步电机的同步转速与异步电机定子绕组的极对数及所并联电网的频率有如下关系，即

$$n_s = \frac{60f}{p} \tag{5-32}$$

式中：n_s 为异步电机的同步转速，r/min；p 为异步电机定子绕组的极对数；f 为电网的频率，我国电网的频率为 50 Hz。

因此并网运行的异步电机的同步转速是与电机的极对数成反比的，例如 4 极的异步电机的同步转速为 1500 r/min，6 极的异步电机的同步转速为 1000 r/min，可见只要改变异步电机定子绕组的极对数，就能得到不同的同步转速。如何改变电机定子绕组的极对数呢？可以有以下三种方法：

(1) 采用两台定子绕组极对数不同的异步电机，一台为低同步转速的，一台为高同步转速的；

(2) 在一台电机的定子上安置两套极对数不同的相互独立的绕组，即双绕组的双速电机；

(3) 在一台电机的定子上仅安置一套绕组，靠改变绕组的连接方式获得不同的极对数，即所谓的单绕组双速电机。

双速异步发电机的转子皆为鼠笼式，因为鼠笼式转子能自动适应定子绕组极对数的变化，双速异步发电机在低速运转时的效率较单速异步发电机高，滑差损耗小，在低风速时获得较多发电的良好效果，国内外由定桨距失速叶片风力机驱动的双速异步发电机皆采用 4/6 极变极的，即其同步转速为 1500/1000 r/min，低速时对应于低功率输出，高速时对应于高功率输出。

2) 双速异步发电机的并网

如前所述，近代异步发电机并网时多采用晶闸管软并网方法来限制并网瞬间的冲击电流，双速异步发电机与单速异步发电机一样也是通过晶闸管软并网方法来限制启动并网时的冲击电流，同时也在低速(低功率输出)与高速(高功率输出)绕组相互切换过程中起限制瞬变电流的作用。双速异步发电机通过晶闸管软切入并网的主电路，如图 5-32 所示，双速异步发电机启动并网及高低输出功率的切换信号皆由计算机控制。

双速异步发电机的并网过程如下：

(1) 当风速传感器测量的风速达到启动风速(一般为 3.0～4.0 m/s)以上，并连续维持

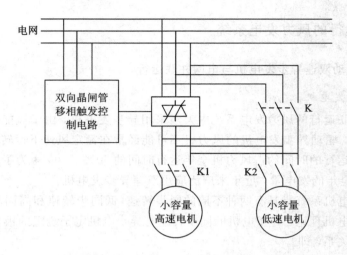

图 5-32　双速异步发电机主电路连接图

达 5~10 min 时，控制系统计算机发出启动信号，风力机开始启动，此时发电机被切换到小容量低速绕组（例如 6 极，1000 r/min）。根据预定的启动电流值，当转速接近同步速时，通过晶闸管接入电网，异步发电机进入低功率发电状态。

（2）若风速传感器测量的 1 min 平均风速远超过启动风速，例如 7.5 m/s，则风力机启动后，发电机被切换到大容量高速绕组（例如 4 极，1500 r/min），当发电机转速接近同步转速时，根据预定的启动电流值，通过晶闸管接入电网，异步发电机直接进入高功率发电状态。

3）双速异步发电机的运行控制

双速异步发电机的运行状态，即高功率输出或低功率输出（在采用两台容量不同发电机的情况下，即大电机运行或小电机运行），是通过控制功率来实现的。

（1）小容量电机向大容量电机的切换。当小容量发电机的输出在一定时间内（例如 5 min）平均值达到某一设定值（例如小容量电机额定功率的 75% 左右），通过计算机控制将自动切换到大容量电机。为完成此过程，发电机暂时从电网中脱离出来，风力机转速升高，根据预先设定的启动电流值，当转速接近同步转速时通过晶闸管并入电网，所设定的电流值应根据风电场内变电所所允许的最大电流来确定。由于小容量电机向大容量电机的切换是由低速向高速的切换，故这一过程是在电动机状态下进行的。

（2）大容量电机向小容量电机的切换。当双速异步发电机在高输出功率（即大容量）运行时，若输出功率在一定时间内（例如 5 min）平均值下降到小容量电机额定容量的 50% 以下时，通过计算机控制系统，双速异步发电机将自动由大容量电机切换到小容量电机（即低输出功率）运行。必须注意的是当大容量电机切出，小容量电机切入时，虽然由于风速的降低，风力机的转速已逐渐减慢，但因小容量电机的同步转速较大容量电机的同步转速低，故异步发电机将处于超同步转速状态下，小容量电机在切入（并网）时所限定的电流值应小于小容量电机在最大转矩下相对应的电流值，否则异步发电机会发生超速，导致超速保护动作而不能切入。

2. 风力机驱动滑差可调的绕线式异步发电机与电网并联运行

1）基本工作原理

现代风电场中应用最多的并网运行的风力发电机是异步发电机。异步发电机在输出额定功率时的滑差率数值是恒定的，约在 2%～5% 之间。众所周知，风力机自流动的空气中吸收的风能是随风速的起伏而不停地变化，风力发电机组的设计都是在风力发电机输出额定功率时使风力机的风能利用系数（C_P 值）处于最高数值区。当风速超过额定风速时，为了维持发电机的输出功率不超过额定值，必须通过风轮叶片失速效应（即定桨距风轮叶片的失速控制）或是调节风力机叶片的桨距（即变桨距风轮叶片的桨距调节）来限制风力机自流动空气中吸收的风能，以达到限制风力机出力的目的，这样风力发电机组将在不同的风速下维持同一转速。按照风力机的特性可知，风力机的风能利用系数（C_P 值）与风力机运行时的叶尖速比（TSR）有关（见图 5-33），因此，当风速变化而风力机转速不变化时，风力机的 C_P 值将偏离最佳运行点，从而导致风电机组的效率降低。为了提高风电机组的效率，国外的风力发电机制造厂家研制了滑差可调的绕线式异步发电机，这种发电机可以在一定的风速范围内，以变化的转速运转，同时发电机则输出额定功率，不必借助调节风力机叶片桨距来维持其额定功率输出，这样就避免了风速频繁变化时的功率起伏，改善了输出电能的质量；同时也减少了变桨距控制系统的频繁动作，提高了风电机组运行的可靠性，延长使用寿命。

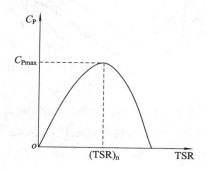

图 5-33　风能利用系数（C_P 值）与叶尖速比（TSR）的关系曲线

由异步发电机的原理可知，如不考虑其定子绕组电阻损耗及附加损耗，异步发电机的输出电功率 P 基本上等于其电磁功率，即

$$P \approx P_{em} = M\Omega_1 \tag{5-33}$$

式中：P_{em} 为电磁功率；M 为发电机的电磁转矩；Ω_1 为旋转磁场的同步旋转角速度。

$$M = \frac{m_1 p U_1{}^2 \dfrac{r_2'}{s}}{2\pi f_1\left[\left(r_1 + c_1\dfrac{r_2'}{s}\right)^2 + (x_1 + c_1 x_2')^2\right]} \tag{5-34}$$

式中：p 为异步发电机定子及转子的极对数；m_1 为电机的相数；U_1 为定子绕组的相电压；r_1 及 x_1 为定子绕组的电阻及漏抗；r_2' 及 x_2' 为转子绕组折合后的电阻及漏抗；f_1 为电网的频率。

$$\Omega_1 = \frac{2\pi f_1}{p} \tag{5-35}$$

$$S = \frac{n_S - n}{n_S} \times 100\% \qquad (5-36)$$

式中：n_S 为发电机的同步转速；n 为发电机的转速。

在电网电压及频率恒定不变的情况下，异步发电机并入电网后，在输出额定电功率时，其滑差率应为负值，即异步发电机的转速应高于同步转速（$n > n_S$），而电磁转矩 M 为制动性质的。现设异步发电机在转速为 n_a，滑差率为 S_a，电磁转矩为 M_N 时发出额定功率，如图 5-33 中的 a 点，当风速变化时，例如风速增大，风力机及发电机的转速也随之增大，则异步发电机的滑差率 S 的绝对值 $|S|$ 也将增大，此时只要增加绕线转子内串入的电阻 r_2'，并维持 r_2' 的数值不变，则由式（5-34）可知，异步发电机的电磁转矩 M 就保持不变，发电机输出的电功率 P 也维持不变，此时异步发电机的转速已由图 5-34 所示的 $M-S$ 特性曲线 1 上的 a 点移到特性曲线 2 上的 b 点（特性曲线 2 为增大绕线转子电阻 r_2 后的 $M-S$ 特性曲线），异步发电机的转速已由 $n_a = (1+|S_a|)n_S$ 变为 $n_b = (1+|S_b|)n_S$，而滑差由 S_a 变为 S_b。

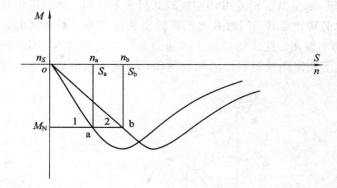

图 5-34　绕线式异步电机改变转子绕组串联电阻时的 $M-S$ 特性曲线

从异步电机的基本理论可知，异步电机的电磁转矩 M 也可表示为

$$M = C_M \Phi_m I_{2a} \qquad (5-36)$$

$$C_M = \frac{1}{\sqrt{2}} m_2 p \omega_2 k \omega_2 \qquad (5-39)$$

$$I_{2a} = I_2 \cos\varphi_2 \qquad (5-40)$$

式中：C_M 为绕线转子异步电机的转矩系数，对已制成的电机为一常数；Φ_m 为电机气隙中基波磁场每极磁通量，在定子绕组相电压不变的情况下，Φ_m 为常数；I_{2a} 为转子电流的有功分量。

从式（5-38）可知，只要保持 I_{2a} 不变，则电磁转矩 M 不变，联系前式（5-35），可见当风速变化，异步发电机的转速变化时，改变异步发电机绕线转子所串电阻 r_2'，使转子电流的有功分量 I_{2a} 不变，则能实现维持 $\frac{r_2'}{S}$ 为常数，从而达到发电机输出功率不变的目的。在这种允许滑差率有较大变化的异步发电机中，是通过由电力电子器件组成的控制系统，以调整绕线转子回路中的串接电阻值来维持转子电流不变，所以这种滑差可调的异步发电机又称转子电流控制（Potor Current Control），简称 PCC 异步电机。

2）滑差可调的异步发电机的结构

滑差可调异步发电机从结构上讲与串电阻调速的绕线式异步电动机相似，其整个结构包括绕线式转子的异步电机、绕线转子外接电阻、由电力电子器件组成的转子电流控制器及转速和功率控制单元，图 5 - 35 表示滑差可调异步发电机的结构布置原理。

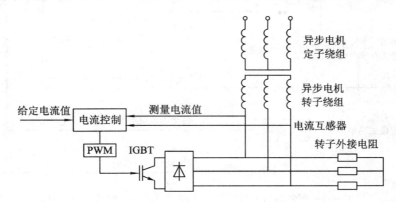

图 5 - 35　滑差可调异步发电机的结构布置

由电流互感器测量出的转子电流值与由外部控制单元给定的电流基准值比较后计算得出转子回路的电阻值，并通过电力电子器件 IGBT（绝缘栅极双极型晶体管）的导通和关断来进行调整；而 IGBT 的导通与关断则由 PWM（脉冲宽度调制器）来控制。因为由这些电力电子器件组成的控制单元其作用是控制转子电流的大小，故称为转子电流控制器，此转子电流控制器可调节转子回路的电阻值使其在最小值（只有转子绕组自身电阻）与最大值（转子绕组自身电阻与外接电阻之和）之间变化，使发电机的滑差率能在 $0.6\% \sim 10\%$ 之间连续变化，维持转子电流为额定值，从而达到维持发电机输出的电功率为额定值。

3）滑差可调的异步发电机的功率调节

在采用变桨距风力机的风力发电系统中，由于桨距调节有滞后时间，特别在惯量大的风力机中，滞后现象更为突出，在阵风或风速变化频繁时，会导致桨距大幅度频繁调节，发电机输出功率也将大幅波动，对电网造成不良影响。因此单纯靠变桨距来调节风力机的功率输出，并不能实现发电机输出功率的稳定性，利用具有转子电流控制器的滑差可调异步电机与变桨距风力机的配合，共同完成发电机输出功率的调节，则能实现发电机电功率的稳定输出。

具有转子电流控制器的滑差可调异步发电机与变桨距风力机配合时的控制原理如图 5 - 36 所示。按照图 5 - 36 的控制原理图，变桨距风力机-滑差可调异步发电机的启动并网及并网后的运行状况如下：

（1）图 5 - 36 中 S 代表机组启动并网前的控制方式，属于转速反馈控制。当风速达到启动风速时，风力机开始启动，随着转速的升高，风力机的叶片节距连续变化，使发电机的转速上升到给定的转速值（同步转速），然后发电机并入电网。

（2）图 5 - 36 中 R 代表发电机并网后的控制方式，即功率控制方式。当发电机并入电网后，发电机的转速由于受到电网频率的牵制，转速的变化表现在电机的滑差率上，风速较低时，发电机的滑差率较小，当风速低于额定风速时，通过转速控制环节、功率控制环

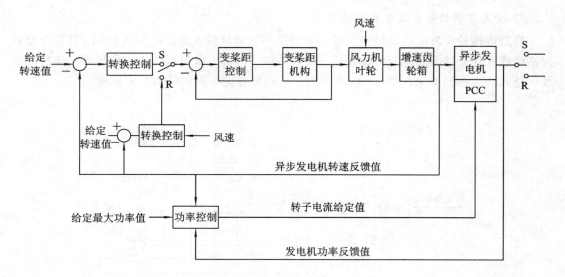

图 5 - 36 变桨距风力机——滑差可调异步发电机控制原理框图

节及 PCC 控制环节将发电机的滑差调到最小，滑差率在 1％（即发电机的转速大于同步转速 1％），同时通过变桨距机构将叶片攻角调至零，并保持在零附近，以便最有效地吸收风能。

（3）当风速达到额定风速时，发电机的输出功率达到额定值。

（4）当风速超过额定风速时，如果风速持续增加，那么风力机吸收的风能不断增大，风力机轴上的机械功率输出大于发电机输出的电功率，则发电机的转速上升，反馈到转速控制环节后，转速控制输出将使变桨距机构动作，改变风力机叶片攻角，以保证发电机为额定输出功率不变，维持发电机在额定功率下运行。

（5）当风速在额定风速以上，风速处于不断地短时上升和下降的情况时，发电机输出功率的控制状况如下：当风速上升时，发电机的输出功率上升，大于额定功率，则功率控制单元改变转子电流给定值，使异步发电机转子电流控制环节动作，调节发电机转子回路电阻，增大异步发电机的滑差（绝对值），发电机的转速上升，由于风力机的变桨距变化有滞后效应，叶片攻角还未来得及变化，而风速已下降，发电机的输出功率也随之下降，则功率控制单元又将改变转子电流给定值，使异步发电机转子电流控制环节动作，调节转子回路电阻值，减小发电机的滑差（绝对值）使异步发电机的转速下降。

根据上述的基本工作原理可知，在异步发电机转速上升或下降的过程中，发电机转子的电流将保持不变，可见在短暂的风速变化时，借助转子电流控制环节的作用即可维持异步发电机的输出功率恒定，从而减少了对电网的扰动影响。必须指出，正是由于转子电流控制环节的动作时间远较变桨距机构的动作时间要快（即前者的响应速度远较后者为快），才能实现仅仅借助转子电流控制器就能实现发电机功率的恒定输出。

滑差可调异步发电机运行时风速、发电机转速及发电机输出功率随时间的变化情况如图 5 - 37 所示，该图显示的是丹麦 Vestas 公司制造的由变桨距风力机及具有 PCC 控制环节的异步发电机组成的额定功率为 660 kW 的风力发电机组的运行状况曲线。从图上可以看出，在风速波动变化的情况下，由于实现了异步发电机的滑差可调，保证了风力发电机在额定风速以上起伏时维持额定输出功率不变。

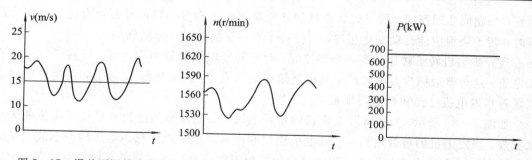

图 5 - 37　滑差可调异步发电机运行时风速 v、发电机转速 n 及输出功率 P 随时间 t 的变化曲线

3. 变速风力机驱动双馈异步发电机与电网并联运行

现代兆瓦级以上的大型并网风力发电机组多采用风力机叶片桨距可以调节及变速运行的方式，其运行方式可以是实现优化风力发电机组内部件的机械负载及优化系统内的电网质量。众所周知，风力机变速运行时将使其连接的发电机也作变速运行，因此必须采用在变速运转时能发出的恒频恒压电能的发电机，才能实现与电网的连接。将具有绕线转子的双馈异步发电机与应用最新电力电子技术的 IGBT 变频器及 PWM 控制技术结合起来，就能实现这一目的，也就是变速恒频发电系统。

1）系统组成

由变桨距风力机及双馈异步发电机组成的变速恒频发电系统与电网的连接情况如图 5 - 38 所示。当风速变化时，系统工作情况如下：

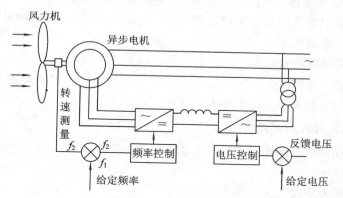

图 5 - 38　变速风力机-双馈异步发电机系统与电网连接图

当风速降低时，风力机转速降低，异步发电机转子转速也降低，转子绕组电流产生的旋转磁场转速将低于异步电机的同步转速 n_S，定子绕组感应电动势的频率 f 低于 f_1（50 Hz），与此同时转速测量装置立即将转速降低的信息反馈到控制转子电流频率的电路，使转子电流的频率增高，则转子旋转磁场的转速又回升到同步转速 n_S，这样定子绕组感应电势的频率 f 又恢复到额定频率（50 Hz）。

同理，当风速增高时，风力机及异步电机转子转速升高，异步发电机定子绕组的感应电动势的频率将高于同步转速所对应的频率 f_1（50 Hz），测速装置会立即将转速和频率升高的信息反馈到控制转子电流频率的电路，使转子电流的频率降低，从而使转子旋转磁场的转速回降至同步转速 n_S，定子绕组的感应电动势频率重新恢复到频率 f_1（50 Hz）。必须注意，当超同步运行时，转子旋转磁场的转向应与转子自身的转向相反，因此当超同步运行时，转子绕组应能自动变化相序，以使转子旋转磁场的旋转方向倒向。

当异步电机转子转速达到同步转速时，此时转子电流的频率应为零，即转子电流为直流电流，这与普通同步发电机转子励磁绕组内通入直流电时相同。实际上，在这种情况下双馈异步发电机已经和普通同步发电机一样了。

如图 5-38 所示，双馈异步发电机输出端电压的控制是靠控制发电机转子电流的大小来实现。当发电机的负载增加时，发电机输出端电压降低，此信息由电压检测获得，并反馈到控制转子电流大小的电路，即通过控制三相半控或全控整流桥的晶闸管导通角，使导通角增大，从而使发电机转子电流增加，定子绕组的感应电动势增大，发电机输出端电压恢复到额定电压。反之，当发电机负载减小时，发电机输出端电压升大，通过电压检测后获得的反馈信息将使半控或全控整流桥的晶闸管的导通角减小，从而使转子电流减小，定子绕组输出端电压降回至额定电压。

2）变频器及控制方式

在双馈异步发电机组成的变速恒频风力发电系统中，异步发电机转子回路中可以采用不同类型的循环变流器（Cycle Converter）作为变频器。

（1）采用交-直-交电压型强迫换流变频器。采用此种变频器可实现由同步运行到超同步运行的平稳过渡，这样可以扩大风力机变速运行的范围，此外，由于采用了强迫换流，还可实现功率因数的调节，但由于转子电流为方波，会在电机内产生低次谐波转矩。

（2）采用交-交变频器，可以省去交-直-交变频器中的直流环节，可以实现由亚同步到超同步运行的平稳过渡及实现功率因数的调节，其缺点是需应用较多的晶闸管，同时在电机内也会产生低次谐波转矩。

（3）采用脉宽调制的变频器。最新电力电子技术的 IGBT 变频器及 PWM 控制技术，可以获得正弦形转子电流，电机内不会产生低次谐波转矩，同时能实现功率因数的调节，现代兆瓦级以上的双馈异步发电机多采用这种变频器。

3）兆瓦级机组的技术数据

国外开发研制的由变桨距风力机及双馈异步发电机组成的中、大型变速恒频发电系统的技术数据如下：

异步发电机滑差率变化范围最大 $-25\% \sim 35\%$。

异步发电机功率因数调节 0.95（领先）$\sim$ 0.95（滞后）

异步发电机输出有功功率 $300 \sim 3000$ kW。

确定功率 1.5 MW，4 极（同步转速 1500 r/min），双馈异步发电机运行数据见表 5-1 及图 5-39。

表 5-1　1.5 MW 双馈异步发电机功率/转速数据表

异步发电机转速 $n/(\mathrm{r/min})$	1125	1500	1725	1875
滑差率 $S/\%$	25	0	-15	-25
发电机电功率输出 $P/P_N 100\%$	33%	85%	100%	100%
发电机电功率输出 P/MW	0.5	1.2	1.5	1.5
发电机最大功率输出百分比 $P_{max}/P_N \times 100\% = 115\%$				

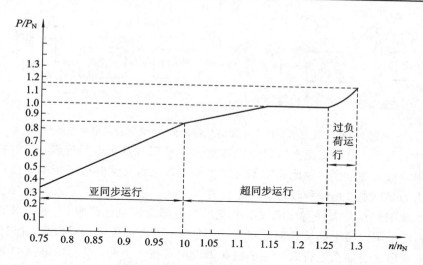

图 5 - 39　1.5 MW 双馈异步发电机连续运转时输出电功率与转速关系曲线

4）系统的优越性

（1）这种变速恒频发电系统有能力控制异步发电机的滑差在恰当的数值范围内变化，因此可以实现优化风力机叶片的桨距调节，也就是可以减少风力机叶片桨距的调节次数，这对桨距调节机构是有利的。

（2）可以降低风力发电机组运转时的噪声水平。

（3）可以降低机组剧烈的转矩起伏，从而能够减小所有部件的机械应力，这为减轻部件质量或研制大型风力发电机组提供了有力的保证。

（4）由于风力机是变速运行，其运行速度能够在一个较宽的范围内被调节到风力机的最优化效率数值，使风力机的 C_P 值得到优化，从而获得高的系统效率。

（5）可以实现发电机低起伏的平滑的电功率输出，达到优化系统内的电网质量，同时减小发电机温度变化。

（6）与电网连接简单，并可实现功率因数的调节。

（7）可实现独立（不与电网连接）运行，几个相同的运行机组也可实现并联运行。

（8）这种变速恒频系统内的变频器的内容取决于发电机变速运行时最大滑差功率，

一般电机的最大滑差率为（−25～+35）％，因此变频器的最大容量仅为发电机额定容量的 1/4～1/3。

4. 变速风力机驱动交流发电机经变频器与电网并联运行

由风力机驱动交流（同步）发电机经变频装置与电网并联的原理性框图如图 5 - 40 所示，在这种风力发电系统中，风力机可以是水平轴变桨距控制或失速控制的定桨距风力机，也可以是立轴的风力机，例如达里厄（Darrieus）型风力机。

在这种风力发电系统中，风力机为变速运行，因而交流发电机发出的为变频交流电，经整流-逆变装置（AC − DC − AC）转换后获得恒频交流电输出，再与电网并联，因此这种风力发电系统也是属于变速恒频风力发电系统。

如前所述，风力机变速运行时可以做到使风力机维持或接近在最佳叶尖速比下运行，从而使风力机的 C_p 值达到或接近最佳值，实现更好地利用风能的目的。

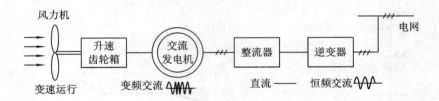

图 5-40　风力机驱动交流发电机经整流-逆变装置与电网连接图

在这种关系中，由于交流发电机是通过整流—逆变装置与电网连接，发电机的频率与电网的频率是彼此独立的，因此通常不会发生同步发电机并网时由于频率差而产生的冲击电流或冲击力矩问题，是一种较好的平稳的并网方式。

这种系统的缺点是需要将交流发电机发出的全部交流电能经整流-逆变装置转换后送入电网，因此采用大功率高反压的晶闸管，电力电子器件的价格相对较高，控制也较复杂，此外，非正弦形逆变器在运行时产生的高频谐波电流流入电网，会影响电网的电能质量。

5. 风力机直接驱动低速交流发电机经变频器与电网连接运行

这种并网运行风力发电系统的特点是：由于采用了低速（多极）交流发电机，因此在风力机与交流发电机之间不需要安装升速齿轮箱，而成为无齿轮箱的直接驱动型，如图5-41所示。

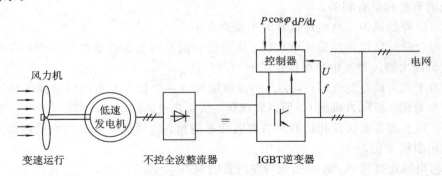

图 5-41　无齿轮箱直接驱动型变速恒频风力发电系统与电网连接图

这种系统中的低速交流发电机，其转子的极数大大多于普通交流同步发电机的极数，因此这种电机的转子外圆及定子内径尺寸大大增加，而其轴向长度则相对很短，呈圆环状，为了简化电机的结构，减小发电机的体积和质量，采用永磁体励磁是有利的。

由于 IGBT（绝缘栅双极型晶体管）是一种结合大功率晶体管及功率场效应晶体管两者特点的复合型电力电子器件，它既具有工作速度快、驱动功率小的优点，又兼有大功率晶体管的电流能力大、导通压降低的优点，所以在这种系统中多采用 IGBT 逆变器。

无齿轮箱直接驱动型风力发电系统的优点主要有以下几点：

（1）由于不采用齿轮箱，机组水平轴向的长度大大减小，电能产生的机械传动路径缩短了，避免了因齿轮箱旋转而产生的损耗、噪声以及材料的磨损甚至漏油等问题，使机组的工作寿命更加有保障，也更适合于环境保护的要求。

（2）避免了齿轮箱部件的维修及更换，不需要齿轮箱润滑油以及对油温的监控，因而提高了投资的有效性。

（3）由于发电机具有大的表面，散热条件更有利，可以使发电机运行时的温升降低，减小发电机温升的起伏。

德国及加拿大都曾研究开发过中、大型无齿轮箱直接驱动型风力发电机组，并且德国已批量生产容量为 500 kW 及 1.5 MW 的大、中型机组。

6. 变速风力机经滑差连接器驱动同步发电机与电网并联运行

如前所述，风力机驱动同步发电机与电网并联时，当风速变化，风力机变速运行时，同步发电机输出端将发出变频变压的交流电，是不能与电网并联的。如果在风力机与同步发电机之间采用电磁滑差连接器来连接，则当风力机做变速运行时，借助电磁滑差连接器，同步发电机能发出恒频恒压的交流电，实现与电网的并联运行，这种系统的原理性图如图 5-42 所示。

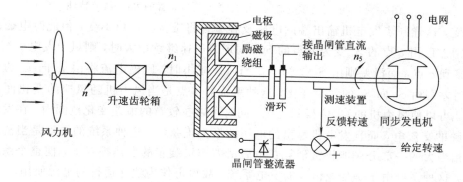

图 5-42　采用电磁滑差连接器的变速恒频风力发电系统原理图

电磁滑差连接器是一个特殊的电力机械，它起着离合器的作用，它由两个旋转的部分组成，一个旋转部分与原动机相连，另一个旋转部分与被驱动机械相连，这两个旋转部分之间没有机械上的连接，而是以电磁作用的方式来实现从原动机到被驱动机械之间的弹性连接并传递力矩。从结构上看，电磁滑差连接器与滑差电机相似，在图 5-42 中，由电枢、磁极、励磁绕组、滑环及电刷组成。其励磁绕组由晶闸管整流器供给电流，励磁电流的大小则由晶闸管控制。

系统的工作原理如下：当风力机的转速由于风速的变化而改变时，电磁滑差连接器的主动轴转速 n_1 将随之变化，但与同步发电机连接的电磁滑差连接的从动轴转速 n_2，则通过速度负反馈，自动调节电磁滑差连接器的励磁电流而维持不变，也就是使电磁滑差连接器的主动轴与从动轴之间的转速差（即滑差）作相应的变化而保证之，这一点从具有不同励磁电流时电磁滑差连接器的机械特性上就可以看出（见图 5-43）。

图 5-43 中表示的为励磁电流分别为 I_{e1}、I_{e2}、I_{e3} 时的 $M-S$ 特性曲线；M 为通过电磁作用于从动轴上的力矩；S 为滑差，即 $S=(n_1-n_2)/n_1$。设风力发电机组工作于励磁电流为 I_{e1} 的 $M-S$ 特性曲线上的 a 点，此时力矩为 M_N，电磁滑差连接器的主动轴转速为 n_1，从动轴转速 $n_2=n_s$（n_s 为同步发电机的同步转速），现若风速加大，风力机转速 n 及电磁滑差连接器的主动轴转速 n_1 皆升高，从动轴转速 n_2 也将升高，但通过测速装置及转速负反馈，及时调节励磁电流由 I_{e1} 变为 I_{e2}，则风电机组将工作于励磁电流为 I_{e2} 的 $M-S$ 特性曲线上的 b 点，从而维持作用于同步发电机轴上的力矩为 M_N 不变，从动轴的转速 $n_2=n_s$ 也

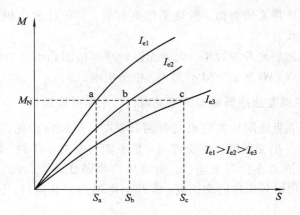

图 5-43 不同励磁电流时，电磁滑差连接装置的力矩-滑差特性

维持不变，这样同步发电机输出端的电压及频率皆将维持额定值不变，但此时电磁滑差连接器的滑差已由 a 点的 S_a 变为 b 点的 S_b。同理当风速继续增大时，则风力发电机组，将由 b 点过渡到 c 点，而滑差则由 S_b 变为 S_c。当风速减小时，励磁电流将由 I_{e3} 向 I_{e1} 的大小变化，而滑差则由 S_c 向 S_a 的大小变化。这种系统的优点是当风力机随风速的变化而作变速运行时，可以使风力机的 C_P 值得到优化，同时可以在较宽的滑差变化范围内，在发电机端获得恒频的交流电，而且发电机输出的电压波形为正弦波，这种系统的缺点是当滑差较大时，有相当大的一部分风能将被消耗在电磁滑差连接装置的发热损耗上，使整个系统的效率降低，这种系统由于是变速恒频的发电系统，故也可作为独立运行的电源使用。

5.3 风力发电设备

5.3.1 风力发电机组设备

1. 风力发电机组结构

1) 水平轴风力发电机

关于各种形式的风力发电机组前面已做了详细的论述，这里根据风电场建设项目中对设备选型的要求，重点论述不同结构风电机组的选型原则，以便读者在风电场建设中选择机组时参考。

（1）结构特点。

水平轴风力发电机是目前国内外广泛采用的一种结构形式。它的主要机械部件都在机舱中，如主轴、齿轮箱、发电机、液压系统及调向装置等。水平轴风力发电机的优点是：

① 由于风轮架设在离地面较高的地方，随着高度的增加发电量增高。

② 叶片角度可以实现功率调节或失速调节直到顺桨（即变桨距）。

③ 风轮叶片的叶型可以进行空气动力最佳设计，可达最高的风能利用效率。

④ 启动风速低，可自启动。

缺点有：

① 主要机械部件在高空中安装，拆卸大型部件时不方便。

② 与垂直轴风力机比较，叶型设计及风轮制造较为复杂。

③ 需要对风装置即调向装置，而垂直轴风力机不需要对风装置。

④ 质量大，材料消耗多，造价较高。

（2）上风向与下风向。

水平轴风力发电机组可分为上风向和下风向两种结构形式。这两种结构的不同主要是风轮在塔架前方还是在后面。欧洲的丹麦、德国、荷兰、西班牙等的一些风电机组制造厂家都采用水平轴上风向的机组结构形式，有一些美国的厂家曾采用过下风向机组。顾名思义，对上风向机组，风先通过风轮，然后再达塔架，因此气流在通过风轮时因受塔架的影响，要比下风向时受到的扰动小得多。上风向必须安装对风装置，因为上风向风轮在风向发生变化时无法自动跟随风向。在小型机组上多采用尾翼、尾轮等机构，人们常称这种方式为被动式对风偏航（passive yawing）。现代大型风电机组多采用在计算机控制下的偏航系统，采用液压马达或伺服电动机等通过齿轮传动系统实现风电机组机舱对风，称为主动对风偏航（active yawing）。上风向风电机组其测风点的布置是人们常感到困难的问题，如果布置在机舱的后面，风速、风向的测量准确性会受到风轮旋转的影响。有人曾把测风系统装在轮毂上，但实际上也会受到气流的扰动而无法准确地测量风轮处的风速。下风向风轮，由于塔影效应（tower shadow effect），使得叶片受到周期性大的载荷变化的影响，又由于风轮被动自由对风而产生的陀螺力矩，这样使风轮轮毂的设计变得复杂起来。此外，由于每一叶片在塔架外通过时气流扰动，从而引起噪声。

（3）主轴、齿轮箱和发电机的相对位置。

① 紧凑型（compact）。这种结构是风轮直接与齿轮箱低速轴连接，齿轮箱高速轴输出端通过弹性联轴节与发电机连接，发电机与齿轮箱外壳连接。这种结构的齿轮箱是专门设计的。由于结构紧凑，可以节省材料和相应的费用。风轮上的力和发电机的力，都是通过齿轮箱壳体传递到主框架上的。这样的结构主轴与发电机轴将在同一平面内。这样的结构在齿轮箱损坏拆下时，需将风轮、发电机都拆下来，拆卸麻烦。紧凑型风力发电机示意图如图5-44所示。

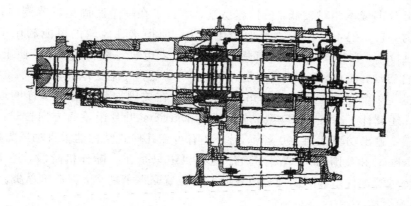

图5-44　紧凑型风力发电机示意图

② 长轴布置型。风轮通过固定在机舱主框架的主轴，再与齿轮箱低速轴连接。这时的

主轴是单独的，有单独的轴承支承。这种结构的优点是风轮不是作用在齿轮箱低速轴上，齿轮箱可采用标准的结构，减少了齿轮箱低速轴受到的复杂力矩，降低了费用，减少了齿轮箱受损坏的可能性。刹车安装在高速轴上，减少了由于低速轴刹车造成齿轮箱的损害。长轴布置型风电机组示意图如图 5 - 45 所示。

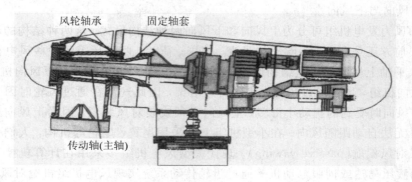

图 5 - 45　长轴布置型风电机组示意图

（4）叶片数的选择。

从理论上讲，减少叶片数提高风轮转速可以减小齿轮箱速比，减小齿轮箱的费用，叶片费用也有所降低，但采用 1~2 个叶片的，动态特性降低，产生振动，为避免结构的破坏，必须在结构上采取措施，如跷跷板机构等，而且另一个问题是当转速很高时，会产生很大的噪声。

2）垂直轴风力发电机

顾名思义，垂直轴风力发电机是一种风轮叶片绕垂直于地面的轴旋转大的风力机械，我们通常见到的是达里厄型（Darrieus）和 H 型（可变几何式）。过去人们利用的古老的阻力型风轮，如 Savonius 风轮、Darrieus 风轮，代表着升力型垂直轴风力机的出现。

自 70 年代以来有些国家又重新开始设计研制立轴式风力发电机，一些兆瓦级立轴式风力发电机在北美投入运行，但这种风轮的利用仍有一定的局限性，它的叶片多采用等截面的 NACA0012~18 系列的翼形，采用玻璃钢或铝材料，利用拉伸成型的办法制造而成，这种方法使叶片的成本相对较低，模具容易制造。由于在一个圆周运行范围内，当叶片运行在后半周时，它非但不产生升力反而产生阻力，使得这种风轮的风能利用率低于水平轴。虽然它质量小，容易安装，且大部件如齿轮箱、发电机等都在地面上，便于维护检修，但是它无法自启动，而且风轮离地面近，风能利用率低，气流受地面影响大。这种形式的风力发电机的主要制造者是美国的 FloWind 公司，在美国加州安装有这样的设备近两千台。FloWind 还设计了一种 EHD 型风轮，即将 Darrieus 叶片沿垂直方向拉长以增加驱动力矩，并使额定输出功率达到 300 kW。另外还有可变几何式结构的垂直轴风力发电机，如德国的 Heideberg 和英国的 VAWT 机组。这种机组只是在实际样机阶段，还未投入大批量商业运行。尽管这种结构可以通过改变叶片的位置来调节功率，但造价昂贵。

3）其他形式

其他形式如风道式、龙卷风式、热力式等，目前这些系统仍处于开发阶段，在大型风电场机组选型中还无法考虑，因此不再详细说明。

2. 风力发电机组部件

在选择机组部件时，应充分考虑部件的厂家、产地和质量等级要求，否则如果部件出现损坏，日后修理是个很大的问题。

1）风轮叶片

叶片是风力发电机组最关键的部件。它一般采用非金属材料（如玻璃钢、木材等）。风力发电机组中的叶片不像汽轮机叶片是在密封的壳体中，它的外界运行条件十分恶劣。它要承受高温、暴风雨（雪）、雷电、盐雾、阵（飓）风、严寒、沙尘暴等的袭击。由于处于高空（水平轴），在旋转过程中，叶片要受重力变化的影响以及由于地形变化引起的气流扰动的影响，因此，叶片上的受力变化十分复杂。这种动态部件的结构材料的疲劳特性，在风力发电机选择时要格外慎重考虑。当风速达到风力发电机组设计的额定风速时，在风轮上就要采取措施以保证风力发电机的输出功率不会超过允许值。这里有两种常用的功率调节方式，即变桨距和失速调节。

（1）变桨距。变桨距风力机是指整个叶片绕叶片中心轴旋转，使叶片攻角在一定范围（一般 0°～90°）内变化，以便调节输出功率不超过设计容许值。在机组出现故障时，需要紧急停机，一般应先使叶片顺桨，这样机组结构受力小，可以保证机组运行的安全可靠性。变桨距叶片一般叶宽小，叶片轻，机头质量比失速机组小，不需很大的刹车，启动性能好。在低空气密度地区仍可达到额定功率，在额定风速后，输出功率可保持相对稳定，保证较高的发电量。但由于增加了一套变桨距机构，增加了故障发生的概率，而且处理变桨距结构中叶片轴承故障难度大。变桨距机组比较合适高原空气密度低的地区运行，避免了当失速机安装角确定后，有可能夏季发电低，而冬季又超发的问题。变桨距机组适合于额定风速以上风速较多的地区，这样发电量的提高比较显著。上述特点应在机组选择时加以考虑。

（2）定桨距（带叶尖刹车）。定桨距确切地说应该是固定桨距失速调节式，即机组在安装时根据当地风资源情况，确定一个桨距角（一般 -4°～4°），按照这个角度安装叶片。风轮在运行时叶片的角度就不再改变了，当然如果感到发电量明显减小或经常过功率，可以随时进行叶片角度调整。定桨距风力机一般装有叶尖刹车系统，当风力发电机需要停机时，叶尖刹车打开，当风轮在叶尖（气动）刹车的作用下转速低到一定程度时，再由机械刹车使风轮刹住到静止。当然也有极个别风力发电机没有叶尖刹车，但要求有较昂贵的低速刹车以保证机组的安全运行。定桨距失速式风力发电机的优点是轮毂和叶根部件没有结构运动部件，费用低，因此控制系统不必设置一套程序来判断控制变桨距过程。在失速的过程中功率的波动小；但这种结构也存在一些先天的问题，叶片设计制造中，由于定桨距失速叶宽大，机组动态载荷增加，要求一套叶尖刹车，在空气密度变化大的地区，在季节不同时输出功率变化很大。

综上所述，两种功率调节方式各有优缺点，适合范围和地区不同，在风电场风电机组选择时，应充分考虑不同机组的特点以及当地风资源情况，以保证安装的机组达到最佳的出力效果。

2）齿轮箱

齿轮箱是联系风轮与发电机之间的桥梁。为减少使用更昂贵的齿轮箱，应提高风轮的转速，减小齿轮箱的增速比，但实际中叶片数受到结构限制，不能太少，从结构平衡等特性来考虑，还是选择三叶片比较好。目前风电机组齿轮箱的结构（如图 5-46 所示）有下列几种：

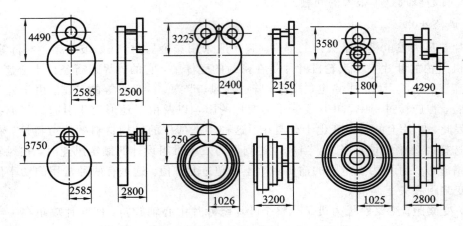

图 5-46 齿轮箱结构图

（1）二级斜齿。这是风电机组中常采用的齿轮箱结构之一，这种结构简单，可采用通用先进的齿轮箱，与专门设计的齿轮箱比，价格可以降低。在这种结构中，轴之间存在距离，与发电机轴是不同轴的。

（2）斜齿加行星轮结构。由于斜齿增速轴要平移一定距离，机舱由此而变宽。另一种结构是行星轮结构，行星轮结构紧凑，比相同变比的斜齿价格低一些，效率在变比相同时要高一些，在变距机组中常考虑液压轴（控制变距）的穿过，因此采用二级行星轮加一级斜齿增速，使变距轴从行星轮中心通过。

3）发电机

风电场中有如下几种形式发电机可供风电机组选型时选择：

（1）异步发电机。

（2）同步发电机。

（3）双馈异步发电机。

（4）低速永磁发电机。

4）电容补偿装置

由于异步发电机并网需要无功补偿，如果全部由电网提供，无疑对风电场经济运行不利。因此目前绝大部分风电机组中带有电容补偿装置，一般电容器组由若干个几十千法拉的电容器组成，并分成几个等级，根据风电机组容量大小来设计每级补偿多少。每级补偿切入和切出都要根据发电机功率的多少来增减，以便功率因数向 1 趋近。

根据上面的论述可以看出，在风力机组选型时，发电机选择应考虑如下几个原则：

（1）考虑高效率、高性能的同时，应充分考虑结构简单和高可靠性；

（2）在选型时应充分考虑质量、性能、品牌，还要考虑价格，以便在发电机组损坏时修理以及机组国产化时减少费用。

5）塔架

塔架在风力发电机组中主要起支撑作用，同时吸收机组振动。塔架主要分为塔筒状和桁架式。

（1）锥型圆筒状塔架。国外引进及国产机组绝大多数采用塔筒式结构。这种结构的优点是刚性好，冬季人员登塔安全，连接部分的螺栓与桁架式塔相比要少得多，维护工作量少，便于安装和调整。目前我国完全可以自行生产塔架，有些达到了国际先进水平。40 m 塔筒主要分上下两段，安装方便。一般两者之间用法兰及螺栓连接。塔筒材料多采用 Q235D 板焊接而成，法兰要求采用 Q345 板（或 Q235D 冲压）以提高层间抗剪切力。从塔架底部到塔顶，壁厚逐渐减少，如 6 mm、8 mm、12 mm。从上到下采用 5° 的锥度，因此塔筒上每块钢板都要计算好尺寸再下料。在塔架的整个生产过程中，对焊接的要求很高，要保证法兰的平面度以及整个塔筒的同心。

（2）桁架式塔架。桁架式是采用类似电力塔的结构形式。这种结构风阻小，便于运输，但组装复杂，并且需要每年对塔架上螺栓进行紧固，工作量很大。冬季爬塔条件恶劣。多采用 16Mn 钢材料的角钢结构（热镀锌），螺栓多采用高强型（10.9 级）。它更适于南方海岛使用，特别是阵风大、风向不稳定的风场使用，桁架塔更能吸收机组运行中产生的扭矩和振动。

（3）塔架与地基的连接。塔架与地基的连接主要有两种方式：一种是地脚螺栓；一种是地基环。地脚螺栓除要求塔架底法兰螺孔有良好的精度外，还要求地脚螺栓强度高，在地基中需要良好定位，并且在底法兰与地基间还要打一层膨胀水泥。而地基环则要加工一个短段塔架并要求良好防腐放入地基，塔架底端与地基采用法兰直接对法兰连接，便于安装。

塔架的选型原则应充分考虑外形美观、刚性好、便于维护、冬季登塔条件好等特点（特别在中国北方）。当然在特定的环境下，还要考虑运输和价格等问题。

6）控制系统

（1）控制系统的功能和要求。控制系统总的功能和要求是保证机组运行的安全可靠。通过测试各部分的状态和数据，来判断整个系统的状况是否良好，并通过显示和远传数据，将机组的各类信息及时准确地报告给运行人员，帮助运行人员观察情况，诊断故障原因，记录发电数据，实施远方复位，启停机组。

① 控制系统的功能包括以下几方面：

a. 运行功能，保证机组正常运行的一切要求，如启动、停机、偏航、刹车变桨距等。

b. 保护功能，超速保护、发电机超温、齿轮箱（油、轴承）超温、机组振动、大风停机、电网故障、外界温度太低、接地保护、操作保护等。

c. 记录数据，记录动作过程（状态）、故障发生情况（时间、统计）、发电量（日、月、年）、闪烁文件记录（追忆）、功率曲线等。

d. 显示功能，显示瞬间平均风速、瞬间风向、偏航方向、机舱方向；平均功率、累积发电量，发电机转子温度，主轴、齿轮箱发电机轴承温度，双速异步发电机、发电机运行状态，刹车状态，泵油、油压、通风状况，机组状态；功率因数、电网电压、输出电流（三相）、风轮转速、发电机转速、机组振动水平；外界温度、日期、时间、可用率等。

e. 控制功能，偏航、机组启停、泵油控制、远传控制等。

f. 试验功能，超速试验、停机试验、功率曲线试验等。

② 控制系统。要求计算机（或 PLC）工作可靠，抗干扰能力强，软件操作方便、可靠；

控制系统简洁明了、检查方便，其图纸清晰、易于理解和查找，并且操作方便。

（2）远控系统。远方传输控制系统指的是风电机组到主控制室直至全球任何一个地方的数据交换。远方监控界面与风电机组的实时状态及现场控制器显示屏完全相同的监视和操作功能。远传系统主要由上位机（主控系统）中通信板、通信程序、通信线路、下位机和 Modem 以及远控程序组成。远控系统应能控制尽可能多的机组，并尽量使远控画面与主控画面一致（相同）。有良好的显示速度，稳定的通信质量。远控程序应可靠，界面友好，操作方便。通信系统应加装防雷系统。具有支持文件输出、打印功能。具有图表生成系统，可显示功率曲线（如棒图、条形图和曲线图）。

3. 风力发电机组选型的原则

1）对质量认证体系的要求

风力发电机组选型中最重要的一个方面是质量认证。这是保证风电场机组正常运行及维护最根本的保障体系。风电机组制造都必须具备 ISO9000 系列的质量保证体系的认证。

国际上开展认证的部门有 DNV、Lloyd 等，参与或得到授权进行审批和认证的试验机构有丹麦 Risoe 国家试验室、德国风能研究所（DEWI）、德国 WindTest KWK、荷兰 ECN 等。目前国内正由中国船级社（CCS）组织建立中国风电质量认证体系。

风力发电机的认证体系中包括型号认证（审批）。丹麦在对批量生产的风电机组进行型号审批包括三个等级：

（1）A 级。所有部件的负载、强度和使用寿命的计算说明书或测试文件必须备齐，不允许缺少，不允许采用非标准件。认证有效期为一年，由基于 ISO9001 标准的总体认证组成。

（2）B 级。认证基于 IOS9002 标准，安全和维护方面的要求与 A 级形式认证相同，而不影响基本安全的文件可以列表并可以使用非标准件。

（3）C 级。认证是专门用于试验和示范样机的，只认证安全性，不对质量和发电量进行认证。

型号的认证包括四个部分：设计评估、形式认证试验、制造质量和特性试验。

（1）设计评估。设计评估资料包括：提供控制及保护系统的文件，并清楚说明如何保证安全以及模拟试验和相关图纸；载荷校验文件，包括极端载荷、疲劳载荷（并在各种外部运行条件下载荷的计算）；结构动态模型及试验数据；结构和机电部件设计资料；安装运行维护手册及人员安全手册等。

（2）形式认证试验。形式认证试验包括安全及性能效同试验、动态性能试验和载荷试验。

（3）制造质量。在风电机组运抵现场后，应进行现场的设备验收认证。在安装高度和运行过程中，应按照 ISO9000 系列标准进行验收。风力发电机组通过一段时间的运行（如保修期内）应进行保修期结束的认证，认证内容包括技术服务是否按合同执行、损坏零部件是否按合同规定赔偿等。

（4）特性试验——风力发电机组测试。

① 功率曲线，按照 IEC61400 - 12 的要求进行。

② 噪声试验，按照 IEC61400 - 11 噪声测试中的要求进行。

③ 电能品质，按照 IEC61400 - 21 电能品质测试要求进行。

④ 动态载荷，按照 IEC61400 - 13 机械载荷测试要求运行。

⑤ 安全性及性能试验，按照 IEC61400 - 1 安全性要求进行。

2) 对机组功率曲线的要求

功率曲线是反映风力发电机组发电输出性能好坏的最主要的曲线之一。一般有两条功率曲线由厂家提供，一条是理论(设计)功率曲线，另一条是实测功率曲线，通常是由公正的第三方即风电测试机构测得的，如 Lloyd、Risoe 等机构。国际电工组织(IEC)颁布实施了 IEC61400－12 功率性能试验的功率曲线的测试标准。这个标准对如何测试标准的功率曲线有明确的规定。所谓标准的功率曲线，是指在标准状态下(15℃，101.3 kPa)的功率曲线。不同的功率调节方式，其功率曲线形状也就不同，不同的功率曲线对于相同的风况条件下，年发电量(AEP)就会不同。一般说来失速型风力发电机在叶片失速后，功率很快下降之后还会再上升，而变距型风力发电机在额定功率之后，基本在一个稳定功率上波动。功率曲线是风力发电机组发电机功率输出与风速的关系曲线。对于某一风场的测风数据，可以按 bin 分区的方法(按 IEC61400 - 12 规定 bin 宽为 0.5 m/s)，求得某地风速分布的频率(即风频)，根据风频曲线和风电机组的功率曲线，就可以计算出这台机组在这一风场中的理论发电量，当然这里是假设风力发电机组的可利用率为 100%(忽略对风损失、风速在整个风轮扫风面上矢量变化)。

$$E_{AEP} = 8760 \sum_{i=1}^{n} \left[F(v_i) P_i \right] \qquad (5-37)$$

式中：v_i 为 bin 中的平均风速，m/s；$F(v_i)$ 为 bin 中平均风速出现的概率，%；P_i 为 bin 中平均风速对应的平均功率，W。

在实际中如果有了某风场的风频曲线，就可以根据风力发电机组的标准功率曲线计算出该机组在这一风场中的理论年发电量。在一般情况下，可能并不知道风场的风能数据，也可以采用风速的 Rayleigh 分布曲线来计算不同年平均风速下某台风电机组的年发电量，Rayleigh 分布的函数式为

$$F(v) = 1 - \exp\left[-\frac{\pi}{4} \left(\frac{v}{\bar{v}} \right)^2 \right] \qquad (5-38)$$

式中：$F(v)$ 为风速的 Rayleigh 分布函数；v 为风速，m/s；$\bar{v}$ 为年平均风速，m/s。

这里的计算是根据单台风电机组功率曲线和风频分布曲线进行的简便年发电量计算，仅用于对机组的基本计算，不是针对风电场的。实际风电场各台风电机组年发电量计算将根据专用的软件来计算，年发电量将受可利用率、风电机组安装地点风资源情况、地形、障碍物、尾流等多因素影响，理论计算仅是理想状态下的年发电量估算。

3) 对机组制造厂家业绩考查

业绩是评判一个风电制造企业水平的重要指标之一。主要以其销售的风电机组数量来评价一个企业的业绩好坏。世界上某一种机型的风力发电机，用户的反映直接反映该厂家的业绩。当然人们还常常以风电制造公司所建立的年限来说明该厂家生产的经验，并作为评判该企业业绩的重要指标之一。当今世界上主要的几家风电机组制造厂的机型产品产量都已超过几百台甚至几千台，比如 600 kM 机组。但各厂家都在不断开发更大容量的机型，如兆瓦级风电机组。新机型在采用了大量新技术的同时充分吸收了过去几种机型在运行中

成功与失败的经验。应该说新机型在技术上更趋成熟，但从业绩上来看，生产产量很有限。该机型的发电特性好坏以及可利用率（即反映出该机型的故障情况）还无法在较短的时间内充分表现出来。因此业绩的考查是风电机组中重要的指标之一。欧洲主要几个风电机组厂家的销售情况如图 5-47 所示。

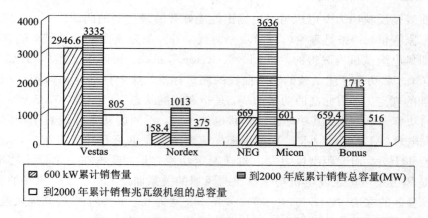

图 5-47　欧洲主要几个风电机组厂家的销售情况

4）对特定条件的要求

（1）低温要求。在中国北方地区，冬季气温很低，一些风场极端（短时）最低气温达到－40℃以下，而风力发电机组的设计最低运行气温在－20℃以上，个别低温型风力发电机组最低可达到－30℃。如果长时间在低温下运行，将损坏风力发电机组中的部件，如叶片等。叶片厂家尽管近几年推出特殊设计的耐低温叶片，但实际上仍不愿意这样做。主要原因是叶片复合材料在低温下其机械特性会发生变化及变脆，这样叶片很容易在机组正常振动条件下出现裂纹而产生破坏。其他部件如齿轮箱和发电机以及机舱、传感器都应采取措施。齿轮箱的加温是因为当风速较长时间很低或停风时，齿轮油会因气温太低而变得很稠，尤其是采取飞溅润滑部位的方式，部件无法得到充分的润滑，导致齿轮或轴承缺乏润滑而损坏。另外当冬季低温运行时还会有其他一些问题，比如雾凇、结冰。这些雾凇、霜或结冰如果发生在叶片上，将会改变叶片气动外形，影响叶片上气流流动而产生畸变，影响失速特性，使出力难以达到相应风速时的功率而造成停机，甚至造成机械振动而停机。如果机舱稳定也很低，那么管路中润滑油也会发生流动不畅的问题，这样当齿轮箱油不能通过管路到达散热器时，齿轮箱油温度会不断上升直至停机。除了冬季在叶片上挂霜或结冰之外，有时传感器如风速计也会发生结冰现象。综上所述，在中国北方冬季寒冷地区，风电机组运行应考虑如下几个各方面：

① 应对齿轮箱油加热。

② 应对机舱内部加热。

③ 传感器如风速计应采用加热措施。

④ 叶片应采用低温型的。

⑤ 控制柜内应加热。

⑥ 所有润滑油、脂应考虑其低温特性。

中国北方地区冬季寒冷，但此期间风速很大，是一年四季中风速最高的时候，一般最寒冷季节是 1 月份，－20℃以下温度的累计时间达 1～3 个月，－30℃以下温度累计日数可达几天到几十天，因此，在风电机组选型以及机组厂家供货时，应充分考虑上述几个方面的问题。

（2）风力发电机组防雷。由于机组安装在野外，安装高度高，因此对雷电应采取防范措施，以便对风电机组加以保护。我国风电场特别是东南沿海风电场，经常遭受暴风雨及台风袭击，雷电日从几天到几十天不等。雷电放电电压高达几百千伏甚至到上亿伏，产生的电流从几十千安到几百千安。雷电主要分为直击雷和感应雷。雷电主要会造成风电机组系统如电气、控制、通信系统及叶片的损坏。雷电直击会造成叶片开裂和孔洞，通信及控制系统芯片烧损。目前，国内外各风电机组厂家及部件生产厂，都在其产品上增加了雷电保护系统。如叶尖预埋导体网（铜），至少 50 mm² 铜导体向下传导。通过机舱上高出测风仪的铜棒，起到避雷针的作用，保护测风仪不受雷击，通过机舱到塔架良好的导电性，雷电从叶片、轮毂到机舱塔架导入大地，避免其他机械设备如齿轮箱、轴承等损坏。

在基础施工中，沿地基安装铜导体，沿地基周围（放射 10 m）1 m 地下埋设，以降低接地电阻或者采用多点铜棒垂直打入深层地下的做法减少接地电阻，满足接地电阻小于 10 Ω 的标准。此外还可采用降阻剂的方法，也可以有效降低接地电阻。应每年对接地电阻进行检测。应采用屏蔽系统以及光电转换系统对通信远传系统进行保护，电源采用隔离性，并在变压器周围同样采用防雷接地网及过电压保护。

（3）电网条件的要求。中国风电场多数处于大电网的末端，接入到 35 kV 或 110 kV 线路。若三相电压不平衡、电压过低都会影响风电机组运行。风电机组厂家一般要求电网的三相不平衡误差不大于 5%，电压上限＋10%，下限不超过－15%（有的厂家为－10%～＋6%）。否则经一定时间后，机组停止运行。

（4）防腐。中国东南沿海风电场大多位于海滨或海岛上，海上的盐雾腐蚀相当严重，因此防腐十分重要。主要是电化学反应造成的腐蚀，这些部位包括法兰、螺栓、塔筒等。这些部件应采用热电锌或喷锌等方法保证金属表面不被腐蚀。

5）对技术服务与技术保障的要求

风力发电设备供应商向客户（风电场或个人购买者），除了提供设备之外，还应提供技术服务、技术培训和技术保障。

（1）保修期。在双方签订技术合同和商务合同之中应明确指出保修期的开始之日与结束之日，一般保修期应为两年及以上。在这两年内厂家应提供以下技术服务和保障项目：

① 两年 5 次的维修（免费），即每半年一次；

② 如果部件或整机在保修期内损坏（由于厂家质量问题），由厂家免费提供新的部件（包括整机）；

③ 如果由于厂家质量事故造成风电机组拥有者发电量的损失，由厂家负责赔偿；

④ 如果厂家给出的功率曲线是所谓保证功率曲线，实际运行未能达到，用户有权向厂家提出发电量索赔要求；

⑤ 保修期厂家应免费向用户提供技术帮助，解答运行人员遇到的问题；

⑥ 保修期内维修时如果用去风电场的备品、备件及消耗品（如润滑油、脂），厂家应及时补上。

（2）技术服务与培训。在风力发电机组到达风电场后，厂家应派人负责开箱检查，派有经验的工程监理人员免费负责塔筒的加工监理、安装指导监理、调试和验收。应保证在 10 年内用户仍能从厂家获得优惠价格的备件。用户应得到充分详实的技术资料如机械、电气的安装、运行、验收维修手册等。应向用户提供 2 周以上的由风电场技术人员参加的关于风电机组运行维修的技术培训(如果是国外进口机组,应在国外培训),并在现场风电机组安装调试时进行培训。

5.3.2　风电场升压变压器、配电线路及变电所设备

1. 风电场升压变压器

风电机组发出的电量需输送到电力系统中去,为了减少线损应逐级升压送出。目前国际市场上的风电机组出口电压大部分是 0.69 kV 或 0.4 kV,因此要对风电机组配备升压变压器升压至 10 kV 或 35 kV 接入电网,升压变压器的容量根据风电机组的容量进行配置。升压变压器的接线方式可采用一台风电机组配备一台变压器,也可采用二台机组或以上配备一台变压器。一般情况下,一台风电机组配备一台变压器,简称一机一变。原因是风电机组之间的距离较远,若采用二机一变或几机一变的连接方式,使用的 0.69 kV 或 0.4 kV 低压电缆太长,增加电能损耗,也使得变压器保护以及获得控制电源更加困难。

接入系统一般选用价格较便宜的油浸变压器或者是较贵的干式变压器,并将变压器、高压断路器和低压断路器等设备安装在钢板焊接的箱式变电所内,目前也有将变压器设备安装在钢板焊接的箱体外,有利于变压器的散热和节约钢板材料,但需将原来变压器进出线套管从二次侧出线改为从一次侧出线。风电机组发出的电量先送到安装在机组附近的箱式变电所,升压后再通过电力电缆输送到与风电场配套的变电所或直接输送到当地电力系统离风电场最近的变电所。随着风电场规模的不断扩大,采用 10 kV 或 35 kV 箱式变压器升压后直接将电量输送到电力系统中去,回路数太多,不合理。一般都通过电力电缆输送到风电场自备的专用变电所,在经高压线路输送到电力系统中去。

2. 风电场配电线路

各箱式变电所之间的接线方式是采用分组连接,每组箱式变电所由 3~8 台变压器组成,每组箱式变电所台数是由其布置的地形情况、箱式变电所引出的电力电缆载流量或架空导线以及技术经济等因素决定的。

风电场的配电线路可采用直埋电力电缆敷设或架空导线,架空导线投资低,由于风电场内的风电机组基本上是按梅花形布置的,因此,架空导线在风电场内条型或格型布置不利于设备运输和检修,也不美观。采用直埋电力电缆敷设,虽然投资较高但风电场内景观好。

3. 风电场变电所设备

随着环保要求的提高和风电技术的发展,增大风电场的规模和单片容量,可获得容量效益,降低风电场建设工程千瓦投资额和上网电价。

风电场专用变电所的规模、电压等级是根据风电场的规划和分期建设容量以及风电机组的布置情况进行技术经济比较后确定的。

变电所的设计和相应的常规变电所设计是相同的,仅在选用变压器时,如果风电场内

配电设备选用电力电缆，由于电容电流较大，因此为补偿电容电流，需选用折线变压器，即选用接地变压器。风电场接线图如图 5-48 所示。

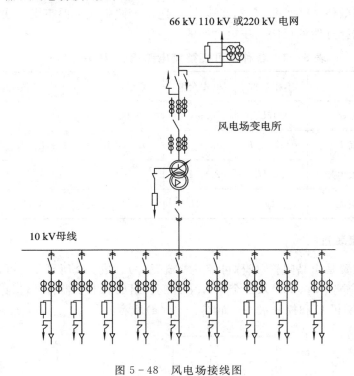

图 5-48　风电场接线图

5.4　风力发电机变流装置的研究

5.4.1　整流器

在独立运行的小型风力发电系统中，由风轮机驱动的交流发电机，需配以适当的整流器，才能对蓄电池充电。

整流器一般可分为机械整流装置和电子整流装置两类，其特点是前者通过机械动作来完成从交流转变为直流电的过程；后者是通过整流元件中电子单方向的运动来完成从交流到直流的整流过程。机械整流装置一般为旋转机械装置，故又称旋转整流装置；电子整流装置的元器件皆为静止的部件，故称为静止整流装置。风力发电系统中主要采用静止型电子整流装置。

电子整流装置又可分为不可控整流与可控整流两类。

1. 不可控整流装置

不可控整流装置是由二极管组成，常见的整流电路形式有单相半波整流电路，单相全波（双半波）整流电路、单相桥式整流电路、三相半波整流电路（零式整流电路）及三相桥式整流电路。各种整流电路的线路图，输出电压（整流电压）波形，输出直流电压大小，输出直流电流大小，二极管承受的最大反压以及每支二极管流过的平均电流等如表所示。

表 5-2 中给出的输出直流电压 U_d 系指在负载上得到的脉动直流电压的平均值，输出直流电流 I_d 系指流经负载的直流电流平均值；U_2 指交流电源电压有效值，对三相交流电源则指相电压的有效值。根据表 5-2，可以合理选用不同整流电路下的二极管，实际上，为了安全起见要选择标明的反向电压值高些的二极管。

表 5-2　各种不可控整流电路比较$(U_2 = \sqrt{2}\sin\omega t)$

整流电路类型	单相半波	单相全波	单相桥式	三相半波	三相桥式
输出直流电压 U_d	$0.45U_2$	$0.9U_2$	$0.9U_2$	$1.17U_2$	$2.34U_2$
输出直流电流 I_d	$0.45U_2/R$	$0.9U_2/R$	$0.9U_2/R$	$1.17U_2/R$	$2.34U_2/R$
二极管承受最大电压	$1.41U_2$	$2.83U_2$	$1.41U_2$	$2.45U_2$	$2.45U_2$
二极管平均整流	I_d	$1/2I_d$	$1/2I_d$	$1/3I_d$	$1/3I_d$

2. 可控整流装置

可控整流装置是由晶闸管（或称可控硅整流元件）组成。众所周知，可控硅整流器是由四层半导体（P_1、N_1、P_2、N_2）及三个结（J_1、J_2、J_3）组成的电子器件，它与外部接有三个电极，即阳极 A、阴极 C 和控制极 G，如图 5-49(a) 所示。

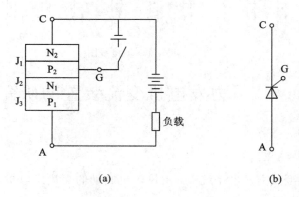

图 5-49　可控整流装置
(a) 晶闸管正向导通接线；(b) 晶闸管符号

当可控硅整流器阳极接电源正极，阴极接电源负极，控制极接上对阴极为正的控制电压时（即正向连接时），则可控硅导通，与可控硅连接的外电路负载上将有电流通过，如图 5-49(a) 示。可控硅一旦导通，即使取消控制电压，可控硅仍将维持导通，因此控制电压经常采用触发脉冲的形式，即可控硅导通后，控制电压就失去作用。要使可控硅关断，必须把正向阳极电压降低到一定数值，或者将可控硅断开，或者在可控硅的阳极与阴极之间施加反向电压。

根据可控硅的触发导通的特点可知，改变触发电压信号距离起点的角度 α（称为控制角或起燃角），就可控制可控硅导通的角度 θ（称为导通角）。在单相电路中以正弦曲线的起点作为计算 α 角的起点，在多相电路中以各相波形的交点作为计算 α 角的起点。由于可控硅的导通角变化，则与可控硅连接的外电路负载上的整流电压(直流电压)的大小也跟着改变，这就是可控整流。

常见的可控整流电路形式有单相全波可控整流电路、单相桥式可控整流电路、三相半波可控整流电路、三相桥式半控整流电路及三相桥式整流电路等。

5.4.2 逆变器

逆变器是将直流电变换为交流电的装置，其作用与整流器的作用恰好相反。现代大部分电气机械及电气用品都是采用交流电的，如电动机、电视机、电风扇、电冰箱及洗衣机等。在采用蓄电池蓄能的风力发电系统中，当由蓄电池向负荷(电气器具)供电时，就必须要用逆变器。

如同整流器一样，逆变器也可分为旋转型和静止型两类。旋转型逆变器是指由直流电动机驱动交流发电机，由交流发电机给出一定频率(50 Hz)及波形为正弦波的交流电。静止型逆变器则是使用晶闸管或晶体管组成逆变电路，没有旋转部件，运行平稳。静止型逆变器输出的波形一般为矩形波，需要时也可给出正弦波。在风力发电系统中多采用静止型逆变器。

1. 三相逆变器

与晶闸管整流器的主电路形式相似，晶闸管(可控硅)逆变器的接线方式也很多，有单相、三相、零式、桥式等。最常见的单相逆变器、单相桥式逆变器及三相逆变器的电路及输出电压电路及电压波形如图 5-50~图 5-52 所示。

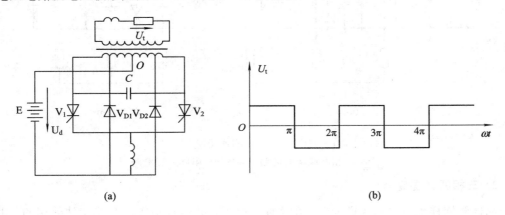

(a) **(b)**

图 5-50 单相(并联)逆变器
(a) 电路；(b) 电压波形

在图 5-50 所示的单相逆变电路中，接在主晶闸管 V_1 及 V_2 之间的电容器是用来对晶闸管进行强迫关断的。V_{D1} 及 V_{D2} 为反馈二极管，其作用是给负载的无功电流提供通路并将能量回馈给直流电源。电路中的电感起着延缓换相电容 C 放电的作用，这对换相时晶闸管的可靠关断是有利的。

三相逆变器也有许多不同的接线形式，较常使用的是三相并联和三相串联逆变电路，它们都是由三个同样的逆变电路组成，见图 5-52。只要按照给定的顺序触发 6 个可控硅(晶闸管)就可在负载上得到对称的三相电压。所谓串联逆变电路是指逆变器的换相电容与

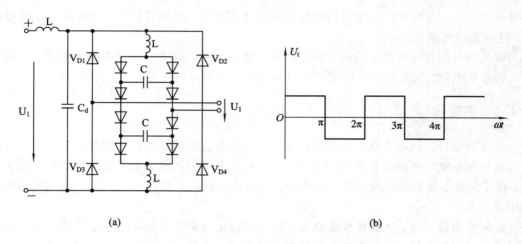

图 5-51　单相桥式逆变器

(a) 电路；(b) 输出波形

输出负载串联的接线方式。

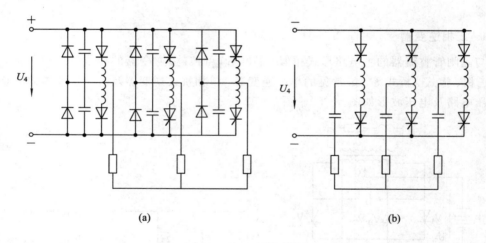

图 5-52　三相逆变器

(a) 三相并联逆变电路；(b) 三相串联逆变电路

2. 三相桥式逆变器

晶体管同样也可以用作逆变器，在这种情况下，晶体管是作为开关元件使用的。由晶体管组成的逆变器具有与晶闸管组成的逆变器相同结构的电路。图 5-53 表示由晶体管组成的单相并联逆变电路，图 5-54 表示由晶体管组成的单相桥式逆变电路，图 5-55 表示由晶体管组成的三相桥式逆变电路。

逆变器的标称功率是以阻性负载（如灯泡、电阻发热丝）来计算的。对于感性负载（如风扇、洗衣机）和感容性负载（如彩色电视机），在启动时电流将是其额定标称电流的几倍，所以应选择功率较大的逆变器，以便使带有感性或感容性的负载能够启动。通常标称功率 100 W 的逆变器只适用于灯泡、收录机等设备；200 W 的逆变器适用于黑白电视机、日光灯、风扇等；400 W 的逆变器适用于彩色电视机、洗衣机等。

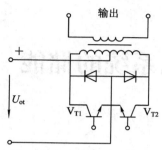

图 5 - 53　晶管单相并联逆变电路

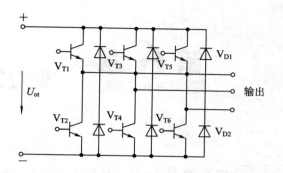

图 5 - 54　晶体管单相桥式体逆变电路

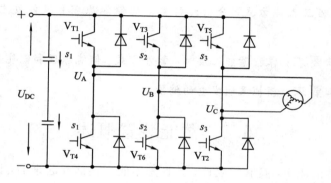

图 5 - 55　晶体管三相桥式逆变电路

第6章　风力发电系统的储能

内容摘要：风能是随机性的能源，具有间歇性，为了使风能发电电能输出平稳，必须采取一定措施，使风能发电符合上网供电的要求。本章研究风力发电系统的储能装置，分析蓄能必要性及蓄能方式，分析几种主要的储能原理和风能发电采用储能后的稳定性。

理论教学要求：掌握蓄能必要性、蓄能方式、储能原理和储能后的稳定性。

工程教学要求：模拟风能发电的储能。

6.1　蓄能装置概述

风能是随机性的能源，具有间歇性，并且是不能直接储存起来的，因此，即使在风能资源丰富的地区，把风力发电机作为获得电能的主要方法时，必须配备适当的蓄能装置。在风力强的期间，除了通过风力发电机组向用电负荷提供所需的电能以外，将多余的风能转换为其他形式的能量在蓄能装置中储存起来；在风力弱或无风期间，再将蓄能装置中储存的能量释放出来并转换为电能，向用电负荷供电。可见蓄能装置是风力发电系统中实现稳定和持续供电必不可少的装置。

当前风力发电系统中的蓄能方式主要有蓄电池蓄能、飞轮蓄能、抽水蓄能、压缩空气蓄能、电解水制氢蓄能等几种。

1. 蓄电池蓄能

在独立运行的小型风力发电系统中，广泛使用蓄电池作为蓄能装置，蓄电池的作用是当风力较强或用电负荷减小时，可以将来自风力发电机发出的电能中的一部分储存在蓄电池中，也就是向蓄电池充电；当风力较弱、无风或用电负荷增大时，蓄电池中的电能向负荷供电，以补足风力发电机所发电能的不足，达到维持向负荷持续稳定供电的作用。风力发电系统中常用的蓄电池有铅酸电池(亦称铅蓄电池)和镍镉电池(亦称碱性蓄电池)。

单格铅酸蓄电池的电动势约为 2 V，单格碱性蓄电池的电动势约为 1.2 V，将多个单格蓄电池串联组成蓄电池组，可获得不同的蓄电池组电势，例如 12 V、24 V、36 V 等，当外电路闭合时蓄电池正负两极间的电位差即为蓄电池的端电压(亦称电压)。

蓄电池的端电压在充电和放电过程中，电压是不相同的，充电时蓄电池的电压高于其电动势，放电时蓄电池的电压低于其电动势，这是因为蓄电池有电阻的缘故，且蓄电池的内阻随温度的变化比较明显。

蓄电池的容量以 Ah 表示,容量为 100 Ah 的蓄电池代表该蓄电池若放电电流为 10 A,可连续放电 10 h;若放电电流为 5 A,则可连续放电 20 h。在放电过程中,蓄电池的电压随着放电而逐渐降低,放电时铅酸蓄电池的电压不能低于 1.8 V,碱性蓄电池的电压不能低于 1.1 V,蓄电池放电时的最佳电流值为 10 h 放电率电流,蓄电池的最佳充电电流值等于其最佳放电电流值。

蓄电池经过多次充电及放电以后,其容量会降低,当蓄电池的容量降低到其额定值的 80% 以下时,就不能再使用了,也就是蓄电池有一定的使用寿命。影响蓄电池寿命的因素很多,如充电或放电过度、蓄电池的电解液溶度太大或纯度降低以及在高温环境下使用等都会使蓄电池的性能变坏,降低蓄电池的使用寿命。

2. 飞轮蓄能

从运动学知道,做旋转运动的物体皆具有动能,此动能也称为旋转的惯性能,其计算公式为

$$A = \frac{1}{2}J\Omega^2 \qquad (6-1)$$

式中:A 为旋转物体的惯性能量,J;J 为旋转物体的转动惯量,$N \cdot m \cdot S^2$;Ω 为旋转物体的旋转角速度,rad/s。

式(6-1)所表示的为旋转物体达到稳定的旋转角速率 Ω 时所具有的动能,若旋转物体的旋转角速度是变化的,例如由 Ω_1 增加到 Ω_2,则旋转物体增加的动能为

$$\Delta A = J \int_{\Omega_2}^{\Omega_1} \Omega \, d\Omega = \frac{1}{2}J(\Omega_2^2 - \Omega_1^2) \qquad (6-2)$$

这部分增加的动能储存在旋转体中,反之,若旋转物体的旋转角速度减小,则有部分旋转的惯性动能被释放出来。

同时由动力学原理知,旋转物体的转动惯量 J 与旋转物体的重力及旋转部分的惯性直径有关,即

$$J = \frac{GD^2}{4g} \qquad (6-3)$$

式中:G 为旋转物体的重力,N;D 为旋转物体的惯性直径,m;g 为重力加速度,9.81 m/s^2。

风力发电系统中采用飞轮蓄能,即在风力发电机的轴系上安装一个飞轮,利用飞轮旋转时的惯性储能原理,当风力强时,风能以动能的形式储存在飞轮中;当风力弱时,储存在飞轮中的动能则释放出来驱动发电机发电。采用飞轮蓄能可以平抑由于风力起伏而引起的发电机输出电能的波动,改善电能的质量。

风力发电系统中采用的飞轮,一般多由钢制成,飞轮的尺寸大小则视系统所需储存和释放能量的多少而定。飞轮蓄能在后面章节中细讲。

3. 电解水制氢蓄能

众所周知,电解水可以制氢,而且氢可以储存,在风力发电系统中采用电解水制氢蓄能就是在用电负荷小时,将风力发电机组提供的多余电能用来电解水,使氢和氧分离,把电能储存起来;当用电负荷增大,风力减弱或无风时,使储存的氢和氧在燃料电池中进行化学反应而直接产生电能,继续向负荷供电,从而保证供电的连续性,故这种蓄能方式是将随时的不可储存的风能转换为氢能储存起来;而制氢、储氧及燃料电池则是这种蓄能方

式的关键技术和部件。

燃料电池(Fuel cell)是一种化学电池，其作用原理是把燃料氧化时所释放出来的能量通过化学变化转化为电能。在以氢作燃料时，就是利用氢和氧化合时的化学变化所释放出来的化学能，通过电极反应，直接转化为电能，即 $H_2 + \frac{1}{2}O_2 \rightarrow H_2O + 电能$。由此化学反应式看出，除产生电能外，只能产生水，因此，利用燃料电池发电是一种清洁的发电方式，而且由于没有高温高压等条件要求，工作起来更安全可靠，利用燃料电池发电的效率很高，例如碱性燃料电池的发电效率可达到 $50\% \sim 70\%$。

在这种蓄能方式中，氢的储存也是一个重要环节，储氢技术有多种形式，其中以金属氧化物储氢最好，其储氢度高，优于气体储氢及液态储氢，不需要高压和绝热的容器，安全性能好。

国外还研制出一种再生式燃料电池(Regenerative Fuel cell)，这种燃料电池既能利用氢氧化合直接产生电能，反过来应用它可以电解水而产生氢和氧。

毫无疑问，电解水制氢蓄能是一种高效、清洁、无污染、工作安全、寿命长的蓄能方式，但燃料电池及储氢装置的费用则较贵。

4. 抽水蓄能

这种蓄能方式在地形条件合适的地区可采用，所谓地形条件合适，就是在安装风力发电机的地点附近有高地，在高地处可以建造蓄水池或水库，而在低地处有水。当风力强而用电负荷所需要的电能少时，风力发电机发出的多余的电能驱动抽水机，将低地处的水抽到高处的蓄水池或水库中储存起来；在无风期或是风力较弱时，则将高地蓄水池或水库中储存的水释放出来流向低地水池，利用水流的动能推动水轮机转动，并带动与之相连接的发电机发电，从而保证用电负荷不断电，实际上，这时已是风力发电机和水力发电同时运行，共同向负荷供电。当然，在无风期，只要是在高地蓄水池或水库中有一定的蓄水量，就可靠水力发电来维持供电。

5. 压缩空气蓄能

与抽水蓄能方式相似，这种蓄能方式也需要特定的地形条件，即需要有挖掘的坑或是废弃的矿坑或是地下的岩洞，当风力强，用电负荷少时，可将风力发电机发出的多余的电能驱动一台由电动机带动的空气压缩机，将空气压缩后储存在地坑内；而在无风期或用负荷增大时，则将储存在地坑内的压缩空气释放出来，形成高速气流，从而推动涡轮机转动，并带动发电机发电。

6.2　飞 轮 储 能

6.2.1　飞轮电池的组成与工作原理

1. 飞轮电池的组成

典型的飞轮储能系统一般是由三大主体、两个控制器和一些辅件所组成：① 储能飞轮；② 集成驱动的电机；③ 磁悬浮支承系统；④ 磁力轴承控制器和电机变频调速控制器；
⑤ 辅件(冷却系统、显示仪表、真空设备和安全容器等)。本书重点研究储能飞轮、集成驱
动的换能电机、磁悬浮支承系统，控制、冷却、显示不研究。

　　图 6-1 所示为一种飞轮电池的结构简图。其中：1 为飞轮；2 为含有水冷却的径向磁
轴承的定子；3 为径向磁轴承；4 为轴向磁轴承；5 为含有水冷却的电机定子；6 为电机内
转子部分；7 为电机外转子部分；8 为真空壳体。

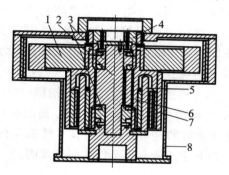

1—飞轮；
2—含有水冷却的径向磁轴承的定子；
3—径向磁轴承；
4—轴向磁轴承；
5—含有水冷却的电机定子；
6—电机内转子部分；
7—电机外转子部分；
8—真空壳体

图 6-1　飞轮电池的结构简图

2. 飞轮电池的工作原理

飞轮电池类似于化学电池，它有以下两种工作模式。

(1)"充电"模式。当飞轮电池充电器插头插入外部电源插座时，打开启动开关，电动
机开始运转，吸收电能，使飞轮转速提升，直至达到额定转速时，由电机控制器切断与外
界电源的连接。在整个充电过程中，电机作电动机用。

(2)"放电"模式。当飞轮电池外接负载设备时，发电机开始工作，向外供电，飞轮转速
下降，直至下降到最低转速时，电机控制器停止放电。在放电过程中，电机作为发电机使用。

这两种工作模式全部由电机控制器负责完成。

飞轮转子在运动时由磁力轴承实现转子无接触支承，而接触轴承则主要负责转子静止
或存在较大的外部扰动时的辅助支承，避免飞轮转子与定子直接相碰而导致灾难性破坏。
真空设备用来保持壳体内始终处于真空状态，减少转子运转的风耗。冷却系统则负责电机
和磁悬浮轴承的冷却。安全容器用于避免一旦转子产生爆裂或定子与转子相碰时发生意
外。显示仪表则用来显示剩余电量和工作状态。

6.2.2　飞轮电池转子的支承、驱动和控制

飞轮电池是一种储能装置，当"充电"时，电动机通过变频调速控制逐步提高飞轮转子
的转速，将电能转换为飞轮的动能储存起来；而"放电"时，则通过发电机向外稳定输出电
能，使飞轮转速逐步下降。

飞轮电池作为一种储能装置，其主要技术指标有：可提取的能量(简称净能量)；充电/
放电电压(或充电/放电电流)；充电速率或功率(影响充电时间)和放电速率或功率(决定带
动负载的能力)。飞轮电池的可提取的能量与飞轮的最大安全运转速度、最小稳定运转速
度以及飞轮的转动惯量等有关。一般来说，提高飞轮的最大安全运转速度比提高飞轮的转

动惯量可得到更好的储能效果，原因是旋转物体的动能与旋转速度是二次关系，而与转动惯量是一次关系。除通过提高飞轮的最大安全运转速度和转动惯量来提高飞轮电池的可提取的能量外，尽量降低最小稳定运转速度也可提高飞轮电池的可提取的能量。飞轮电池的充电速率主要影响充电时间，充电速率越高，充电时间越短。放电速率的大小则决定飞轮电池带动负载的能力，放电速率越大，带动负载的功率越大。

衡量飞轮电池的主要性能指标有：能量转换效率；储能密度（比能量）；怠速损耗；使用温度、寿命、可靠性、安全性等。能量转换效率越高，动能与电能之间相互转化的损耗就越小，经济性也就越好。储能密度一般主要取决于飞轮材料的抗拉强度，抗拉强度越高，飞轮可安全运转的转速就越高，储存的能量就越多，相对的储能密度就越高。而高的可靠性和高的安全性则是所有仪器和设备所追求的目标。

一般来说，一个好的飞轮电池除了要达到用户所提出的主要技术指标（如可提取的能量、充电时间和最大放电功率）外，还应该具有低的怠速损耗、长寿命、高的能量密度、高的能量转换效率、高的可靠性、高的安全性和良好的经济性。这些技术性能指标有的是由飞轮电池的某些部件单独体现的，有些则是由几个或所有零部件共同体现的。

1. 飞轮电池系统结构

飞轮电池系统总体结构方案与飞轮的结构、飞轮转子的支承方案、集成式电动机/发动机和其他一些辅件的结构密切相关。按理说，它应该在所有零部件的结构方案形成后才能确定下来，为了方便理解后面各章节内容，在这里建立飞轮电池的系统结构方案，增强大家对飞轮电池的感性认识。

针对固定应用（指的是基础或机架固定不动）的飞轮电池，提出了一种新型的磁悬浮支承系统，并在考虑飞轮电池内部各关键零部件的结构和布置情况下，构造出飞轮电池的结构方案，如图6-2所示。这种方案的最大特点是它的磁悬浮支承系统采用了一种新型磁力轴承（即电动磁力轴承）作为转子的径向支承，并结合轴向永磁磁力轴承构成飞轮转子无接触磁悬浮式支承。

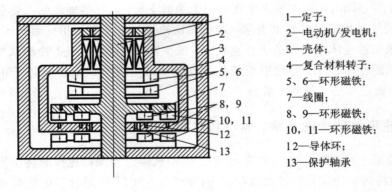

1—定子；
2—电动机/发电机；
3—壳体；
4—复合材料转子；
5、6—环形磁铁；
7—线圈；
8、9—环形磁铁；
10，11—环形磁铁；
12—导体环；
13—保护轴承

图6-2　飞轮电池的结构示意图

对于固定应用的飞轮电池，由于不存在陀螺效应，所以轴承主要承受飞轮转子的自重。为了充分利用永磁磁力轴承承受静态或堆静态负载的能力，飞轮转子作垂直布置，其重量完全由永磁磁力轴承来承受，而径向电动磁力轴承则主要用来承受由于转子径向偏移运动所产生的动载荷，并确保转子运动过程中的自动定心作用，即确保转子始终在预定中心附近回转。

与其他磁悬浮支承系统相比，这种组合的磁悬浮支承系统由于既没有采用电磁轴承，又没有采用超导磁力轴承，因而消除了电磁轴承由于需要位置传感器和反馈控制系统所带来的失效可能性和费用的增加，以及电磁线圈的能量损耗；也避免了超导磁力轴承由于需要液态氮制备设备所带来的结构尺寸增加和制冷设备失效导致的可靠性降低以及费用的增加，是目前经济性和可靠性都较高的支承系统，所以值得大力研究开发，也是本书重点研究的内容之一。

2. 支承飞轮转子的磁力轴承

飞轮电池中的磁悬浮轴承（也称磁力轴承或磁轴承）与机床主轴所用的磁悬浮轴承的作用基本相同，都是用来支承高速旋转的转子，但工作要求大不相同。

对于机床中支承主轴的磁力轴承，主要承受来自刀具切削作用于转子上的径向力和轴向力（通常这些力的变化范围是非常大的），以及转子自身的重量，这就要求磁力轴承的刚度大，并且可调，因而必须使用有源磁力轴承，即电磁轴承，此外还要求轴承对主轴进行精确定位以确保机械加工的精度。而飞轮电池中的磁悬浮轴承，它主要承受飞轮转子自身的重量和由于转子的偏移运动引起的动载荷，以及由于固定飞轮电池的基础或机架的运动而引起的附加陀螺效应力，此外，飞轮电池转子无需精确定位。如果飞轮电池用在那些机架固定不动的应用中，则飞轮转子将不受陀螺效应力。

目前的飞轮储能系统经常选择几种类型的轴承组合起来使用，而在高速飞轮系统中，使用最多的还是磁悬浮轴承，这是由于磁力轴承无磨损（无机械接触）、寿命长和免维护等优点，使得传统的机械接触轴承无法比拟。目前可供使用的磁力轴承主要有：电磁轴承；超导磁力轴承；永磁磁力轴承和电动磁力轴承。前者称为主动磁力支承，后三者称为被动磁力支承。

电磁轴承是通过改变电磁铁线圈的电流来控制悬浮力的大小，从而适应外界干扰力的变化；超导磁力轴承是利用超导体在临界温度以下所表现出来的迈斯纳效应，即磁力线不能穿过超导体而表现出的完全抗磁性来悬浮物体；永磁磁力轴承则是利用永磁体之间或永磁体与软磁体之间的吸力或斥力来悬浮物体。在一些转速不是太高的场合，除磁力轴承外，有时也用到一种轴向球轴承，只不过球轴承的材料一般选用摩擦系数非常小又非常耐磨的材料，如金属陶瓷或红宝石等。

3. 组合磁悬浮的支承系统

目前，飞轮电池的支承系统方案主要有两大类：一类是含电磁轴承的主动磁悬浮支承系统；另一类是被动磁悬浮支承系统。主动磁悬浮支承系统主要有三种组合方案：第一种是径向采用电磁轴承，轴向采用被动磁力轴承或机械接触轴承；第二种是轴向采用电磁轴承，径向采用被动磁力轴承；第三种是径向和轴向均采用主动磁力轴承。由于主动磁悬浮支承系统中含有电磁轴承，尽管承载能力高（刚度和阻尼可调），稳定性也好，但存在前面提到的不足，如果将它用到机架固定的飞轮电池上，则由于只承受稳定的静态载荷，电磁轴承的优点没法体现，而缺点却变得尤为突出，因而对固定应用的飞轮电池，使用主动磁悬浮支承系统是没有必要的。被动磁悬浮支承系统目前也有三种组合方案：第一种是在径向采用被动磁力轴承，轴向采用机械接触轴承；第二种是在径向采用永磁磁力轴承，轴向采用超导磁力轴承；第三种是在轴向采用永磁磁力轴承，径向采用超导磁力轴承。对于第一种支承方式，尽管支承可靠，但由于采用了机械接触轴承，将降低轴承的最高转速，同时能量损耗较大，寿命较低。对于第二种和第三种支承方式，由于采用了超导磁力支承，就要附加一套液态氮的制冷装置，增加了电池的体积，降低了系统的可靠性和经济性。

设计飞轮电池磁悬浮支承系统时，除了要利用现有的磁力轴承外，还要充分考虑磁力轴承的最新发展。根据目前磁力轴承的特点，结合最新研究的成果，现提出一种全新的被动磁悬浮支承系统，如图 6-3 所示。其中，转子的径向支承是由分别安装在两个定子上的两对环形磁铁 6、7、8、9 和镶嵌在转子上的导体环 10 构成，环形磁铁 6 和 7 提供导体环 10 内圆弧附近的磁场，环形磁铁 8 和 9 提供导体环外圆弧附近的磁场；而轴向支承则是由一对带锥面"接触"的环形永磁体 3 和 4 构成，磁铁 3 安装在转子上，充当动磁环，磁铁 4 安装在定子上，充当定磁环。在这种组合磁悬浮支承系统中，转子轴垂直布置，轴向水磁磁力轴承主要承受飞轮转子的自重，同时也能对径向起到一定的辅助支承作用，径向电动磁力轴承则主要承受由于转子的径向偏移运动所产生的动载荷。这种支承方式，尽管承受变载荷的能力不高，但对那些仅承受静态载荷（如固定应用）的飞轮电池来说，这种支承方式的承载能力是足够的。而且由于它既没有采用主动磁力轴承，又没有采用超导磁力轴承，因而完全消除了电磁轴承结构和控制的复杂性和超导磁力轴承的液态氮或氦的制备系统，而且结构简单，费用低廉，可靠性高，且能十分有效地降低飞轮电池的费用，是一种值得研究和提倡的支承方式。

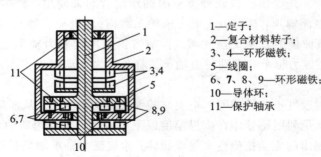

1—定子；
2—复合材料转子；
3、4—环形磁铁；
5—线圈；
6、7、8、9—环形磁铁；
10—导体环；
11—保护轴承

图 6-3　飞轮转子的被动磁悬浮支承系统

6.2.3　飞轮电池的应用

飞轮电池的应用十分广泛，但主要分为两大类型：一是作为储能用的，如卫星和空间站的电源，车辆的动力装置，各种重要设备（如计算机、通信系统、医疗设备等）的不间断电源（UPS）等；二是作为峰值动力用的，如电力系统峰值负载的调节，分布式发电系统中电网电力的波动调节，混合动力车辆负载的调节、运载火箭和电磁炮等的瞬时大功率动力供应源、脉冲动力设备等。

1. 在电动汽车和军用车辆上的应用

目前，飞轮储能系统可以单独或与其他动力装置一起混合用于电动汽车上，极大地改善汽车的动力性和经济性以及汽车尾气的排放状况。飞轮储能系统在军事车辆的脉动负载和运行负载调节方面也担负重要角色，如德克萨斯大学奥斯丁电动力学研究中心（UT-

CEM)就为军用车辆开发了脉动负载和运行负载调节的飞轮储能系纷核系统能储存 25MJ 的能量,能提供 5 MW 的瞬时功率,可满足 14T 级军用车辆的脉动动力要求。

2. 在卫星和航天器上的应用

Fare 公司、马里兰大学及受 NAsA 资助的刘易斯(Lewis)研究中心共同开发了空心飞轮系统,它是将马里兰大学的 500 Wh 的空心飞轮系统按比例缩小成 50 Wh 的空心飞轮系统。该系统用于近距离地球轨道(LEO)卫星和地球同步轨道(GEO)卫星的动力装置,取代了原先的化学电池。同时,它结合飞轮储能和卫星的姿态控制,使飞轮储能和卫星的姿态控制一体化,其优势更加明显。

3. 在电热化学炮、电磁炮上的应用

飞轮储能系统在电磁炮应用中具有明显优势,有一种 8 级逐级驱动的线性感应线圈发射炮能将 2 kg 的炮弹以 2 km/s 的速度发射。电热化学炮要求在 1~5 ms 内将脉动动力传到枪炮后膛,而由飞轮储能装置构成的脉冲交流发电机(PDA)就能适应这种要求。

4. 用于电力质量和电网负载调节

电力质量问题是一直困扰着电力工业的老大难问题。但随着 UPS 市场的发展壮大,各种重要的敏感设备(如计算机、通信设备和医疗设备等)受电网电力波动或突然的电力供应中断而造成的损失问题逐步得到了解决。作为飞轮储能系统,它完全可以担负起 UPS 的职能,而且电力供应质量可大大改善,供电时间可大大延长。此外,大功率、高储能的飞轮储能系统还可以用来调节电网用电高峰的电力供应,使其心网负载更加平稳。在以风力发电的机组中,应用飞轮储能系统可使输比电压更加平稳。

5. 不间断电源(UPS)

小间断供应电源有者强大的应用市场。除目前通用的 UPS 外,飞轮电池作为一支新生的能源储存方式已经逐步参与到 UPS 市场中来。

6.3　飞轮储能的控制

6.3.1　飞轮能量转换器

飞轮电池中的电动机/发电机是一个集成部件,主要充当能量转换的角色,简称能量转换器,充电时充当电动机,将风能的机械能中的电能转变为飞轮电池的机械能储存起来,而放电时充当发电机,将飞轮电池的机械能转换为电能向外输出。

飞轮电池用作高速电机应该兼有高效率的电动机和发电机的特性。通常要求尽可能同时具有以下特点:较大的转矩和输出功率;较长的稳定使用寿命;空载损耗极低;能量转换效率高;能适应大范围的速度变化。对于飞轮电池,目前主要有 5 种可供选择的电机,即感应电机、开关磁阻电机、"写极"电机、永磁无刷直流电机和永磁同步电机。几种可用的电机相关性能数据对比见表 6-1。

表 6 - 1　几种可用的电机相关性能数据对比

电机类别	永磁同步电机	感应电机	开关磁阻电机
峰值效率(%)	95～97	91～94	90
负载效率(%)	90～95	93～94	＞87
最高转速/(r·min^{-1})	＞30 000	900～15 000	1.5～4
控制器相对成本	1	1～1.5	2.0～2.5
电机牢固性	良好	优	优

与传统的直流电机相比,感应电机有许多优点:高效率、高能量密度、低廉的价格、高可靠性和维护方便。但感应电机的缺点是:转速不能太高;转子转差损耗大;极数少的感应电机用铜、铁量大增加了电机的重量。

开关磁阻电机采用双凸极结构。定子采用集中绕组,转子无励磁。因此,转子不用维护,结构坚固,易于实现零电流、零电压关断,适用于大范围调速运行。其缺点是振动和噪声较大,与永磁电机比较,效率和功率密度较低。

永磁无刷直流电机是将直流电机转子上的励磁绕组换成永久磁铁,由固态逆变器和轴位置检测器组成电子换向器。位置传感器用来检测转子在运动过程中的位置,并将位置信号转换为电信号,保证各相绕组的正确换向。永磁无刷直流电机在工作时,直接将方波电流输入电机的定子中,控制永磁无刷直流电机运转。它的最大优点是去掉了传统的直流电机中的换向器和电刷,因此消除了由于电机电刷换向引起的一系列问题。它的另一个优点是由于矩形波电流和矩形波磁场的相互作用,在电流和反电势同时达到峰值时,能产生很大的电磁转矩,提高了负载密度和功率密度。

永磁同步电机实际上就是永磁交流同步电机,它是将永久磁铁取代他励同步电机的转子励磁绕组,将磁铁插入转子内部,形成可同步旋转的磁极。转子上不再用励磁绕组、集电环和电刷等来为转子输入励磁电流,输入定子的是三相正弦波电流。该电机具有较高的能量密度和效率,体积小,功耗低,响应快。

“写极”电机实际上是一种变极电机,在外转子的内表面铺设了一层永磁材料,这层材料一般是一种高各向异性的陶瓷铁氧体,厚度在 15 mm～50 mm 不等。除在定子上布置有主绕组外,在励磁极周围还布置有集中励磁线圈。当电机旋转时,这种磁性材料能够被励磁线圈磁化(或者“被写”)为任意期待的磁极形式。因此,这种电机的磁极数和位置可以连续变化,可在小电流情况下实现快速启动,在不同的转速下实现常频率输出,这种特征非常适用于风力发电。

针对飞轮转子特定的结构,不可能在其上制造出凸极,因而排除了使用开关磁阻电机的可能。又由于感应电机一般只能在中低转速下才能可靠地运行,也排除了使用感应电机的可能。永磁无刷直流电机的工作磁场是步进式旋转磁场,很容易产生转矩脉动,同时伴有较大的噪声。永磁交流同步电机的工作磁场是均匀旋转磁场,转矩脉动量很小,运行噪声也很小,而且它既具有交流电机的结构简单、运行可靠、维护方便等优点,又具有直流电机的运行效率高、无励磁损耗、调节控制方便、调速范围宽、易于实现双向功率转换等诸多优点,非常适合于飞轮电池中作为能量转换器使用。因此,一般选用永磁同步电机作为飞轮电池的驱动电机是比较理想的。

　　为了降低噪声，提出了如图 6-4 所示的永磁同步电机外转子构形。在这种构形中，转子上的永磁体采用加硼稀土永磁材料，并采用 Halbach 阵列的偶极子布置方式，以形成均匀旋转磁场，而定子上的绕组线圈采用利兹（Litz）导线（也称为漆包绞线），尽量减少铜耗。这种结构采用了定子轴线与转子轴线重合，从而可以做到循环冷却液体完全位于真空容器外面，以利于真空容器的密封。

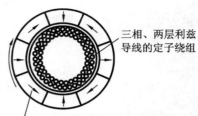

图 6-4　永磁同步电机外转子构形

　　Halbach 阵列实际上是用多块小磁体构成的环形渐变磁体，以便在环形体内缘或外缘附近产生极强的磁隙。它最早是由劳伦斯伯克利实验室的物理科学家 Halbach 提出，并以此来命名。Halbach 已经制定了各种电磁系统构形，如双极、四极和六极等，而且可以根据多体环形渐变磁体电磁场的计算理论，很容易地计算空气隙中任意一点的磁场，计算公式为

$$H \approx 1.57M\left[\frac{1}{r_1} - \frac{1}{r_2}\right]r_0$$

式中：M 为永久磁铁的磁化强度；r_2 为 Halbach 阵列的外径；r_1 为内径；r_0 为场点到轴心的距离。知道磁场后，就可计算电机的各种参数。

　　根据 Halbach 阵列设计的能量转换器，由于无需安装任何铁心或扼铁，因此，也就不存在端部负载或不平衡力矩作用在转子或它的悬浮物上，外部漏磁通可以忽略，定子内无磁滞损耗和涡流损耗，而且转子和定子的气隙无需作为关键尺寸来控制。通过使用利兹导线作为定子绕组，飞轮电池将具有较低的怠速损耗和较高的效率。

6.3.2　永磁同步电机的数学模型

　　分析正弦波电流控制的调速永磁同步电机最常用的方法就是建立数学模型，它不仅可用于分析正弦波永磁同步电机的稳态运行性能，也可用于分析电机的瞬态性能。

　　为建立正弦波永磁同步电机的数学模型，则需

　　（1）忽略电机铁心的饱和；

　　（2）不计电机中的涡流和磁滞损耗；

　　（3）电机的电流为对称的三相正弦波电流。

　　由此可以得到以下的电压、磁铁、电磁转矩和机械运动方程（式中各量为瞬态值）。

　　电压方程：

$$U_d = \frac{\mathrm{d}\varphi_d}{\mathrm{d}t} - \omega\varphi_q + R_1 i_d \tag{6-4}$$

$$U_q = \frac{\mathrm{d}\varphi_q}{\mathrm{d}t} - \omega\varphi_d + R_1 i_q \tag{6-5}$$

$$\frac{\mathrm{d}\varphi_{2d}}{\mathrm{d}t} + R_{2d} i_{2d} = 0 \tag{6-6}$$

$$\frac{\mathrm{d}\varphi_{2q}}{\mathrm{d}t} + R_{2q}i_{2q} = 0 \qquad (6-7)$$

磁链方程：

$$\psi_d = L_d i_d + L_{md}i_{2d} + L_{md}i_f \qquad (6-8)$$

$$\psi_q = L_q i_q + L_{mq}i_{2q} \qquad (6-9)$$

$$\psi_{2d} = L_{2d}i_d + L_{md}i_{2d} + L_{md}i_f \qquad (6-10)$$

$$\psi_{2q} = L_{2q}i_q + L_{mq}i_{2q} + L_{mq}i_{2q} \qquad (6-11)$$

电磁转矩方程：

$$T_{em} = P(\psi_d i_q - \psi_q i_d) \qquad (6-12)$$

机械运动方程：

$$J\frac{\mathrm{d}\Omega}{\mathrm{d}t} = T_{em} - T_L - R_\Omega\Omega \qquad (6-13)$$

式中：U 为电压；i 为电流；ψ 为磁链；

d、q、$2d$、$2q$ 分别为定子的 d、q 轴下标分量；

L_{md}、L_{mq} 分别为定子、转子间的 d、q 轴互感，$L_d = L_{md} + L_1$，$L_q = L_{mq} + L_1$；

L_{2d}、L_{2q} 为定子、转子间的 d、q 轴电感，$L_{2d} = L_{md} + L_2$，$L_{2q} = L_{mq} + L_2$；

L_1、L_2 分别为定子、转子的电感；

i_f 为永磁体的等效励磁电流（A），当不考虑温度对永磁体性能的影响时，其值为一常数，$i_f = \psi_f/L_{md}$；ψ_f 为永磁体产生的磁链；J 为转动惯量（包括转子转动惯量和负载机械折算过来的转动惯量；R_Ω 为负载转矩；T_L 为阻力系数。

电机的 d、q 轴中各量与三相系统中实际各量间的联系可通过坐标变换实现。如从电机三相实际电流 i_U、i_V、i_W 到 d、q 内坐标系的电流 i_d、i_q，采用功率不变约束的坐标变换（复指数变换）时有：

$$\begin{bmatrix} i_d \\ i_q \\ i_0 \end{bmatrix} = \sqrt{\frac{2}{3}} \begin{bmatrix} \cos\theta & \cos\left(\theta - \frac{2\pi}{3}\right) & \cos\left(\theta + \frac{2\pi}{3}\right) \\ -\sin\theta & -\sin\left(\theta - \frac{2\pi}{3}\right) & -\sin\left(\theta + \frac{2\pi}{3}\right) \\ \sqrt{\frac{1}{2}} & \sqrt{\frac{1}{2}} & \sqrt{\frac{1}{2}} \end{bmatrix} \begin{bmatrix} i_U \\ i_V \\ i_W \end{bmatrix} \qquad (6-14)$$

式中：θ 为电机转子的位置信号，即电机转子磁极轴线（直轴）与定子绕组轴线的夹角（电角度）。i_0 为零轴电流，对三相对称系统，变换后的零轴电流 $i_0 = 0$。

对于绝大多数正弦波调速永磁同步电机，转子上不存在阻尼绕组，因而电机电压、磁铁和电磁转矩方程可以简化。

6.3.3 永磁同步电机的控制策略

1. 永磁同步电机控制方式

通过检测到的定子电压和电流，借助电机转矩和磁链的数学模型计算得到电机的转矩和定子磁链，实现对电机瞬时磁链和转矩的直接控制。该控制策略将电机和变换器作为一个整体，在静止两相坐标系进行控制，省去了坐标旋转变换环节，控制系统结构简单，特

别是提高了系统的动态响应速度。其中电机的定子磁链模型为

$$\psi_{I\alpha} = \int (u_{I\alpha} - R_I \cdot i_{I\alpha}) \cdot dt$$

$$\psi_{I\beta} = \int (u_{I\beta} - R_I \cdot i_{I\beta}) \cdot dt$$

转矩模型

$$T_a = P_u \cdot (i_{I\beta}\psi_{I\alpha} - i_{I\alpha}\psi_{I\beta})$$

在连接转矩控制系统中，根据计算得到的转矩、磁链与给定值的误差进行滞环控制，选取适当的电压空间矢量及其作用时间，不足之处在于低速性能不佳，调速范围不够大，转矩波动较大，其原因在于低速时电机端电压较低，造成定子磁链模型的误差增大，因此这种控制策略仍需进一步完善。

2. 飞轮电池的控制方案

飞轮电池的充电过程就是电机的升速过程。在充电过程中要求系统有尽可能快的速度，对应于这一要求，电机升速可以采用两种变频控制方式：恒转矩控制和恒功率控制。恒转矩控制是以系统能承受的最大转矩为加速转矩，保持系统的加速转矩不变，恒功率控制是以系统能承受的最大功率为加速功率，保持系统的加速功率不变。

设飞轮转子最大转速与最小转速之比为 5∶1，则飞轮电池总储能量的 96％ 能够得到利用。电机由角速度 $\omega/5$ 加速到 ω，按照恒转矩控制方式，电机最大功率与加速时间分别为

$$P_{\max} = T\omega \tag{6-15}$$

$$t_L = \frac{J\omega - J(\omega/5)}{T} = \frac{4J\omega}{5T} \tag{6-16}$$

按照恒功率控制方式，电机功率与加速时间分别为

$$P_2 = T(\omega/5) \tag{6-17}$$

$$t_2 = \frac{\Delta E}{P} = \frac{J\omega^2/2 - J(\omega/5)^2/2}{T(\omega/5)} = \frac{12J\omega}{5T} \tag{6-18}$$

式中：T 为电机电磁转矩；J 为飞轮转轴总转动惯量。

6.3.4　结论

比较式（6-15）与式（6-18）可知，恒功率控制所需的储能时间 t_2 为恒转矩控制 t_L 的 3 倍，而所需要的电机功率为恒转矩控制的 1/2。根据上述分析，飞轮电池的基速取飞轮额定转速的 1/5，当飞轮从零转速开始起动直至加速到基速（$\omega_{\max}/5$）时，采用恒转矩控制方式调速；在 $\omega_{\max}/5$ 至 $\omega_{\max}$ 之间的升速时，采用恒功率控制方式。

6.4　储能的稳定性分析

6.4.1　引言

新设计的磁轴承，对其进行运动稳定性分析将是非常必要的，尤其对电动磁力轴承更是如此。电动磁力轴承由于并不参与静态载荷的支承，它主要是用来当转子由于外界或自

身的原因产生径向偏移时仍能确保转子在预定中心附近稳定回转。当转子中心偏移预定位置时，转子除受到沿偏移方向相反的恢复力外，还受到与偏移方向垂直的切向力的作用，这种切向力将使转子在自转的同时还要产生公转。因此在转子的运动分析时，转子的中心再也不能只停留在 Y 轴上，而应考虑更一般的情况。现将转子的偏移方向设定为任意方向，但径向偏距仍然是 r。下面分析的目的就是要找出转子在什么条件下能确保始终在预定中心附近稳定回转。

6.4.2　飞轮蓄能系统稳定运转

当转子的质心与其几何中心重合，转子的受力构形图如图 6-5 所示。当系统不稳定时要恢复稳定，一是降低导体环回路的电阻 R；二是增加导体环回路的电感 L；最后就是提高转子自转的角速度 ω。因此，随着转子的自转速度的增大，阻尼系数的减小，系统将越来越稳定。

以上分析是当转子的质心与其几何中心重合时的情况。在图 6-6 中，由于制造原因，转子中心与几何中心不可能完全重合。

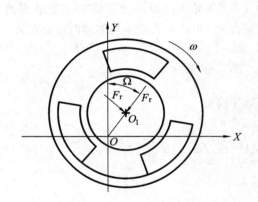
图 6-5　转子的受力构形图

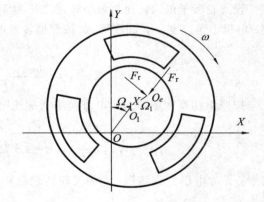
图 6-6　转于质心与几何中心不重合时的构形

几何中心和质心重合与否都不影响系统的稳定性，因而对转子的动平衡没有什么特殊要求。

6.4.3　阻尼系统的设计

要想让电动磁力轴承稳定运转，必须给系统提供适当的阻尼。阻尼系统的结构简图如图 6-7 所示，它的线圈安装在定子上，而永磁体安装在转子上。

在图 6-7 中，当转子作径向偏移时，定子上的线圈将会切割由永磁体产生的磁场的磁力线，从而在线圈上会产生感应电动势

$$\varepsilon =- NBlv \tag{6-19}$$

式中：N 为线圈的匝数；l 为线圈的有效长度；v 为转子的径向偏移速度；B 为线圈的内圆弧附近的磁通密度。

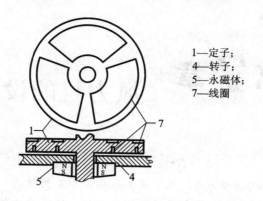

1—定子；
4—转子；
5—永磁体；
7—线圈

图 6 - 7　阻尼系统的结构简图

具有电阻 R' 的线圈所感应的电流是

$$I = \frac{NBlv}{R'} \tag{6-20}$$

由洛伦兹力公式可得作用在线圈上的力为

$$F = \frac{(NBl)^2}{R'}v \tag{6-21}$$

从式（6-21）中容易看出，这种阻尼系统的阻尼应该是

$$C = \frac{(NBl)^2}{R'} \tag{6-22}$$

式（6-22）表明，线圈匝数对阻尼的影响十分显著。

6.4.4　结论

电动磁力轴承的可行性和特性分析，可以从以下几个方面来论述。首先，利用电磁学原理在理论上经过严密的数学推导证实这种轴承是可行的，即只要满足稳定运转条件，系统就能稳定运转；其次，电动磁力轴承要求的材料很容易获得，如两对沿轴向充磁的环形永磁体、普通的线状导线和非磁性材料圆盘（如复合材料圆盘），电动磁力轴承的结构简单，而且电动磁力轴承的转子实际上是绕其质心回转，因而对动平衡的要求大为降低，从而降低了制造要求，也容易安装；除此之外，电磁力实现旋转物体的非接触悬浮的运转，可以更加稳定运转。由此可见，电动磁力轴承不论是从它的机理、磁力分析和运动稳定性分析，还是从它的结构、材料、制造等方面都表明是可行的。

第7章　风力机的设计

📓 **内容摘要**：利用物理原型、数字原型与虚拟原型的概念，基于计算机技术进行风机叶片的设计，利用有限元法的基本原理与分析方法，研究叶片的有限元设计方法，并进行离散化处理。

🖊 **理论教学要求**：理解物理原型、数字原型与虚拟原型的概念，掌握利用计算机技术和有限元法进行风机叶片的设计，并会进行离散化处理。

🖊 **工程教学要求**：掌握叶片设计方法，有条件时参观叶片生产过程。

7.1　风机叶片的设计

虚拟原型技术是在虚拟的逼真环境下，对产品设计信息进行协同仿真验证的有效手段，它可以有效支持并行设计，缩短产品开发周期。在分析了虚拟原型与并行设计的关系后，提出了基于域对象的虚拟原型建模与仿真方法，并阐述了支持虚拟原型的集成框架的关键技术。

面对现代高技术产品的设计复杂性障碍和激烈的市场竞争，产品设计生产部门非常需要能有效地提高产品设计质量、缩短产品研制周期、降低产品开发和生产成本的新技术的支持。

在传统的产品设计与制造过程中，为了验证产品的整体性能，往往采用物理原型（Physical Prototype）方法，但是这种方法生产周期长、成本高。进入90年代后，随着计算机技术和 CIMS 技术的迅猛发展，虚拟原型（Virtual Prototype）方法在产品设计和制造过程中起到越来越大的作用。虚拟原型是根据产品设计信息或产品概念产生的在功能、行为以及感官（视觉、听觉、触觉等）特性方面与实际产品尽可能相似的可仿真数字模型。本文分析了虚拟原型与并行设计的关系，提出了基于域对象的虚拟原型建模与仿真方法，重点阐述了利用计算机进行风力发电风机叶片的设计，并模拟叶片的空气动力学过程。

由于虚拟原型技术对推动并行工程和拟实制造技术的发展有重要意义，国外许多研究机构和软件供应商都很重视研究、开发和应用虚拟原型技术，现已深入到机械、电子、航空、船舶、汽车与通讯等多个领域。

7.1.1　物理原型、数字原型与虚拟原型的概念

原型是一个产品的最初形式，它不必具有最终产品的所有特性，只需具有进行产品某些方面（如形状的、物理的、功能的）测试所需的关键特性。在设计制造任何产品时，都有一个叫"原型机"的环节。所谓原型机，是指对于某一新型号或新设计，在结构上的一个全

功能的物理装置。通过这个装置，设计人员可以检验各部件的设计性能以及部件之间的兼容性，并检查整机的设计性能。产品原型分数字原型和虚拟原型两种。

开发一种新产品，需要考虑诸多因素。例如，在开发一种新型水泵时，其创新性要受到性能、人机工程学、可制造性及可维护性等多方面要求的制约。为了在各个方面作出较好的权衡，往往需要建立一系列小比例（或者是全比例）的产品试验模型，通过重新装配试验模型并进行试验，供设计、工艺、管理和销售等具有不同经验背景的人员进行讨论和校验产品设计的正确性。为了反映真实产品的特性，这种试验模型通常需要花费设计者相当多的时间和经费才能制造出来，甚至还可能影响系统性能的确定和进一步优化，我们通常称这种模型为物理原型或物理原型机。对物理原型机进行评价的来自不同部门的人员不仅希望能看到直观的原型，而且还希望原型最好能够被迅速地、方便地修改，以便能体现出讨论的结果，并为进一步讨论做准备，但这样做要花费大量的时间和经费，有时甚至是不可能的。

图 7-1 是采用虚拟原型的产品并行设计流程示意图。在上游结构功能设计与验证完成后，根据产品功能结构信息、库元件信息及一些经验数据生成产品的虚拟原型。虚拟原型中包含有所需的系统结构行为、结构和物理设计信息。以虚拟原型为基础，并行设计规划综合考虑各种约束，对虚拟原型进行仿真和测试，对物理参数信息进行分析和规划，判断性能指标是否能够满足，设计方案是否合理，并给出产品的工程可实现性评价。如果发现性能指标和各种约束不能满足，则提出相应的修改建议，重新生成虚拟原型或修改设计方案，否则，规划出设计优化约束规则，驱动下游设计。

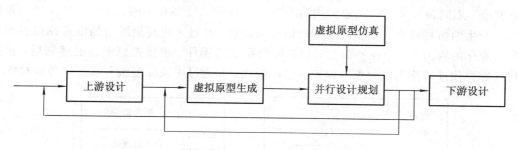

图 7-1　采用虚拟原型的产品并行设计流程示意图

1. 数字原型

数字原型是应用 CAD 实体造型软件和特征建模技术设计的产品模型，是物理原型的一种替换技术。在 CAD 模型的基础上，可进行有限元、运动学和动力学等工程分析，以验证并改善设计结果。这些分析程序可以提供有关产品功能的详细信息，但只有专业人员才能使用。然而，在产品开发的早期阶段，例如在进行概念设计时，往往不需要进行详细的分析，这一阶段所考虑的重点是外观、总体布置以及一些诸如运动约束、可接近性等特征。这样，基于传统 CAD/CAM 的数字原型就不能满足要求了。

2. 虚拟原型

虚拟原型（Virtual Prototyping）是通过构造一个数字化的原型机来完成物理原型机的功能，在虚拟原型上能实现对产品进行几何、功能、制造等方面交互的建模与分析。它是在 CAD 模型的基础上，使虚拟技术与仿真方法相结合，为原型机的建立提供的一种方法。这一定义包括以下各个要点：

（1）对于指定需要虚拟的原型机的功能应当明确定义并仿真。

（2）如果人的行为包含于原型机指定的功能之中，那么人的行为应当被逼真地仿真或者人被包含于仿真回路之中，即要求实现实时的人在回路中的仿真。

（3）如果原型机的指定功能不要求人的行为，那么离线仿真即非实时仿真是可行的。

同时，定义指出，虚拟原型机还有如下要点：首先，它是部分的仿真，不能要求对期望系统的全部功能进行仿真；其次，使用虚拟原型机的仿真缺乏物理水平的真实功能；最后，虚拟原型就是在设计的现阶段，根据已有的细节，通过仿真期望系统的响应来做出必要判断的过程。同物理样机相比，虚拟样机的一个本质的不同点就是能够在设计的最初阶段就构建起来，远远先于设计的定型。

当然，虚拟原型不是用来代替现有的 CAD 技术，而是要在 CAD 数据的基础上进行工作。虚拟原型给所设计的物体提供了附加的功能信息，而产品模型数据库包含完整的、集成的产品模型数据及对产品模型数据的管理，从而为产品开发过程各阶段提供共享的信息。

虚拟原型仿真在域对象的功能基础上进行。其模型在逻辑上是由多个域对象构成的网络，由一个服务器统一管理。参与虚拟原型仿真的用户通过客户结点连接到服务器上，如图 7-2。服务器结点的核心是对象管理器，它通过对一组领域实体对象的管理，集中体现了产品的整体结构信息。客户结点由视图对象、仿真客户代理和协作虚拟原型仿真界面构成。视图对象由对象管理器根据用户的仿真需求动态产生，记录了用户希望得到的信息的内容和形式，其主要作用是配合仿真客户代理，为用户提供所需的产品仿真视图，以减少信息冗余。不同领域设计者关心的内容及认识问题的角度都有不同。仿真客户代理在各领域对象产生的仿真输出结果中查找用户需要的信息，经过一定转换后送到虚拟原型界面上产生可视化的输出。用户在界面上对虚拟原型所加的操作，被虚拟原型界面感知后，也通过仿真客户代理转化为域对象可识别的激励形式，并通过虚拟原型服务器发往各域对象。

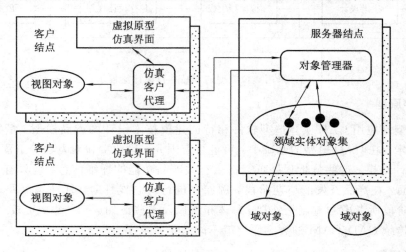

图 7-2　基于域对象的异构建模框架

3. 虚拟原型技术

虚拟原型技术是一种利用数字化的或者虚拟的数字模型来替代昂贵的物理原型，从而大幅度缩短产品开发周期的工程方法。它是物理原型的一种替换技术。

在国外相关文献中，出现过"Virtual Prototype"和"Virtual Prototyping"两种提法。"Virtual Prototype"是指一个基于计算机仿真的原型系统或原型子系统，相比于物理原型机，它在一定程度上达到功能的真实，因此可称为虚拟原型机或虚拟样机。"Virtual Prototyping"是指为了测试和评价一个系统设计的特定性质而使用虚拟样机来替代物理样机的过程，它是构建产品虚拟原型机的行为，可用来探究、检测、论证和确认设计，并通过虚拟现实呈现给开发者、销售者，使用户在虚拟原型机构建过程中与虚拟现实环境进行交互，我们称其为虚拟原型化。虚拟原型化属于虚拟制造过程中的主要部分。而一般情况下简称的 VP 则是泛指以上两个概念。美国国防部将虚拟原型机定义为利用计算机仿真技术建立与物理样机相似的模型，并对该模型进行评估和测试，从而获取关于候选的物理模型设计方案的特性。

开发虚拟原型的目的在于便于用户对产品进行观察、分析和处理。

7.1.2　虚拟原型开发方法的特点

同传统的基于物理原型的设计开发方法相比，虚拟原型开发方法具有以下特点。

首先，它是一种全新的研发模式。虚拟原型技术真正地实现了系统角度的产品优化，它基于并行工程，使得在产品的概念设计阶段可以迅速地分析、比较多种设计方案，确定影响性能的敏感参数，并通过可视化技术设计，预测产品在真实工况下的特征以及所具有的响应，直至获得最优工作性能。

其次，它具有更低的研发成本、更短的研发周期和更高的产品质量。通过计算机技术建立产品的数字化模型，可以克服成本和时间条件的限制，完成无数次物理样机无法进行的虚拟试验，从而无须制造及试验物理样机就可获得最优方案，这样不但克服了成本和时间条件的限制，而且缩短了研发周期，提高了产品质量。

最后，它是实现动态联盟的重要手段。虚拟原型机是一种数字化模型，它通过网络传输产品信息，具有传递快速、反馈及时的特点，进而使动态联盟的活动具有高度的并行性。

7.1.3　风力发电风机叶片研究的意义

风力发电风机叶片开发的基本构思是用计算机完成整个产品开发过程。工程师在计算机上建立产品模型，对模型进行各种分析，然后改进产品设计方案。VPD 通过建立产品的数字模型，用数字化形式来代替传统的实物原型试验，在数字状态下进行产品静态和动态的性能分析，然后再对原设计重新进行组合或者改进。即使对于复杂的产品，也只需要制作一次最终的实物原型，使新产品开发能够一次获得成功。

VPD 是由从事产品设计、分析、仿真、制造以及产品销售和服务等方面的各种人员所组成，他们通过网络通信组建成"虚拟"的产品开发小组，将设计和制造工程师、分析专家、销售人员、供应厂商以及顾客联成一体，不管他们所处何地，都可实现异地协同工作。

VPD 技术的应用过程是用数字形式"虚拟地"创造产品，并在制造实物原型之前对产品的外形、部件组合和功能进行评审，快速地完成新产品开发。由于在 VPD 环境中的产品实际上只是一种数字模型，因此可以对它随时随地进行观察、分析、修改及更新版本，这样使新产品开发所涉及的方面，包括设计、分析以及对产品可制造性、可装配性、易维护性、易销售性等的测试，都能同时相互配合进行。

7.1.4　建立虚拟原型的主要步骤

美国密执安大学（University of Michigan）的虚拟现实实验室曾经在克莱斯勒汽车公司的资助下对建立汽车虚拟原型的过程进行了研究，包括如何从一个产品的 CAD 模型创建虚拟原型以及如何在虚拟环境中使用虚拟原型，同时还开发了人机交互工具、自动算法和数据格式等，结果使创建虚拟原型所需的时间从几周降低到几小时。

建立虚拟原型的主要步骤如下：

（1）从 CAD/CAM 模型中取出几何模型。

（2）镶嵌：用多面体和多边形逼近几何模型。

（3）简化：根据不同要求删去不必要的细节。

（4）虚拟原型编辑：着色、材料特性渲染、光照渲染等。

（5）粘贴特征轮廓，以更好地表达某些细节。

（6）增加周围环境和其他要素的几何模型。

（7）添加操纵功能和性能。

7.1.5　支持虚拟原型的集成框架

实现虚拟原型需要有仿真工具的支持，需要有领域设计工具的支持，也需要有开放的集成框架平台的支持。集成框架集数据库的数据管理能力、网络的通讯能力及过程的控制能力于一体，它不仅能实现分布环境中产品数据的统一管理，还能够很好地实现对虚拟原型的支持。

1．支持虚拟原型的集成框架的结构

支持虚拟原型的集成框架基于 Client/Server 结构，客户和服务器对象间的通讯通过基于 CORBA 的 Client/Server 中间件连接，其结构如图 7-3 所示。

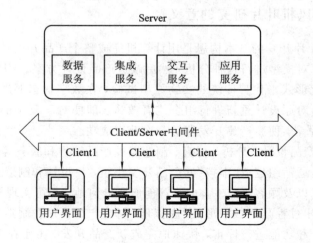

图 7-3　支持虚拟原型的集成框架结构

从软件角度看，它是一种层次结构，上层是用户服务器，反映了虚拟原型系统所支持

的主要功能，用户通过客户端用户界面使用服务方提供的高层次的用户服务，不必关心底层实现结构。每类服务由多个 Agent 构成，Agent 间以灵活的方式通讯和互操作。用户服务分为 4 类：数据服务、集成服务、交互服务、应用服务。

数据服务对领域数据和原型数据进行存储和管理，并负责产生虚拟数据，它使用面向对象方法对数据建模，用数据语言描述虚拟原型。

集成服务支持工具集成和团队集成，包括共享电子记事本，用于多领域设计团队中人的通讯，也包括工具集成和封装机制。

交互服务提供 3D 虚拟环境，支持产品数据的可视化和交互，为用户产生沉浸感。

应用服务管理相对静态的应用(大多为商品化工具)，这些应用为虚拟原型用户执行特定功能。应用服务包括一些与虚拟原型设计验证相关的工具，如虚拟原型生成工具、虚拟原型仿真工具，也包括一些特定的服务，如过程管理、项目管理、工具调度、并行设计规划等。

在上述结构中，数据服务是实现支持虚拟原型的集成框架的核心和难点。

在这些用户服务之下，是底层支持结构，这种底层结构对用户不可见。该结构的主要是支持高层次 Agent 间通讯需求，它包含 3 个层次

(1) 信息共享层：与系统内实体间的高层次通讯需求相关。

(2) 对象管理层：在分布异构计算环境中，对用户和应用隐藏通讯细节。

(3) 高性能计算和通讯网络接口层：分离网络级的底层硬件和通讯与对象管理层及其它高层次 Agent。

2. 数据服务

图 7-4 是基于域对象的虚拟原型数据服务的结构。领域数据库(Discipline Database，DDB)中存放域对象。虚拟原型是对域对象的更高层次封装，是以产品为核心包含多领域信息的完备功能实体，为用户提供一个数字的产品仿真模型。原型数据库(Prototype Database，PDB)存放虚拟原型使用的多领域数据集合，包括所有域对象、域对象之间的关系以及相关的设计数据与虚拟数据等。用户界面一方面通过仿真界面服务器接受用户的仿真操作，并将该操作转化成向虚拟原型提出的仿真请求；另一方面将仿真的结果数据以图形方式显示，以便人机交互。领域数据库和原型数据库分别置于物理上分布的多个 Server 中，各 Client 中仿真界面直接访问

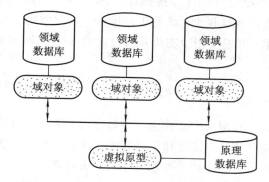

图 7-4　基于域对象的虚拟原型

原型数据库所在的 Server，该 Server 再根据内部的域对象管理机制，向各领域数据库所在的 Server 上的域对象发出服务请求。最后，将服务返回的结果提供给用户界面或视图对象。

领域数据库为虚拟原型提供的数据服务功能主要有以下 4 个方面：域对象的生成与存储；面向仿真的数据服务；与相关领域的数据交换；面向虚拟数据生成的数据服务。原型数据库在数据管理功能上由对象管理器、仿真数据服务器和虚拟数据产生器构成。对象管

理器负责域对象与视图对象的创建、维护和删除工作。仿真数据服务器主要根据界面服务器对用户操作的感知，通过对域对象的访问，为仿真界面提供相应的仿真与数据服务。数据产生器按照一定的规则，结合领域数据库中的设计信息，自动生成虚拟原型中的虚拟数据。

7.1.6 基于计算机技术在风力发电风机叶片设计中的应用

计算机技术在风力发电风机叶片设计系统，在实际工程项目中得到成功应用。系统构建流程是：首先在 3D CAD 系统中（如 UG、Pro/E、SolidWork 等）建立变电柜产品的 CAD 模型；然后将建好的模型通过 STEP 中间转化格式引入到 3DS MAX 中，并进行相应的材质贴图、渲染、动画、优化等操作使虚拟模型更加逼真；通过 3DSMAX 的 VRML97 ExporIer 插件将虚拟模型保存为 VRML 文件；在 VRML 中添加相应的动画事件并优化 VRML 文件，使其便于在网上传输；最后将处理后的模型发布在基于虚拟原型技术的风力发电风机叶片设计系统中供用户使用。

7.1.7 基于计算机技术在风力发电风机叶片设计中的优势

（1）成本低，速度快，节省了制造物理原型的昂贵费用。并且，在计算机上建立虚拟原型的时间远远小于物理原型的制作时间。

（2）有利于设计优化，虚拟原型易于修改，可以利用虚拟原型对各种设计方案进行综合比较，并选出最优设计。

（3）可有效支持并行设计，可以方便地实现上下游并行设计和多专家协同设计。

（4）有利于实现拟实制造，虚拟原型数据可直接用于拟实制造。

虚拟原型是多学科和多领域技术的交叉和集成，除应用专业技术外，还涉及 CAD/CAE、并行工程、虚拟现实、CSCW、逆向工程、人工智能、计算机仿真、分布计算等技术，技术难度很大。我们正以机电一体化的电子设备设计应用为背景，研究虚拟原型的实现技术，开发实用地支持并行设计的虚拟原型环境。

7.2 叶片的有限元设计方法

有限元方法作为一种数学计算方法，自其问世以来，在工程计算领域中起着越来越重要的作用。二维和三维有限元法在工程中得到了广泛应用，本文重点研究基于计算机的有限元分析中的一些基本原理和方法等。

不少工程问题都可用微分方程和相应的边界条件来描述。例如一个长为 l 的螺旋桨风叶叶片在自由端受集中力 F 作用时，其变形挠度 Y 满足的微分方程和边界条件是：

$$\frac{\mathrm{d}^2 y}{\mathrm{d} x^2} = \frac{F}{EI}(l-x) \quad \left(y\big|_{x=0} = 0, \frac{\mathrm{d} y}{\mathrm{d} x}\big|_{x=0} = 0 \right)$$

式中：E 为弹性模量；l 为截面惯量。

由微分方程和相应边界条件构成的定解问题称为微分方程边值问题。除少数几种简单的边值问题可以求出解析解外，一般都只能通过数值方法求解。而有限元法就是一种十分有效的求解微分方程边值问题的数值方法，也是 CAE 软件的核心技术之一。

7.2.1　有限元法的基本原理与分析方法

有限元法(Finile Nletllenl Method，FEM)是一种数值离散化方法。根据变分原理进行数值求解。因此适合于求解结构形状及边界条件比较复杂、材料特性不均匀等力学问题，能够解决几乎所有工程领域中各种边值同题(平衡或定常问题、特征值问题、动态或非定常问题)，如弹性力学、弹塑性与黏弹性、疲劳与断裂分析、动力响应分析、流体力学、传热、电磁场等问题。

有限元法的基本思想是：在对整体结构进行结构分析和受力分析的基础上，对结构加以简化，利用离散化方法把简化后的连续结构看成是由许多有限大小、彼此只在有限个节点处相连接的有限单元的组体；然后，从单元分析入手，先建立每个单元的刚度方程，再通过组合各单元，得到整体结构的平衡方程组(也称总体刚度方程)；最终引入边界条件，并对平衡方程组进行求解，便可得到问题的数值近似解。

用有限元法进行结构分析的步骤是：离散化处理—单元分析—整体分析—引入边界条件求解。

有限元法分为三类。

(1) 位移法。取节点位移作为基本未知量的求解方法。利用位移表示的平衡方程及边界条件先求解位移未知量，然后根据几何方程与物理方程求解应变和应力。

(2) 力法。取节点力作为基本未知量的求解方法。

(3) 混合法。取一部分节点位移、一部分节点力作为基本未知量的求解方法。

其中位移法易于实现计算机自动化计算。

下面以图 7-5 所示的两段截面大小不同的螺旋桨叶片为例来说明有限元法的基本原理和步骤。该梁一端固定，另一端受一轴向载荷作用 $p_3 = 10$ N，已知两段的横截面面积分别为 $A^{(1)} = 2$ cm^2 和 $A^{(2)} = 1$ cm^2，长度为 $L^{(1)} = L^2 = 10$ cm，所用材料的弹性模量 $E^{(1)} = E^{(2)} = 1.96 \times 10^7$ N/cm^2。以下是用有限元法求解这两段轴的应力和应变的过程。

(1) 结构和受力分析。在图 7-5 所示的结构和受力情况均较简单，可直接将此螺旋桨

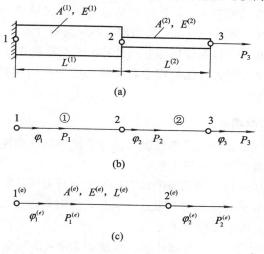

图 7-5　阶梯轴结构及受力分析

风叶叶片简化为由两根杆件组成的结构,一端受集中力 P_3 作用,另一端为固定约束。

(2)离散化处理。将这两根杆分别取为两个单元,单元之间通过节点 2 相连接。这样,整个结构就离散为两个单元、三个节点。由于结构仅受轴向载荷,因此各单元内只有轴向位移。现将三个节点的位移量分别记为 φ_1、φ_2、φ_3。

(3)单元分析。单元分析的目的是建立单元刚度矩阵。现取任一单元 e 进行分析。当单元两端分别受有两个轴向力 $P_1^{(e)}$ 和 $P_2^{(e)}$ 的作用时,如图 7-5(c)所示,它们与两端节点 $1^{(e)}$ 和 $2^{(e)}$ 处的位移量 $\varphi_1^{(e)}$ 和 $\varphi_2^{(e)}$ 之间存在一定的关系。根据材料力学知识可知

$$\begin{cases} P_1^{(e)} = \dfrac{E^{(e)} A^{(e)}}{l^{(e)}} (\varphi_1^{(e)} - \varphi_2^{(e)}) \\ P_{(1)}^{(e)} = \dfrac{E^{(e)} A^{(e)}}{l^{(e)}} (-\varphi_1^{(e)} + \varphi_2^{(e)}) \end{cases}$$

可将式(7-1)写成矩阵形式

$$\begin{pmatrix} P_1 \\ P_2 \end{pmatrix}^{(e)} = \frac{E^{(e)} A^{(e)}}{l^{(e)}} \begin{bmatrix} 1 & -1 \\ -1 & 1 \end{bmatrix} \begin{pmatrix} \varphi_1 \\ \varphi_2 \end{pmatrix}^{(e)}$$

或简记为

$$(P)^{(e)} = [K]^{(e)} (\varphi)^{(e)}$$

式中:$(P)^{(e)}$ 为节点力向量;$(\varphi)^{(e)}$ 为节点位移向量;$[K]^{(e)}$ 为单元刚度矩阵。

单元刚度矩阵可改写为标准形式

$$[K]^{(e)} = \frac{E^{(e)} A^{(e)}}{l^{(e)}} \begin{bmatrix} 1 & -1 \\ -1 & 1 \end{bmatrix} = \begin{bmatrix} \dfrac{EA}{l} & -\dfrac{EA}{l} \\ -\dfrac{EA}{l} & \dfrac{EA}{l} \end{bmatrix} = \begin{bmatrix} k_{11} & k_{12} \\ k_{21} & k_{22} \end{bmatrix}$$

该矩阵中任一元素 k_{ij},都称为单元刚度系数。它表示该单元内节点 j 处单位位移时,在节点 i 处所引起的载荷。利用上述方法,可以进行负载分析。

7.2.2 有限元分析中的离散化处理

由于实际机械结构常常很复杂,即使对结构进行了简化处理,仍然很难用单一的单元来描述。因此,在对机械结构进行有限元分析时,必须选用合适的单元并进行合理的搭配,对连续结构进行离散化处理,以便使所建立的计算力学模型能在工程意义上尽量接近实际结构,提高计算精度。在结构离散化处理中需要解决的主要问题是:单元类型选择、单元划分、单元编号和节点编号。

1. 单元类型选择的原则

在进行有限元分析时,正确选择单元类型对分析结果的正确性和计算精度具有重要的作用。选择单元类型通常应遵循以下原则。

(1)所选单元类型应对结构的几何形状有良好的逼近程度。

(2)要真实地反映分析对象的工作状态,例如,机床基础大件在受力时,弯曲变形很小,可以忽略,这时宜采用平面应力单元。

(3)根据计算精度的要求,并考虑计算工作量的大小,恰当选用线性或高次单元。

2. 单元类型及其特点

1）螺旋桨风叶叶片单元

一般把截面尺寸远小于其轴向尺寸的构件称为杆状构件。杆状构件通常用杆状单元来描述。杆状单元属于一维单元。根据结构形式和受力情况，螺旋桨风叶叶片单元模拟杆状构件时，一般还应分为杆单元和梁单元两种形式。

（1）杆单元有两个节点。每个节点仅有一个轴向自由度，如图 7-6(a)所示，因而它能承受轴向拉压载荷。常见的铰接桁架，通常就使用这种单元来处理。

（2）平面梁单元也只有两个节点。每个节点在图示平面内具有三个自由度，即横向自由度、轴向自由度和转动自由度，如图 7-6(b)所示。该单元可以承受弯矩切向力和轴向力，如机床的主轴、导轨可使用这种单元处理。

（3）空间螺旋桨风叶叶片单元实际上是平面螺旋桨风叶叶片单元向空间的推广。因而单元的每个节点具有六个自由度，如图 7-6（c）所示。当梁截面的高度大于 $\frac{1}{5}$ 长度时，一般要考虑剪切应变对挠度的影响，通常的方法是对梁单元的刚度矩阵进行修正。

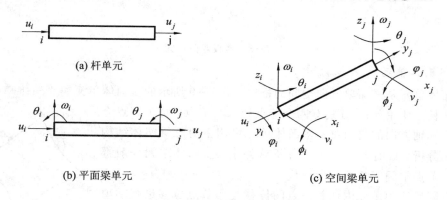

(a) 杆单元

(b) 平面梁单元　　　　　　　　　　(c) 空间梁单元

图 7-6　杆状单元

2）薄板单元

薄板构件一般是指厚度远小于其轮廓尺寸的构件。薄板单元主要用于薄板构件的处理，但对那些可以简化为平面问题的受载结构，也可使用这类单元。这类单元属于二维单元。按其承载能力又可分为平面单元、弯曲单元和薄壳单元三种。

常用的平面单元有三角形单元和矩形单元两种。它们分别有三个节点和四个节点。每个节点有两个平面内的平动自由度，如图 7-7 所示。这类单元不能承受弯曲载荷。

薄板弯曲单元主要承受横向载荷和绕两个水平轴的弯矩，它也有三角形和矩形两种单元形式，分别具有三个节点和四个节点。每个节点都有一个横向自由度和两个转动自由度，如图 7-8 所示。

所谓薄壳单元，实际上是平面单元和薄板弯曲单元的组合。它的每个节点既可承受平面内的作用力，又可承受横向载荷和绕水平轴的弯矩。显然，采用薄板单元来模拟工程中的板壳结构，不仅考虑了板在平面内的承载能力，而且考虑了板的抗弯能力，这是比较接近实际情况的。

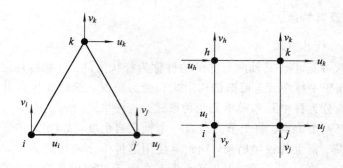

图 7-7　平面单元

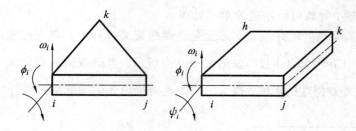

图 7-8　薄板弯曲单元

3）多面体单元

多面体单元是平面单元向空间的推广。图 7-9 所示的多面体单元属于三维单元（四面体单元和长方体单元），分别有四个节点和八个节点。每个节点有三个沿坐标轴方向的自由度。多面体单元可用于对三维实体结构的有限元分析。目前大型有限元分析软件中，多面体单元一般都被 8～21 节点空间等参单元所取代。

在有限元法中单元内任意一点的位移是用节点位移进行插值求得的，其位移插值函数一般称为形函数。如果单元内任一点的坐标值也用同一形函数，按节点坐标进行插值来描述，那么这种单元就称为等参单元。

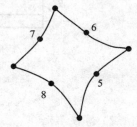

图 7-9　等参单元

等参单元有许多优点。它可用于模拟任意曲线或曲面边界，其分析计算的精度较高。等参单元的类型很多，常见的有平面 4～8 节点空间等参单元和 8～21 节点空间等参单元。

7.2.3　离散化处理

在完成单元类型选择之后，便可对分析模型进行离散化处理，将分析模型划分为有限个单元。单元之间仅在节点上连接，单元之间仅通过节点传递载荷。

在进行离散化处理时，应根据要求的计算精度、计算机硬件性能等决定单元的数量。同时，还应注意下述问题：① 任意一个单元的顶点必须同时是相邻单元的顶点，而不能是相邻单元的内点。图 7-10(a)正确，图 7-10(b)错误。② 尽可能使单元的各边长度相差不要太大。在三角形单元中最好不要出现钝角。图 7-10(c)正确，图 7-10(d)不妥。③ 在结构的不同部位应采用不同大小的单元来划分。重要部位网格密、单元小，次要部位网格稀、单元大。④ 对具有不同厚度或由几种材料组合而成的构件，必须把厚度突变线或不同材料的交界线取为单元的分界线，即同一单元只能包含一个厚度或一种材料常数。⑤ 如果构件受集中载荷作用或承受突变的分布载荷作用，应当把受集中载荷作用的部位或承受突变的分布载荷作用的部位划分得更细，并且在集中载荷作用点或载荷突变处设置节点。⑥ 若结构和载荷都是对称的，则可只取一部分来分析，以减小计算量。

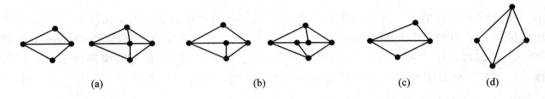

(a)　　　　　　　　(b)　　　　　　　　(c)　　　　(d)

图 7 - 10　离散化处理

7.2.4　单元分析

单元分析的目的是通过对单元的物理特性分析，建立单元的有限元平衡方程。

1. 单元位移插值函数

在完成结构的离散化后，就可以分析单元的特性。为了能用节点位移表示单元体内的位移、应变和应力等，在分析连续体的问题时，就必须对单元内的位移分布作出一定的假设，即假定位移是坐标的某种简单函数。这种函数就称为单元的位移插值函数，简称位移函数。

选择适当的位移插值函数是有限元分析的关键。位移函数应尽可能地逼近实际的位移，以保证计算结果收敛于精确解。位移函数必须具备三个条件：① 位移函数在单元内必须连续，相邻单元之间的位移必须协调。② 位移函数必须包含单元的刚体位移。③ 位移函数必须包含单元的常应变状态。

以图 7 - 11 所示三角形单元为例。节点 i、j、k 的坐标分别为 (x_i, y_i)、(x_j, y_j)、(x_k, y_k)，每个节点有两个位移分量，记为 $(\delta_i) = (u_i v_i)^T$，下标 $i = i、j、k$。单元内任一点 (x, y) 的位移为 $(f) = (uv)^T$。以 $(\delta)^{(e)} = (u_i v_i u_j v_j u_k v_k)^T$ 表示单元节点位移列阵。取线性函数

$$\begin{cases} u = a_1 + a_2 x + a_3 y \\ v = a_4 + a_5 x + a_4 y \end{cases} \tag{7-1}$$

作为单元的位移函数。将边界条件代入后可得

$$\begin{cases} u = N_i^e u_i + N_j^e u_j + N_k^e u_k \\ v = N_i^e v_i + N_j^e v_j + N_k^e v_k \end{cases} \tag{7-2}$$

写成矩阵形式为

$$(f) = \begin{bmatrix} N_i^e & 0 & N_j^e & 0 & N_k^e & 0 \\ 0 & N_i^e & 0 & N_j^e & 0 & N_k^e \end{bmatrix} (\delta)^{(e)} = [N](\delta)^{(e)} \tag{7-3}$$

式中：N 为坐标的函数，仅与单元的形状有关，称为单元位移形状函数，简称形函数。

2. 单元刚度矩阵

单元刚度矩阵由单元类型决定，可用虚功原理或变分原理等导出。前述三角形单元的单元刚度矩阵为

$$[K]^{(e)} = \begin{bmatrix} k_{ii}^e & k_{ij}^e & k_{ik}^e \\ k_{ji}^e & k_{jj}^e & k_{jk}^e \\ k_{ki}^e & k_{kj}^e & k_{kk}^e \end{bmatrix}$$

单元刚度矩阵的每一元素与单元的几何形状和材料特性有关，表示由单位节点位移所引起的节点力分量。单元刚度矩阵具有三个性质：① 对称性，单元刚度矩阵是一个对称阵；② 奇异性，单元刚度矩阵各行(列)的各元素之和为零，因为在无约束条件下单元可作刚体运动；③单元刚度矩阵主对角线上的元素为正值，因为位移方向与力作用方向一致。

3. 单元方程的建立

建立有限元分析单元平衡方程的方法有虚功原理、变分原理等。下面以虚功原理为例来说明建立有限元分析单元方程的基本方法。

图 7-11 所示三节点三角形单元的三个节点 i、j、k 上的节点力分别为 (F_{ix}, F_{iy})、(F_{jx}, F_{jy})、(F_{kx}, F_{ky})。记节点力陈列为 $(F)^{(e)}$。

$$F^{(e)} = (F_{ix} F_{iy} F_{jx} F_{jy} F_{kx} F_{ky})^{\mathrm{T}}$$

设在节点上产生虚位移 $(\delta^e)^{(e)}$，则 $(F)^{(e)}$ 所做的虚功为

$$W^{(e)} = ((\delta^e)^{(e)})^{\mathrm{T}} (F)^{(e)}$$

整个单元体的虚应变能为

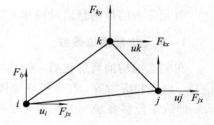

图 7-11　单元的节点力和位移

$$U^{(e)} = \iiint_v (\varepsilon_x^e \sigma_x + \varepsilon_y^e \sigma_y + \gamma_{xy} \tau_{xy}) \mathrm{d}v = \iint (\varepsilon^e)^{\mathrm{T}} (\sigma)^{(e)} t \, \mathrm{d}x \, \mathrm{d}y$$

式中 t 为单元的厚度。

由虚功原理有

$$W^{(e)} = U^{(e)}$$

将 $W^{(e)}$，$U^{(e)}$ 代入，并经整理可得

$$[K]^{(e)} (\delta)^{(e)} = (F)^{(e)}$$

这就是有限元的单元方程。

7.2.5　后置处理

后置处理主要对分析结果进行综合归纳，并进行可视化处理，从分析数据中提炼出设计者最关心的结果，检验和校核产品设计的合理性。后置处理主要包括：对应力和位移排序、求极值，校核应力和位移是否超出极限值或规定值；显示单元，节点的应力分布；动画模拟结构变形过程；显示应力、应变和位移的彩色云图或等值线、等位面、剖切面、矢量图，绘制应力应变陆线等。

7.3　储能飞轮的设计

7.3.1　数字化功能样机

随着虚拟样机技术的不断完善成熟，计算机仿真作为验证和优化产品设计的重要手段，已渗透到产品设计全生命周期的第一步，利用数字化分析技术，对产品模型进行虚拟试验、仿真测试和评估，在改进设计方案的同时，能够极大地提高产品开发效率，降低成本。

虚拟样机技术是应用于仿真设计过程的技术，它用虚拟样机来代替物理样机对设计方案的某方面或综合特性进行仿真测试和评估。虚拟样机（Virtual Prototype，VP）侧重于产品数字化模型的建立，强调充分利用各学科子系统之间的动态交互与协同求解，快速建立一个与产品物理样机具有相似功能的系统或子系统模型来进行基于计算机的仿真，通过模拟测试并不断评估改进产品的设计方案，获得整机的最优性能。

数字化功能样机（Functional Digital Prototype，FDP）对应于产品分析过程，侧重产品系统级的多性能分析与多体系统动态性能的多目标优化，用于仿真评价已装配系统整体上的功能和操作性能，是对一般虚拟样机技术的扩展应用，与产品多学科设计优化的基本思想比较吻合。它强调利用 CAD/CAE 软件系统集成，来实现产品多功能全分析的集成；基于多体系统和有限元理论，解决产品的运动学、动力学、结构、变形、强度、寿命等问题；通过虚拟试验能精确、快捷地预测产品系统整体性能。

7.3.2　多学科设计优化

多学科设计优化（Multidisciplinary Design Optimization，MDO）是一种通过充分探索和利用工程系统中相互作用的协同机制来设计复杂系统和子系统的方法。它通过分解和协调等手段将复杂产品系统分解为与现有工程产品设计组织形式相一致的若干子系统，对产品的特定问题建立合理的优化系统，应用有效的设计优化策略来组织和管理优化设计过程，将单个学科的分析和优化与整个系统中互为耦合的其他学科的分析和优化结合起来，从整个系统的角度优化问题，设计复杂的产品系统，从结构上解决产品设计优化的计算和组织的复杂性难题。多学科设计优化强调产品局部之间的相互作用，注重产品全过程、全性能和全系统的设计分析优化。

多学科设计优化方法必须要融入复杂机械产品的数字化设计流程，与已有的数字化设计方法、先进的仿真技术结合起来，使设计过程形成闭环，才能驱动设计过程的执行，不断的评估改进设计，形成一个自动地、集成地迭代优化设计过程。

分析是设计的基础。通过建模仿真获得产品的功能行为参数，强调对产品全性能多学科的集成数字化分析，该流程利用学科软件的无缝集成，通过模型转换，保证产品结构主模型与其他学科分析模型之间的数据一致性和互操作性。采用统一有限元模型进行多学科并行分析，利用 CAD/CAE 一体化软件来解决大多数的分析问题，大大压缩了整个分析过程的后置处理时间，缩短了产品开发周期。

7.3.3　虚拟样机技术在飞轮储能设计中的应用

1. 飞轮储能是具有独立功能的部件

其功能旨在使其储能与放能，并保证储能与放能的安全效率。在飞轮储能设计领域，虚拟样机技术是指在计算机里应用三维设计软件建立样飞轮储能模型并对之进行一系列的性能模拟仿真。其中虚拟样机（Virtual Prototype，VP）就是利用计算机仿真技术，建立与物理样机相似的模型，通过优化、集成和仿真测试得到关于该样机的性能描述。虚拟样机技术是在数字化设计的背景中得以实现的，它依赖于三维数字模型的准确性和参数化特性，从而可以快速地进行分析仿真，来实现设计方案的优化。它强调数字化的产品模型及其产生过程，将二维图纸表达的设计构思演变成基于三维实体模型的虚拟产品（虚拟样机），建立起数字化设计平台。

2. 飞轮储能模型的建立

首先对已有飞轮储能实物模型的工作原理及结构进行分析，对其主要部件进行测量，然后通过 UG 软件建立各个部件的三维实体模型。准确的物理模型和方便的建模方法是应用虚拟样机技术的关键。在各个部件的建模过程中，主要运用了建立草图（Sketch）、成型特征（Form Feature）、自由形状特征（Free Form Feature）以及钣金特（Sheet Metal Feature）等功能。

飞轮的结构比较复杂，是典型的钣金部件。利用 UG 钣金设计模块创建和制作了飞轮模型。Sheet Metal Feature（钣金特征）菜单中的 General Flange（通用弯边）特征、Sheet Metal Bend（钣金折弯）特征、Sheet Metal Punch（钣金冲压）特征、Sheet Metal Bead（钣金筋槽）、Sheet Metal Bridge（钣金桥接）特征等功能被广泛地运用到了飞轮储能建模中。

飞轮储能模型。应用 UG 软件的参数化建模方法建立各个部件的参数化实体模型，为后续的设计分析、修改模型打下坚实的基础，从而不断提高飞轮的设计水平和质量。飞轮储能的虚拟装配应用 UG 软件的虚拟装配模块建立飞轮储能的虚拟样机模型。完成飞轮的各个部件的虚拟样机模型的建立后，就可以进行虚拟装配了。本书采用自底向上的方法进行虚拟装配，使用配对约束、对齐约束、正交约束、角度约束、平行约束、中心对齐约束、距离约束等约束条件建立配对条件，这样一旦部件的虚拟样机模型改变，产品的虚拟装配模型即飞轮的虚拟样机模型将随着改变，实现了真正意义的参数化设计。

3. 飞轮的虚拟分析

为了方便研究和分析，建立了四个运动分析方案 scenario1、scenario2、scenario3、scenario4。每种分析方案对应着一个装配排列。分析时若发现干涉或间隙过大等问题，可以及时修改虚拟样机模型，然后在进行分析直至满意为止，充分发挥虚拟样机技术的优点，缩短产品开发周期，降低产品开发成本。

第8章　太阳能及其发电技术

📓**内容摘要**：分析太阳能形成原理，介绍太阳能在我国的分布，掌握太阳能发电的原理，了解太阳能发电技术。

🖊**理论教学要求**：掌握太阳能发电的原理和太阳能发电技术。

🖊**工程教学要求**：组装小型或微型太阳发电模型，参观太阳能发电设施。

8.1　太阳和太阳能

从生物角度来讲，万物生长靠太阳。太阳以它灿烂的光芒和巨大的能量给人类以光明，给人类以温暖，给人类以生命。太阳和人类的关系是再密切不过了。没有太阳，便没有白昼；没有太阳，一切生物都将死亡。从能源角度讲，万种能源靠太阳。不论是煤炭、石油、天然气，还是风能和水力，无不直接或间接来自太阳。人类所吃的一切食物，无论是动物性的，还是植物性的，无不有太阳的能量包含在里面。完全可以这样认为：太阳是光和热的源泉，是地球上一切生命现象的根源，没有太阳便没有人类。同时，也可以说，太阳是地球上一切的源泉，是地球上一切能源的根源，没有太阳便没有能源。

8.1.1　太阳的结构和组成

为什么说太阳是地球上一切的源泉，是地球上一切能源的根源，没有太阳便没有能源呢？

按照经典理论，煤、石油是古代生物演变而来的，而生物的生长是离不开太阳的，因此，煤、石油是来源于太阳的。

风能、水能和海洋能，也是来源于太阳。风是因为阳光照射到地球上，在地球上形成温差，导致空气的流动而形成的。阳光照耀在海面、湖面、江面、河面和植物表面上，形成水蒸气，水蒸气在空中形成云，云遇冷凝聚成水滴（大水分子团），变成雨，落到地面，形成海面、湖面、江面、河面，进而有了水能。海洋波浪能、潮汐能也与太阳有关。没有风能，也就没有海洋波浪能；海洋潮汐能与地球、月球、太阳的相对运动相关。

原子能、地热能是地球上的矿物质，在太阳系形成时，就已经与太阳有关了。

太阳大气的结构可分为三个层次：最里层为光球层，中间为色球层，最外面为日冕层，如图8-1所示。

1. 光球层

我们平常所见太阳的那个光芒四射、平滑如镜的圆面，就是光球层。它是太阳大气中最下面的一层，也就是最靠近太阳内部的那一层，厚度为 500 km 左右，仅约占太阳半径的万分之七，非常薄。其温度在 5700 K（热力学温度）左右，太阳的光辉基本上就是从这里发出的。它的压力只有大气压力的 1%，密度仅为水密度的几亿分之一。

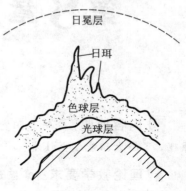

图 8-1 太阳大气结构示意图

2. 色球层

在发生日全食时，在太阳的四周可以看见一个美丽的彩环，那就是太阳的色球层。它位于太阳光球层的上面，是稀疏透明的一层太阳大气，主要由氢、氦、钙等离子构成。其厚度各处不同，平均厚度为 2000 km 左右。色球层的温度比光球层要高，从光球层顶部的 4600 K 到色球层顶部，温度可增加到几万开尔文，但它发出的可见光的总量却不及光球层。

3. 日冕层

在发生日全食时，我们可以看到在太阳的周围有一圈厚度不等的银白色环，这便是日冕层。日冕层是太阳大气的最外层，在它的外面，便是广漠的星际空间。日冕层的形状很不规则，并且经常变化，同色球层没有明显的界限。它的厚度不均匀，但很大，可以延伸到 5×10^6 km～6×10^6 km 的范围。它的组成物质特别稀少，密度只有地球高空大气密度的几百分之一。亮度也很小，仅为光球层亮度的百万分之一。可是它的温度却很高，达到 100 多万开尔文。根据高度的不同，日冕层可分为两个部分：高度在 1.7×10^5 km 以下的范围叫内冕，呈淡黄色，温度在 10^6 K 以上；高度在 1.7×10^5 km 以上的范围叫外冕，呈青白色，温度比内冕略低。

利用太阳光谱分析法，已经初步揭露出了太阳的化学组成。目前在地球上存在的化学元素，大多数在太阳上都能找到。地球上的 100 多种自然元素中，有 66 种已先后在太阳上发现。构成太阳的主要成分是氢和氦。氢的体积占整个太阳体积的 78.4%，氦的体积占整个太阳体积的 19.8%。此外，还有氧、镁、氮、硅、硫、碳、钙、铁、铝、钠、镍、锌、钾、锰、铬、钴、钛、铜、钒等 60 多种元素，但它们所占比重极小。从太阳系形成角度出发，应该说地球上有的东西太阳上都应该有。

太阳是距离地球最近的一颗恒星。地球与太阳的平均距离，最新测定的精度数值为 149 597 892 km，一般可取为 1.5×10^8 km。

太阳的直径为 139 530 km，一般可取为 1.39×10^6 km，相当于九大行星直径总和的 3.4 倍，比地球的直径大 109.3 倍，比月亮的直径大 400 倍。太阳的体积为 1.412×10^{18} km³，为地球体积的 130 万倍。我们肉眼之所以看到太阳和月亮的大小差不多，那是因为月亮同地球的平均距离仅为 384 400 km，不足太阳同地球平均距离的 1/400。

太阳的质量，据推算，约有 1.982×10^{27} t，相当于地球质量的 333 400 倍。

标准状况下，物体的质量同它的体积的比值，称为物体的密度。太阳的密度，是很不均匀的，外部小，内部大，由表及里逐渐增大。太阳的中心密度为 160 g/cm²，为黄金密度的 8 倍，是相当大的，但其外部的密度却极小。就整个太阳来说，它的平均密度为 1.41 g/cm³，约等于水的密度（在 4℃时为 1 g/cm³）的 1.5 倍，比地球物质的平均密度 5.5 g/cm³ 要小得多。

8.1.2　太阳的能量

太阳的内部具有无比的能量，它一刻也不停息地向外发射着巨大的光和热。

太阳是一颗熊熊燃烧着的大火球，它的温度极高。众所周知，水烧到 100℃就会沸腾。炼钢炉里的温度达到 1000℃时，铁块就会熔化成炽热的铁水，如果再继续加热到 2450℃以上，铁水就会变成气体。太阳的温度比炼钢炉里的温度高多了。太阳的表面温度为 5570 K（或 5497℃）。可以说，不论什么东西在那里都将化为气体。太阳内部的温度，那就更高了。天体物理学的理论计算告诉我们，太阳的中心温度高达 $1.5 \times 10^7 \sim 2.0 \times 10^7$ ℃，压力比大气压力高 3000 多亿倍，密度高达 160 g/cm³，这真是一个骇人听闻的高温、高压、高密度的世界。

太阳是耀入人们眼帘中的一颗最明亮的恒星，被人们称为"宇宙的明灯"。骄阳当空，光芒四射，使人不敢正视。对于生活在地球上的人类来说，太阳光是一切自然光源中最明亮的。那么，太阳究竟有多亮呢？据科学家计算，太阳的总亮度大约为 2.5×10^{27} 烛光。这里还要指出，地球周围有一层厚达 100 多千米的大气，它使太阳光大约减弱了 20%，在修正了大气吸收的影响之后，理论上得到的太阳的真实亮度就更大了，大约为 3×10^{27} 烛光。

太阳的温度既然如此之高，太阳的亮度既然如此之大，那么它的辐射能量也一定会是很大的了。平均来说，在地球大气外面正对着太阳 1 m² 的面积上，每分钟接收的太阳能大约为 1367 J。这是一个很重要的数字，叫做太阳常数。这个数字表面上看来似乎不大。但是不能忘记的是，太阳远在地球 1.5×10^8 km 之外，它的能量只有 22 亿分之一到达地球之上，整个太阳每秒钟释放出来的能量是无比巨大的，高达 3.865×10^{26} J，相当于每秒钟燃烧 1.32×10^{16} t 标准煤所发出的能量。

太阳的巨大能量是从太阳的核心由热核反应产生的。太阳核心的结构，可以分为产能核心区、辐射输能区和对流区三个范围广阔的区带，如图 8 - 2 所示。太阳实际上是一座以核能为动力的极其巨大的工厂。氢便是它的燃料。在太阳内部的深处，由于有极高的温度和上面各层的巨大压力，使原子核反应得以不断地进行。这种核反应是氢变为氦的热核聚变反应。1 个氢原子核，经一系列的核反应，变成 1 个氦原子核，其损失的质量便转化成了能量向空间辐射。太阳上不断进行着的这种核反应，就像氢弹爆炸一样，会产生

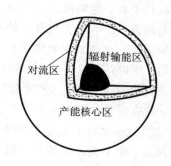

图 8 - 2　太阳内部结构示意图

巨大的能量。其所产生的能量，相当于 1 秒钟内爆炸 910 亿个 10^6 t TNT 级的氢弹，总辐射功率达 3.75×10^{26} W。

8.1.3　地球上的太阳能

1. 太阳能量的传送方式

太阳是地球上的光和热的主要源泉。太阳一刻也不停息地把它巨大的能量源源不断地传送到地球上来。它是如何传送的呢？

热量的传播有传导、对流和辐射三种形式。太阳是以辐射的形式向广阔无垠的宇宙传播它的热量和微粒的。这种传播的过程，就称做太阳辐射。太阳辐射不仅是地球获得热量的根本途径，而且也是对人类和其他一切生物的生存活动以及地球气候变化产生最重要影响的因素。

太阳上发射出来的总辐射能量大约为 $3.75×10^{26}$ T，是极其巨大的。但是其中约有 22 亿分之一到达地球。到达地球范围内的太阳总辐射能源大约为 $1.73×10^{14}$ kJ。其中，被大气吸收的太阳辐射能大约为 $3.97×10^{13}$ kJ，约占到达地球范围内的太阳总辐射能量的23%；被大气分子和尘粒反射回宇宙空间的太阳辐射能大约为 $5.2×10^{13}$ kJ，约占 30%；穿过大气层到达地球表面的太阳辐射能大约为 $8.1×10^{13}$ kJ，约占 47%。在到达地球表面的太阳辐射能中，到达地球陆地表面的辐射能大约为 $1.7×10^{13}$ kJ，大约占到达地球范围内的太阳总辐射能量的 10%。到达地球陆地表面的这 $1.7×10^{13}$ kJ 是个什么数量级呢？形象地说，它相当于整个世界一年内消耗的各种能源所产生的总能量的 3000 多万倍。在陆地表面所接收的这部分太阳辐射能中，被植物吸收的仅占 0.015%，被人们利用作为燃料和食物的仅占 0.002%，已利用的比重微乎其微。可见，利用太阳能的潜力是相当大的，开发利用太阳能为人类服务是大有可为的。

2. 太阳的光谱

太阳是以光辐射的方式把能量输送到地球表面上来的。我们所说的利用太阳能，就是利用太阳光线的能量。那么太阳光的本质是什么，它有哪些特点呢？

现代物理学认为，各种光包括太阳光在内，都是物质的一种存在形式。光既有波动性，又具有粒子性，这叫做光的波粒二象性。一方面，任何种类的光都是某种频率或频率范围内的电磁波，在本质上与普通的无线电波没有什么差别，只不过它的频率比较高，波长比较短罢了。比如太阳光中的白光，它的频率就比厘米波段的无线电波的频率至少要高一万多倍。所以，不管何种光，都可以产生反射、折射、绕射以及相干等波动所具有的现象，因此我们平常又把光叫做"光波"。另一方面，任何物质发出的光，都是由不连续的、运动着的、具有质量和能量的粒子所组成的粒子流。这些粒子极小极小，就是用现代最高倍的电子显微镜也无法看见它们的外貌。这些微观粒子叫做光量子或光子，它们具有特定的频率或波长。单个光子的能量是极小的，是能量的最小单元。但是，即使在最微弱的光线中，光子的数目也非常大。这样，集中起来就可以产生人们能够感觉得到的能量了。科学研究表明，不同频率或波长的光子或光线，具有不同的能量，光子的频率越高能量越大。

我们眼睛所能看见的太阳光，叫可见光，呈白色。但是科学实践证明，它不是单色光，而是由红、橙、黄、绿、青、蓝、紫七种颜色的光所组成的，是一种复色光。每种颜色的光都有自己的频率范围。红色光的波长为 $0.76～0.63$ μm；橙色光为 $0.63～0.60$ μm；黄色光为 $0.60～0.57$ μm；绿色光为 $0.57～0.50$ μm；青色光为 $0.50～0.45$ μm；蓝色光 $0.45～$

0.43 μm；紫色光为 0.43～0.40 μm。通常我们把太阳光中的各色光按频率或波长大小的次序排列而成的光带图，叫做太阳的光谱。

太阳不仅发射可见光，同时还发射许多人眼看不见的光。可见光的波长范围只占整个太阳光谱的一小部分。整个太阳光谱包括紫外区、可见区和红外区三个部分。但其主要部分，即能量很强的骨干部分，是由 0.30～3.00 μm 的波长的光所组成的。其中，波长小于 0.4 μm 的紫外区和波长大于 0.76 μm 的红外区，则是人眼看不见的紫外线和红外线；波长为 0.40～0.76 μm 的可见区，就是我们所看到的白光。在到达地面的太阳光辐射中，紫外区的光线占的比例很小，大约为 6%；主要是可见区和红外区的光线，分别占 50% 和 43%。

太阳光中不同波长的光线具有不同的能量。在地球大气层的外表面具有最大能量的光线，其波长大约为 0.48 μm。但是在地面上，由于大气层的存在，太阳辐射穿过大气层时，紫外线和红外线被大气吸收较多，紫外区和可见区被大气分子和云雾等质点散射较多，所以太阳辐射能随波长的分布情况就比较复杂了。大体情况是：晴朗的白天，太阳在中午前后四五个小时的这段时间，能量最大的光是绿光和黄光部分；而在早晨和晚间这两段时间，能量最大的光则是红光部分。可见，地面上具有最大能量的光线，其波长比大气层外表面具有最大能量的光线的波长要长。

在太阳光谱中，不同波长的光线对物质产生的作用和穿透物体的本领是不同的。紫外线很活跃，它可以产生强烈的化学作用、生物作用和激发荧光等；而红外线则很不活跃，被物体吸收后主要引起热效应；至于可见光，因为它的频率范围较宽，既可起杀菌的生物作用，也可被物体吸收后转变成为热量。植物的生长主要依靠吸收可见光部分，大量的波长短于 0.30 μm 的紫外线对植物是有害的，波长超过 0.8 μm 的红外线仅能提高植物的温度并加速水分的蒸发，而不能引起光化学反应（光合作用）。太阳光线对人体皮肤的作用主要表现为形成红斑和灼伤，这主要是由波长短于 0.38 μm 的紫外线所引起的；而波长为 0.30～0.45 μm 的光线则主要使皮肤表层的脂肪光合成为可防止佝偻病的维生素 D3 并且导致皮肤黝黑。

光的传播速度是非常快的。远在 1.5×10^8 km 之外的太阳辐射光，传播到地面只要短短的 8 分 19 秒。迄今实验得到的最为精确的光速为 299 792.4562 km/s，平常取为 3.0×10^5 km/s。

3. 太阳光谱辐照度及其特点

利用太阳能就是利用太阳光辐射所产生的能量。那么，太阳光辐射能量的大小如何度量，它到达地球表面的量值受哪些因素的影响，有哪些特点呢？这是我们了解太阳能、利用太阳能不可不弄清楚的一个基本问题。

太阳光谱辐照度，是指太阳以辐射形式发射出的投射到地球表面单位面积上的功率。太阳光谱辐照度，可根据不同波长范围的辐射能址及其稳定程度，划分为常定辐射和异常辐射两类。常定辐射包括可见光部分、近紫外线部分和近红外线部分三个波段的辐射，是太阳光辐射的主要部分。它的特点是能量大而且稳定，它的辐射占太阳总辐射能的 90% 左右，受太阳活动的影响很小。表示这种辐照度的物理量叫做太阳常数。异常辐射则包括光辐射中的无线电波部分、紫外线部分和微粒子流部分。它的特点是随着太阳活动的强弱而发生剧烈的变化，在极大期能量很大，在极小期能量则很微弱。

4. 影响到达地球表面的太阳辐射能的因素

由于大气层的存在，真正到达地球表面的太阳辐射能的大小受多种因素影响。一般来说，太阳高度、大气质量、大气透明度、地理纬度、日照时间及海拔高度是影响的主要因素。

（1）太阳高度。太阳高度就是太阳位于地平面以上的高度角。常常用太阳光线和地平线的夹角即入射角 θ 来表示。入射角大，太阳高，辐照度也大；反之，入射角小，太阳低，辐照度也小。

由于地球的大气层对太阳辐射有吸收、反射和散射作用，所以红外线、可见光和紫外线在光射线中所占的比例，也随着太阳高度的变化而变化。当太阳高度为 90° 时，在太阳光谱中，红外线占 50%，可见光占 46%，紫外线占 4%；当太阳高度为 30° 时，红外线占 53%，可见光占 44%，紫外线占 3%；当太阳高度为 5° 时，红外线占 72%，可见光占 28%，紫外线则接近 0。

太阳高度在一天中是不断变化的。早晨日出时最低，θ 为 0°；以后逐渐增加，到正午时最高，θ 为 90°；下午，又逐步减小，到日落时，θ 又降低到 0°。太阳高度在一年中也是不断变化的。这是由于地球不仅在自转，而且又在围绕着太阳公转的缘故。地球自转轴与公转轨道平面不是垂直的，而是始终保持着一定的倾斜度。自转轴与公转轨道平面法线之间的夹角为 23.5°上半年，太阳高度从低纬度到高纬度逐日升高，直到夏至日正午，达到最高点 90°。从此以后，太阳高度则逐日降低，直到冬至日，降低到最低点。这就是一年中夏季炎热、冬季寒冷和一天中正午比早、晚气温高的原因。

对于某一地平面来说，太阳高度低时，光线穿过大气的路程较长，能量衰减的就较多。同时，又由于光线以较小的角度投影到该地平面上，所以到达地平面的能量就较少。反之，则较多。

（2）大气质量。由于大气的存在，太阳辐射能在到达地面之前将受到很大的衰减。这种衰减作用的大小，与太阳辐射穿过大气路程的长短有着密切的关系。太阳光线在大气中经过的路程越长，能量损失得就越多；路程越短，能量损失得越少。通常我们把太阳处于头顶，即太阳垂直照射地面时光线所穿过的大气的路程，称为 1 个大气质量。太阳在其他位置时，大气质量都大于 1。例如，在早晨 8～9 点钟时，大约有 2～3 个大气质量。大气质量越大，说明太阳光线经过大气的路程就越长，受到的衰减就越多，到达地面的能量也就越少。

（3）大气透明度。在大气层上界与光线垂直的平面上，太阳辐照度基本上是一个常数；但是在地球表面上，太阳辐照度却是经常变化的。这主要是由于大气透明程度的不同所引起的。大气透明度是表征大气对于太阳光线透过程度的一个参数。在晴朗无云的天气，大气透明度高，到达地面的太阳辐射能就多些。在天空中云雾很多或风沙灰尘很大时，大气透明度很低，到达地面的太阳辐射能就较少。可见，大气透明度是与天空中云量的多少及大气中所含灰尘等杂质的多少密切相关的。

（4）地理纬度。太阳辐射能量是由低纬度向高纬度逐渐减弱的。这是什么原因呢？我们假定高纬度地区和低纬度地区的大气透明度是相同的，在这样的条件下进行比较，如图

8-3 所示。

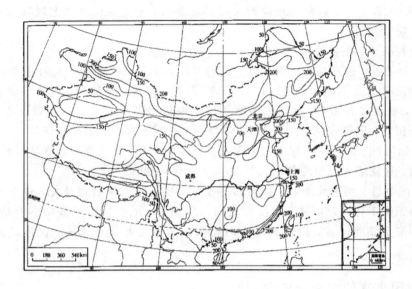

图 8-3　太阳垂直辐射通量与地理纬度的关系

地处高纬度的圣彼得堡(北纬 60°)，每年在 1 cm² 的面积上，只能获得 335 kJ 的热量；而在我国首都北京，由于地处中纬度(北纬 39°57′)，则可得到 586 kJ 的热量；在低纬度的撒哈拉地区，则可得到高达 921 kJ 的热量。正是由于这个原因，赤道附近全年气候炎热，四季一片葱绿；而在北极圈附近，则终年严寒，银装素裹，冰雪覆盖，俨然两个不同的世界。

(5) 日照时间。日照时间也是影响地面太阳辐照度的一个重要因素。如果某地区某日白天有 14 h，若其中阴天时间≥6 h，而出太阳的时间≤8 h，那么，我们就说该地区那一天的日照时间是8 h。日照时间越长，地面所获得的太阳总辐射量就越多。

(6) 海拔高度。海拔越高，大气透明度也越好，太阳的直接辐射量也就越高。

此外，日地距离、地形、地势等，对太阳辐照度也有一定的影响。例如，地球在近日点要比在远日点的平均气温高 4℃。又如，在同一纬度上，盆地要比平川气温高，阳坡要比阴坡气温高。

总之，影响地面太阳辐照度的因素很多，但是某一具体地区的太阳辐照度的大小，则是由上述这些因素的综合结果决定的。

太阳辐射能作为一种能源，与煤炭、石油、核能等比较，有着独具的特点。它的优点可概括为如下四点：

第一，普遍性。阳光普照大地，处处都有太阳能，可以就地利用，不需到处寻找，更不需火车、轮船、汽车等日夜不停地运输。这对解决偏僻边远地区以及交通不便的乡村、海岛的能源供应，具有很大的优越性。

第二，无害性。利用太阳能做能源，没有废渣、废料、废水、废气排出，没有噪声，不产生对人体有害的物质，因而不会污染环境，没有公害。

第三，长久性。只要太阳存在，就有太阳辐射能。因此，利用太阳能做能源，可以说是取之不尽、用之不竭的。

第四，巨大性。一年内到达地面的太阳辐射能的总量，要比地球上现在每年消耗的各种能源的总量大几万倍。

但它也有缺点，主要是：

第一，分散性。也就是能量密度低。晴朗白昼的正午，在垂直于太阳光方向的 1 m² 地面面积上能接收的太阳能，平均只有 1.3 kW 左右。作为一种能源，这样的能量密度是很低的。因此，在实际利用时，往往需要利用一套面积相当大的太阳能收集设备。这就使得设备占地面积大、用料多、结构复杂、成本增高，影响了太阳能的推广应用。

第二，随机性。到达某一地面的太阳直接辐射能，由于受气候、季节等因素的影响，是极不稳定的。这就给大规模地利用太阳能增加了不少困难。

第三，间歇性。到达地面的太阳直接辐射能，随昼夜的交替而变化，使大多数太阳能设备在夜间无法工作。为克服夜间没有太阳直接辐射、散射辐射也很微弱所造成的困难，需要研究和配备储能设备，以便在晴天时把太阳能收集并储存起来，供夜晚或阴雨天时使用。

8.1.4 我国丰富的太阳能资源

我国的疆界，南从西沙群岛的曾母暗沙，北到北纬 52°32′的黑龙江省漠河以北的黑龙江江心，西自东经 73°附近的帕米尔高原，东到东经 135°10′的黑龙江和乌苏里江的汇流处，土地辽阔，幅员广大。我国的国土跨度，从南到北，自西至东，距离都在 5000 km 以上，总面积达 1000 多万平方公里，陆地面积占世界陆地总面积的 7%，居世界第二位。在我国广阔富饶的土地上，有着十分丰富的太阳能资源。全国各地太阳能总辐射量为 334～8400 MJ/(m²·a)，中值为 5852 MJ/(m²·a)。从全国太阳能年总辐射量的分布来看，西藏、青海、新疆、内蒙古南部、山西、陕西北部、河北、山东、辽宁、吉林西部、云南中部和西南部、广东东南部、福建东南部、海南岛东部和西部以及台湾西南部等广大地区的太阳能总辐射量很大。尤其是青藏高原地区最大，这里平均海拔高度在 4000 m 以上，大气层薄而清洁，透明度好，纬度低，日照时间长。例如，被人们称为"日光城"的拉萨市，1961 年至1970 年的太阳年平均日照时间为 3005.7 h，相对日照为 68%，年平均晴天为108.5 d，阴天为 98.8 d，年平均云量为 4.8，太阳能总辐射量为 8160 MJ/(m²·a)，比全国其他省区和同纬度的地区都高。全国以四川和贵州两省的太阳能年总辐射量最小，尤其是四川盆地，那里雨多、雾多、晴天较少。例如，素有"雾都"之称的成都，年平均日照时数仅为 1152.2 h，相对日照为 26%，年平均晴天为 24.7 d，阴天达 244.6 d，年平均云量高达 8.4。其他地区的太阳能年总辐射量居中。

我国太阳能资源分布的主要特点有：太阳能的高值中心和低值中心都处在北纬 22°～35°这一带，其中青藏高原是高值中心，四川盆地是低值中心；太阳能年总辐射量，西部地区高于东部地区，而且除西藏和新疆两个自治区外，基本上是南部低于北部；由于南方多数地区云多、雨多，在北纬 30°～40°地区，太阳能的分布情况与一般的太阳能随纬度变化的规律相反，太阳能不是随着纬度的增加而减少，而是随着纬度的增加而增加。

我国太阳能辐射量分布图如图 8-4 所示。

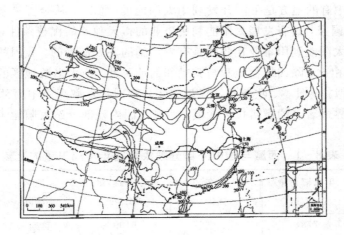

图 8-4　中国太阳能辐射量分布图

　　为了按照各地不同条件更好地利用太阳能，可根据各地接收太阳能总辐射量的多少，将全国划分为如下五类地区：

　　一类地区：全年日照时数为 3200～3300 h，在每平方米面积上一年内接收的太阳能总辐射量为 6680～8400 MJ，相当于 225～285 kg 标准煤燃烧所发出的热量。这一地区主要包括宁夏北部、甘肃北部、新疆南部、青海西部和西藏西部等地，是我国太阳能资源最丰富的地区，与印度和巴基斯坦北部的太阳能资源相当。尤以西藏自治区的太阳能资源最为丰富，其太阳能总辐射量最高值达 8400 MJ/m²，仅次于撒哈拉大沙漠，居世界第二位。

　　二类地区：全年日照数为 3000～3200 h，在每平方米面积上一年内接收的太阳能总辐射量为 5852～6680 MJ，相当于 200～225 kg 标准煤燃烧所发出的热量。这一地区主要包括河北西北部、山西北部、内蒙古南部、宁夏南部、甘肃中部、青海东部、西藏东南部和新疆南部等地，为我国太阳能资源较丰富的地区。

　　三类地区：全年日照时数为 2200～3000 h，在每平方米面积上一年内接收的太阳能总辐射量为 5016～5852 MJ，相当于 170～200 kg 标准煤燃烧所发出的热量。这一地区主要包括山东、河南、河北东南部、山西南部、新疆北部、吉林、辽宁、云南、陕西北部、甘肃东南部、广东南部、福建南部、江苏北部和安徽北部、台湾西南部等地，为我国太阳能资源的中等类型区。

　　四类地区：全年日照时数为 1400～2200 h，在每平方米面积上一年内接收的太阳能总辐射量为 4190～5016 MJ，相当于 140～170 kg 标准煤燃烧所发出的热量。这一地区主要包括湖南、湖北、广西、江西、浙江、福建北部、广东北部、陕西南部、江苏南部、安徽南部以及黑龙江、台湾东北部等地，是我国太阳能资源较贫乏的地区。

　　五类地区：全年日照时数为 1000～1400 h，在每平方米面积上一年内接收的太阳能总辐射量为 3344～4190 MJ，相当于 115～140 kg 标准煤燃烧所发出的热量。这一地区主要包括四川、贵州两省。这里是我国太阳能资源最少的地区。

　　一、二、三类地区，全年日照时数大于 2000 h，太阳能总辐射量高于 5016 MJ/(m²·a)，是我国太阳能资源丰富或较丰富的地区。这三类地区面积较大，约占全国总面积的 2/3 以上，具有利用太阳能的良好条件。四、五类地区，虽然太阳能资源条件较差，但是也有一定的利用价值,其中有的地方是可能开发利用太阳能的。总之,从全国来看,我国是太阳能资源相当丰富的国家,具有发展太阳能利用事业的得天独厚的优越条件,只要我们扎扎实实地努力工作,太阳能利用事业在我国是有着广阔的发展前景的。我国的太阳能资源与同纬度的其他国家相比,除四川盆地和与其毗邻的地区外,绝大多数地区的太阳能资源相当丰富,和美国类似,比日本、欧洲条件优越得多,特别是青藏高原中南部的太阳能资源尤为丰富,接近世界最著名的撒哈拉大沙漠。西藏与国内外部分站太阳能年总辐射量的比较如表 8-1 所示。

表 8-1　西藏与国内外部分站太阳能年总辐射量的比较

地名 国内	年总辐射量 /(MJ/m²)	地名 国内	年总辐射量 /(MJ/m²)	地名 国际	年总辐射量 /(MJ/m²)
拉萨	7784	呼和浩特	6109	莫斯科	3727
那曲	6557	银川	6012	汉堡	3422
昌都	6137	北京	5564	华沙	3516
狮泉河	7808	上海	4672	伦敦	3642
绒布寺	8369	成都	3805	巴黎	4020
哈尔滨	4622	昆明	5271	维也纳	3894
乌鲁木齐	5304	贵阳	3806	威尼斯	4815
格尔木	7005	曾母暗沙	6100	里斯本	6908
武汉	4672	黄岩岛	6050	纽约	4731
广州	4480	太平岛	5960	非洲中部	8374
兰州	5442	钓鱼岛	4300	新加坡	5736

西藏高原由于海拔高,天气洁净,空气干燥,纬度又低,所以太阳能总辐射量大。西藏全区的太阳能年总辐射量多在 6000～8000 MJ/m² 之间,呈自东向西递增式分布。西藏太阳能年总辐射量分布如图 8-5 所示。在西藏东南边缘地区云雨较多,太阳能年总辐射量较少,在 5155 MJ/m² 以下;雅鲁藏布江中游河谷地区,雨较少,多夜雨,太阳能年总辐射量

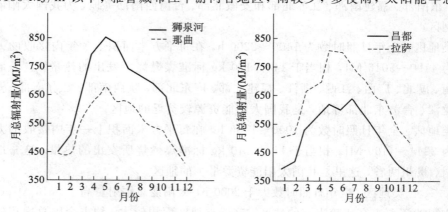

图 8-5　西藏太阳能月总辐射量的年变化曲线

达 6500～8000 MJ/m²。在珠穆朗玛峰北坡海拔 5000 m 的绒布寺，1954 年 4 月至 1960 年 3 月观测的太阳能年平均总辐射量高达 8369.4 MJ/m²。即使是太阳能总辐射量较少的昌都，其年总辐射量也大于内地各地区，与内蒙古中部地区相当。与世界各国太阳能年总辐射量比较，西藏高原也是日照丰富的地区之一。

太阳能总辐射量的年变化曲线呈峰型，月总辐射量一般以 5 月（昌都、林芝、米林、琼结出现在 6～7 月）为最大，月总辐射量均在 500 MJ/m² 以上，雅鲁藏布江中上游、羌塘、阿里高原可达 700 MJ/m² 以上，狮泉河为 853.4 MJ/m²，绒布寺曾达 933.7 MJ/m²。最低值一般出现在 12 月（比如米林、索县、波密、林芝、察隅、改则、普兰出现在 1 月），月总辐射量在 318.5～510.9 MJ/m² 之间。西藏太阳能月总辐射量年变化曲线如图 8-5 所示。

太阳能总辐射量的季节变化，以春、夏季最大，秋、冬季最小。雨季（5～9 月）的太阳能总辐射量约占全年的 46%～49%。

西藏各站太阳能总辐射量的季节变化如表 8-2 所示。西藏高原是我国日照时数的高值中心之一，全年平均日照时数在 1500～3400 h 之间。其地区分布特点是，西部最多，狮泉河的年日照时数为 3417 h，其次是珠穆朗玛峰北坡的定日，年日照时数为 3327 h。年平均日照时数依次向东南地区减少，波密仅 1544 h。

表 8-2　西藏各站太阳能总辐射量的季节变化

地名	年总辐射量 /(MJ/m²)	12 月到次年 2 月		3～5 月		6～8 月		9～11 月	
		辐射量 (MJ/m²)	占全年 /%	辐射量 (MJ/m²)	占全年 /%	辐射量 (MJ/m²)	占全年 /%	辐射量 (MJ/m²)	占全年 /%
狮泉河	7808	1376	17.6	2327	29.8	2275	29.1	1828	23.4
拉萨	7784	1289	19.7	1881	28.7	1845	28.1	1542	23.5
那曲	6557	1194	19.5	1700	27.7	1837	29.9	1404	22/9
昌都	6137	1519	19.5	2181	28.0	2268	29.1	1815	23.3

每天日照时数≥6 h 的年平均天数的分布规律与日照时数基本相同。狮泉河最大，达 330 d，定日为 327 d，察隅最少，仅为 127 d。

日照时数的年变化规律，基本分为两种类型。第一类是双峰型，西藏大部分地区属于这种情况，以雅鲁藏布江河谷中上段及其以南地区最为典型。第二类属三峰型，主要出现在西藏东南部的多雨地区。

关于西藏太阳能资源的具体评述如下：

（1）西藏西部太阳能资源区。本区位于西藏西部，主要包括阿里地区、那曲西部地区、雅鲁藏布江中游西段和上游及江南地区。区内全年日照时数为 2900～3400 h，太阳能年总辐射量高达 7000～8400 MJ/m²，每天日照时数≥6 h 的年平均天数在 275～330 d 之间。

从各月每天日照时数≥6 h 的平均天数来看，最低值出现在阿里地区和聂拉木站的 2 月，在 19～24 d 之间，其他站点出现在 7～8 月，一般为 17～22 d。除浪卡子 8 月（14.2 d）对太阳能的利用稍差外，其他各站全年均可利用太阳能，为西藏太阳能资源 I 类地区。

（2）喜马拉雅山南翼—那曲中东部—昌都太阳能资源区。本区包括亚东、洛扎和措美两县南部地区、错那、加查、朗县西部、工布江达、嘉黎、那曲、安多、聂荣、索县、巴青、边坝、丁青、洛隆、类乌齐、八宿、江达、昌都、贡觉、帕里、察雅、芒康等县。区内太阳能总辐射量为 $6250 \sim 7000$ MJ/$(m^2 \cdot a)$，全年总日时数为 $2250 \sim 2999$ h，全年每天日照时数 $\geqslant 6$ h 的平均天数在 $215 \sim 275$ d 之间。

从太阳能利用时间上看，本区分布不均，洛隆、安多、那曲、丁青、昌都、加查的全年每天日照时数 $\geqslant 6$ 的月平均天数都在 15 d 以上，均可利用。索县 7 月，芒康 8 月，嘉黎 $7 \sim 8$ 月，错那 $7 \sim 8$ 月，类乌齐 6、7、9 月，及亚东、帕里 $6 \sim 9$ 月均在 15 d 以下，其他月份均可利用太阳能，为西藏太阳能资源 Ⅱ 类地区。

（3）西藏东南太阳能资源区。本区主要是指喜马拉雅山南翼部分地区、朗县东部、林芝、比如、波密、易贡到左贡的狭长区域。太阳能年总辐射量在 $5850 \sim 6250$ MJ/m^2 之间，全年日照时数为 $2000 \sim 2250$ h，全年每天日照时数 $\geqslant 6$ h 的平均天数在 $150 \sim 215$ d 之间。

最佳利用时段一般为 6 月到 9 月。左贡 10 月到翌年 6 月为最佳利用时段；林芝利用时段仅 5 个月，即 10 月至次年 1 月、4 月；比如为间断式分布，$4 \sim 6$ 月、8 月、10 月至次年 1 月为最佳利用时段，其他月份不能利用。这一地区为西藏太阳能资源 Ⅲ 类地区。

（4）雅鲁藏布江下游太阳能资源区。本区主要是指雅鲁藏布江下游地区，包括米林、波密南部、墨脱、察隅。区内全年日照时数不足 2000 h，波密仅 1544 h；太阳能年总辐射量在 5850 MJ/m^2 以下，波密仅 5116 MJ/m^2；全年每天日照时数 $\geqslant 6$ h 的平均天数在 $125 \sim 150$ d 之间，每天日照时数 $\geqslant 6$ h 的月平均天数除个别月份（米林 $10 \sim 12$ 月、波密 12 月至次年 1 月、察隅 11 月）外，其他月份均在 15 d 以下。该地区为西藏太阳能资源 Ⅳ 类地区。

8.2　太阳能电池及发电系统

8.2.1　太阳能电池及太阳能电池方阵

1. 太阳能电池及其分类

如前所述，太阳能电池是一种利用光生伏打效应把光能转变为电能的器件，又叫光伏器件。物质吸收光能产生电动势的现象，称为光生伏打效应。这种现象在液体和固体物质中都会发生。但是，只有在固体中，尤其是在半导体中，才有较高的能量转换效率。所以，人们又常把太阳能电池称为半导体太阳能电池。

半导体的主要特点，不仅仅在于其电阻率在数值上与导体和绝缘体不同，而且还在于它的导电性具有如下两个显著的特点：

（1）电阻率的变化受杂质含量的影响极大。例如，硅中只要含有一亿分之一的硼，电阻率就会下降到原来的 1%。如果所含杂质的类型不同，导电类型也不同。

（2）电阻率受光和热等外界条件的影响很大。半导体在温度升高或受到光的照射时，均可使电阻率迅速下降。一些特殊的半导体，在电场和磁场的作用下，电阻率也会发生变化。

半导体材料的种类很多，按其化学成分，可分为元素半导体和化合物半导体；按其是否含杂质，可分为本征半导体和杂质半导体；按其导电类型，可分为 N 型半导体和 P 型半导体；此外，根据其物理特性，还可分为磁性半导体、压电半导体、铁电半导体、有机半导体、玻璃半导体、气敏半导体等。目前获得广泛应用的半导体材料有锗、硅、硒、砷化镓、磷化镓、锑化铟等，其中以锗、硅材料的半导体生产技术最为成熟，应用也最为广泛。

太阳能电池多用半导体材料制造而成，发展至今种类繁多，形式各样。

1）按照结构分类

太阳能电池按照结构的不同可分为如下三类：

（1）同质结太阳能电池。同质结太阳能电池是由同一种半导体材料构成一个或多个 PN 结的太阳能电池，如硅太阳能电池、砷化镓太阳能电池等。

（2）异质结太阳能电池。异质结太阳能电池是用两种不同禁带宽度的半导体材料在相接的界面上构成一个异质 PN 结的太阳能电池，如氧化铟锡/硅太阳能电池、硫化亚铜/硫化镉太阳能电池等。如果两种异质材料的晶格结构相近，界面处的晶格匹配较好，则称其为异质结太阳能电池，如砷化铝镓/砷化镓异质面太阳能电池等。

（3）肖特基结太阳能电池。肖特基结太阳能电池是用金属和半导体接触组成一个"肖特基势垒"的太阳能电池，也叫做 MS 太阳能电池。其原理是基于在一定条件下金属半导体接触可产生整流接触的肖特基效应。目前，这种结构的电池已经发展成为金属-氧化物-半导体太阳能电池，即 MOS 太阳能电池，如铂/硅肖特基结太阳能电池、铝/硅肖特基结太阳能电池等。

2）按材料分类

太阳能电池按照材料的不同可分为如下三类：

（1）硅太阳能电池。这种电池是以硅为基体材料的太阳能电池，如单晶硅太阳能电池、多晶硅太阳能电池、非晶硅太阳能电池等。制作多晶硅太阳能电池的材料，用纯度不太高的太阳级硅即可。而太阳级硅由冶金级硅用简单的工艺就可加工制成。多晶硅材料又有带状硅、铸造硅、薄膜多晶硅等多种。用它们制造的太阳能电池有薄膜和片状两种。

（2）硫化镉太阳能电池。这种电池是以硫化镉单晶或多晶为基体材料的太阳能电池，如硫化亚铜/硫化镉太阳能电池、碲化镉/硫化镉太阳能电池、铜铟硒/硫化镉太阳能电池等。

（3）砷化镓太阳能电池。这种电池是以砷化镓为基体材料的太阳能电池，如同质结砷化镓太阳能电池、异质结砷化镓太阳能电池等。

按照太阳能电池的结构来分类，其物理意义比较明确，因而已被国家采用，作为太阳能电池命名方法的依据。

2. 太阳能电池的工作原理、特性及制造方法

1）太阳能电池的工作原理

太阳能是一种辐射能，它必须借助于能量转换器才能转换成为电能。这种把光能转换成电能的能量转换器，就是太阳能电池。太阳能电池是如何把光能转换成电能的呢？下面以单晶硅太阳能电池为例作一简单介绍。

太阳能电池工作原理的基础是半导体 PN 结的光生伏打效应。所谓光生伏打效应，简言之，就是当物体受到光照时，物体内的电荷分布状态发生变化而产生电动势和电流的一种效应。当太阳光或其他光照射半导体的 PN 结时，就会在 PN 结的两边出现电压，叫做光生电压。这种现象，就是著名的光生伏打效应。该效应使 PN 结短路，就会产生电流。

众所周知，原子是由原子核和电子组成的。原子核带正电，电子带负电。电子就像行星围绕太阳转动一样，按照一定的轨道围绕着原子核旋转。单晶硅的原子是按照一定的规律排列的，硅原子的最外电子壳层中有 4 个电子，如图 8-6 所示。每个原子的外层电子都有固定的位置，并受原子核的约束。它们在外来能量的激发下，如受到太阳光辐射时，就会摆脱原子核的束缚而成为自由电子，同时在它原来的地方留出一个空位，即半导体物理学中所谓的"空穴"。由于电子带负电，空穴就表现为带正电。电子和空穴就是单晶硅中可以运动的电荷。在纯净的硅晶体中，自由电子和空穴的数目是相等的。如果在硅晶体中掺入能够俘获电子的硼、铝、镓或铟等杂质元素，那么就构成了空穴型半导体，简称 P 型半导体。如果在硅晶体中掺入能够释放电子的磷、砷或锑等杂质元素，那么就构成了电子型的半导体，简称 N 型半导体。若把这两种半导体结合在一起，由于电子和空穴的扩散，在交界面处便会形成 PN 结，并在结的两边形成内建电场，又称势垒电场。由于此处的电阻特别高，所以也成为阻挡层。当太阳光照射 PN 结时，在半导体内的原子由于获得了光能而释放电子，同时相应地便产生了电子-空穴对，并在势垒电场的作用下，电子被驱向 N 型区，空穴被驱向 P 型区，从而使 N 型区有过剩的电子，P 型区有过剩的空穴。于是，就在 PN 结的附近形成了与势垒电场方向相反的光生电场，如图 8-7 所示。光生电场的一部分抵消势垒电场，其余部分使 P 型区带正电，N 型区带负电，于是，就使得在 N 型区与 P 型区之间的薄层产生了电动势，即光生伏打电动势，当接通外电路时便有电能输出。这就是 PN 结接触型单晶硅太阳能电池发电的基本原理。若把几十个、数百个太阳能电池单体串联、并联起来，组成太阳能电池组件，在太阳光的照射下，便可获得输出功率相当可观的电能。

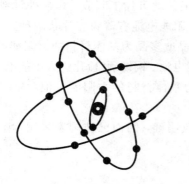

图 8-6　硅原子结构示意图

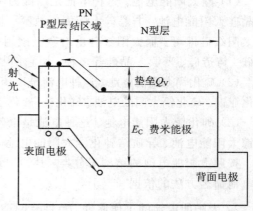

图 8-7　太阳能电池的能级图

　　为了便于读者对上面的介绍加深理解，这里对涉及的几个半导体物理学的术语作一简介。

　　（1）能带。能带是固体量子理论中用来描述晶体中电子状态的一个重要的物理概念。在一个孤立的原子中，电子只能在一些特定的轨道上运动，不同轨道上的电子能量不同。所以，原子中的电子只能取一些特定的能量值，其中每个能量值称为一个能量级。晶体是由大量规则排列的原子组成的，其中各个原子的相同能量的能级，由于相互作用，在晶体中变成了能量略有差异的能级，看上去像一条带子，所以称为能带。原子的外层电子在晶体中处于较高的能带，内层电子则处于较低的能带。能带中的电子已不是围绕着各自的原子核做闭合轨道运动，而是为各原子所共有，在整个晶体中运动。

（2）载流子。载流子是指运载电流的粒子。无论是导体还是半导体，其导电作用都是通过带电粒子在电场的作用下做定向运动（形成电流）来实现的，这种带电粒子，就叫做载流子。导体中的载流子是自由电子。半导体中的载流子有两种，即带负电的电子和带正电的空穴。如果半导体中的电子数目比空穴数目大得多，对导电起重要作用的是电子，则把电子称为多数载流子，空穴称为少数载流子。反之，便把空穴称为多数载流子，电子称为少数载流子。

（3）空穴。空穴是半导体中的一种载流子。它与电子的电量相等，但极性相反。晶体中完全被电子占据的能带叫满带或价带，没有被电子占满的能带叫空带或导带。导带和价带之间的空隙，称为能隙或禁带。如果由于外界作用（例如热、光等），使电子从能量级较低的价带跳到能量级较高的导带中去，就出现了很有趣的效应：这个电子离开后，便在价带中留下一个空位，根据电中性原理，这个空位应带正电，其电量与电子相等，当空位附近的电子移动过来填充这个空位时，就相当于空位向反方向移动。其作用类似于带正电的粒子运动，通常称它为正空穴，简称空穴。所以，在外电场的作用下，半导体中的导电，不仅产生于电子运动，而且也包括空穴运动所做的贡献。

（4）施主。凡掺入纯净半导体中的某种杂质的作用是提供导电电子的，就叫做施主杂质，简称施主。对硅来说，若掺入磷、砷、锑等元素，它们所起的作用就是施主的作用。

（5）受主。凡掺入纯净半导体中的某种杂质的作用是接受电子的或提供空穴的，就叫做受主杂质，简称受主。对硅来说，如掺入硼、镓、铝等元素，它们所起的作用就是受主的作用。

（6）PN 结。在一块半导体晶片上，通过某些工艺过程，使晶片的一部分呈 P 型（空穴导电），另一部分呈 N 型（电子导电），则 P 型和 N 型界面附近的区域，就叫做 PN 结。PN 结具有单向导电性能，是晶体二极管的基本结构，也是许多半导体器件的核心。PN 结的种类很多：按材料分，有同质结和异质结；按杂质分，有突变结和缓变结；按工艺分，有成长结、合金结、扩散结、外延结和注入结等。

2）太阳能电池的基本电学特性

（1）太阳能电池的极性。太阳能电池一般制成 P^+/N 型结构或 N^+/P 型结构，如图 8-8(a)、(b)所示。其中，第一个符号，即 P^+ 和 N^+，表示太阳能电池正面光照层半导体材料的导电类型；第二个符号，即 N 和 P，表示太阳能电池背面衬底半导体材料的导电类型。

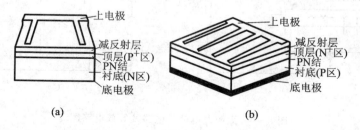

图 8-8　太阳能电池构型图
(a) P^+/N 型太阳能电池结构；(b) N^+/P 型太阳能电池结构

太阳能电池的电性能与制造电池所用的半导体材料的特性有关。在太阳光照射时，太阳能电池输出电压的极性，P 型一侧电极为正，N 型一侧电极为负。

当太阳能电池作为电源与外电路连接时，太阳能电池在正向状态下工作。当太阳能电池与其他电源联合使用时，如果外电源的正极与太阳能电池的 P 电极连接，负极与太阳能电池的 N 电极连接，则外电源向太阳能电池提供正向偏压；如果外电源正极与太阳能电池的 N 电极连接，负极与太阳能电池的 P 电极连接，则外电源向太阳能电池提供反向偏压。

太阳能电池的电流-电压特性。

（2）太阳能电池的电路。太阳能电池的电路以及等效电路如图 8 - 9(a)、(b)所示。其中，R_L 为电池的外负载电阻。当 $R_L = 0$ 时，所测的电流为电池的短路电流 I_{SC}。所谓的短路电流 I_{SC}，就是将太阳能电池置于标准光源的照射下，在输出端短路时，流过太阳能电池两端的电流。测量短路电流的方法是，用内阻小于 1 Ω 的电流表接在太阳能电池的两端。I_{SC} 值与太阳能电池的面积大小有关，面积越大，I_{SC} 值越大。一般来说，1 cm² 太阳能电池的 I_{SC} 值约为 16～30 mA。同一块太阳能电池，其 I_{SC} 值与入射光的辐照度成正比；当环境温度升高时，I_{SC} 值略有上升，一般温度每升高 1℃，I_{SC} 值约上升 78 μA。当 $R_L \rightarrow \infty$ 时，所测得的电压为电池的开路电压 U_{OC}。把太阳能电池置于 100 mV/cm² 的光源照射下，在两端开路时，太阳能电池的输出电压值叫做太阳能电池的开路电压。其值，可用高内阻的直流毫伏计测量。太阳能电池的开路电压与光谱辐照度有关，与电池面积的大小无关。在 100 mV/cm² 的太阳光谱辐照度下，单晶硅太阳能电池的开路电压为 450～600 mV，最高可达 690 mV。当入射光谱辐照度变化时，太阳能电池的开路电压与入射光谱辐照度的对数成正比。环境温度升高时，太阳能电池的开路电压值将下降，一般温度每上升 1℃，U_{OC} 值约下降 2～3 V。I_D（二极管电流）为通过 PN 结的总扩散电流，其方向与 I_{SC} 相反。R_S 为串联电阻，它主要由电池的体电阻、表面电阻、电极导体电阻和电极与硅表面间接触电阻所组成。R_{SH} 为旁漏电阻，它是由硅片边缘不清洁或体内的缺陷引起的。一个理想的太阳能电池，R_S 很小，而 R_{SH} 很大。由于 R_S 和 R_{SH} 是分别串联与并联在电路中的，所以在进行理想电路计算时，它们都可以忽略不计。此时，流过负载的电流 I_L 为

$$I_L = I_{SC} - I_O(e^{\frac{qV}{AKT}} - 1)$$

式中：I_O 是太阳能电池在无光照时的饱和电流，q 为电子电荷，K 为玻尔兹曼常数，A 为二极管曲线因素。

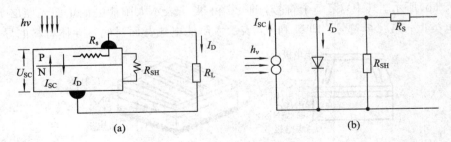

图 8 - 9 　太阳能电池的电路及等效电路图

(a) 光照时太阳能电池的电路图；(b) 光照时太阳能电池的等效电路图

$I_L = 0$ 时，电压 U 为 U_{OC} 可用下式表示：

$$U_{\mathrm{OC}} = \frac{AKT}{q} \ln\left(\frac{I_{\mathrm{SC}}}{I_{\mathrm{O}}} + 1\right)$$

根据以上两式作图，就可以得到太阳能电池的电流-电压的关系曲线。这个曲线，简称为 I-U 曲线或伏-安曲线，如图 8-10 所示。图中，曲线 a 是二极管的伏-安特性曲线，即无光照时太阳能电池的 I-U 曲线；曲线 b 是电池受光照后的 I-U 曲线，它可由无光照时的 I-U 曲线向第Ⅳ象限位移 I_{SC} 量得到。经过坐标变换，最后即可得到常用的光照 I-U 曲线，如图 8-11 所示。

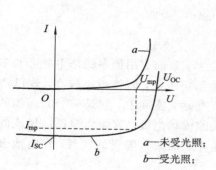

a—未受光照；
b—受光照；

图 8-10　太阳能电池的电流—电压关系曲线

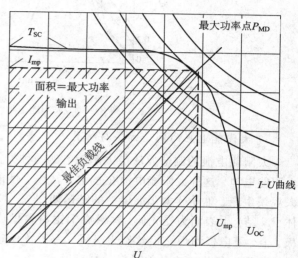

图 8-11　太阳能电池的 I-U 曲线

图 8-11 中，I_{mp} 为最佳负载电流，U_{mp} 为最佳负载电压。在此负载条件下，太阳能电池的输出功率最大。在电流-电压坐标系中，与这一点相对应的负载，称为最佳负载。

评价太阳能电池的输出特性，还有一个重要参数，叫做填充因数（FF）。它与开路电压、短路电流和负载电压、负载电流的关系式为

$$\mathrm{FF} = \frac{U_{\mathrm{mp}} \cdot I_{\mathrm{mp}}}{U_{\mathrm{OC}} \cdot I_{\mathrm{SC}}}$$

（3）太阳能电池的光电转换效率。太阳能电池的光电转换效率用 η 表示，它的含义是太阳能电池的最大输出功率与照射到电池上的入射光的功率之比。

太阳能电池的光电转换效率主要与它的结构、PN 结特性、材料性质、电池的工作温度、放射性粒子辐射损坏和环境变化等因素有关。计算表明，在大气质量为一定值的条件下测试，单晶硅太阳能电池的转换效率可达 25.12%。目前实际制出的常规单晶硅太阳能电池的转换效率一般为 12%～15%，高效单晶硅太阳能电池的转换效率为 18%～20%。

（4）太阳能电池的光谱响应。太阳光谱中，不同波长的光具有不同的能量，所含的光子数目也不相同。因此，太阳能电池接受光照射所产生的光子的数目也就不同。为反映太阳能电池的这一特性，引入了光谱响应这一参量。

太阳能电池在入射光的一种波长的光能作用下所收集到的光电流，与相对于入射到电池表面的该波长的光子数之比，叫做太阳能电池的光谱响应，又称为光谱灵敏度。

太阳能电池的光谱响应与太阳能电池的结构、材料性能、结深、表面光学特性等因素

有关，并且它还随环境温度、电池厚度和辐射损伤而变化。

几种常用的太阳能电池的光谱响应曲线如图 8-12 所示。

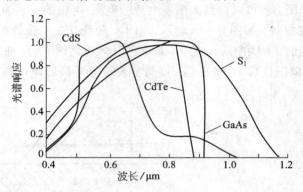

图 8-12　太阳能电池光谱响应曲线

3）太阳能电池的制造方法与种类

太阳能电池的制造发法与太阳能电池的种类很多，目前应用最多的是单晶硅和多晶硅太阳能电池。这种太阳能电池在技术上成熟，性能稳定可靠，转换效率较高，现已产业化大规模生产。单晶硅太阳能电池的结构如图 8-13 所示，实际上，它是一个大面积的半导体 PN 结。上表面为受光面，蒸镀有铝银材料做成的栅状电极；背面为镍锡层做成的底电极。上、下电极均焊接银丝作为引线。为了减少硅片表面对入射光的反射，在电池表面上蒸镀一层二氧化硅或其他材料的减反射膜。

下面简要介绍单晶硅太阳能电池的一般制造方法。

（1）硅片的选择。硅片是制造单晶硅太阳能电池的基本材料，它可以由纯度很高的单晶硅棒切割而成。选择硅片时，要考虑硅材料的导电类型、电阻率、晶向、位错、寿命等。硅片通常加工成方形、长方形、圆形或半圆形，厚度约为 0.25～0.40 mm。

图 8-13　单晶硅太阳能电池结构示意图

（2）表面准备。切好的硅片，表面脏且不平。因此，在制造太阳能电池之前，要先进行表面准备。表面准备一般分为三步：

① 用热浓硫酸做初步化学清洗；

② 在酸性或碱性腐蚀液中腐蚀硅片，每片大约蚀去 30～50 μm 的厚度；

③ 用王水或其他清洗液再进行化学清洗。

在化学清洗腐蚀后，要用高纯度的去离子水冲洗硅片。

（3）扩散制结。PN 结是单晶硅太阳能电池的核心部分。没有 PN 结，便不能产生光电流，也就不称其为太阳能电池了。因此，PN 结的制造是最重要的工序。通常采用高温扩散法制结。以 P 型硅片扩散磷为例，主要扩散步骤为：

① 扩散源的配制。将特纯的五氧化二磷溶于适量的乙醇或去离子水中，摇匀，再稀释即成。

② 涂源。从去离子水中取出经表面准备的硅片，在红外灯下烘干涂源，使其均匀地分散在硅表面，再用红外灯稍微烘干一下，之后即可把硅片放入石英舟内。

③ 扩散。将扩散炉预先升温到扩散温度，大约在 900℃～950℃的温度下，通氮气数分钟。然后，把装有硅片的石英舟推入炉内的石英管中，在炉口预热数分钟，再推入恒温区，经十余分钟的扩散，将石英舟拉至炉口，缓慢冷却数分钟，取出硅片，制结工序即告完成。

（4）除去背结。在高温扩散过程中，硅片的背面也形成 PN 结，必须把背结去掉。去背结时，用黑胶涂敷在硅片的正面上，掩蔽好正面的 PN 结，再把硅片置于腐蚀液中，蚀去背面扩散层，便得到背面平整光亮的硅片，然后，除去黑胶，将硅片洗净烘干后备用。

（5）制作上、下电极。为使电池转换所获得的电能能够输出，必须在电池上制作正、负两个电极。电池光照面上的电极，称做上电极；电池背面的电极，称做下电极。上电极通常制成栅线状，这有利于对产生的电流的搜集，并能使电池有较大的受光面积。下电极布满在电池的背面，以减小电池的串联电阻。制作电极时，把硅片置于真空镀膜机的钟罩内，真空度抽到足够高时，硅片表面会凝结出一层铝薄膜，其厚度可控制在 $30\sim100~\mu m$。然后，再在铝薄膜上蒸镀一层银，厚度约为 $2\sim5~\mu m$。

为了便于电池的组合装配，电极上还需钎焊一层锡-铝-银合金焊料。此外，为得到栅线状的上电极，在蒸镀铝和银时，硅表面需放置一定形状的金属掩膜。上电极栅线密度一般为每平方厘米 4 条，多的可达每平方厘米 10～19 条，最多的可达每平方厘米 60 条。

（6）腐蚀周边。扩散过程中，在硅片的四周表面也有扩散层形成，通常它在腐蚀背结时已去除，所以这道工序可以省略。若钎焊时电池的周边粘有金属，则仍需腐蚀，以除去金属。这道工序对电池的性能影响很大，因为任何微小的局部短路，都会使电池变坏，甚至使之成为废品。腐蚀周边的方法比较简单，只要把硅片的两面涂上黑胶或用其他方法掩蔽好，再放入腐蚀液中腐蚀 30 s 或 1 min 即可。

（7）蒸镀减反射膜。光能在硅表面的反射损失率约为 1/3。为减少硅表面对光的反射，还要用真空镀膜法在硅表面蒸镀一层二氧化硅或二氧化钛或五氧化二钽的减反射膜。其中蒸镀二氧化硅膜的工艺是成熟的，而且制作简便，为目前生产上所常用。减反射膜可提高太阳能电池的光能利用率，增加电池的电量输出。

（8）检验测试。经过上述工序制得的电池，在作为成品电池入库前，均需测试，以检验其质量是否合格。在生产中主要测试的是电池的伏-安特性曲线。从这一曲线可以得知电池的短路电流、开路电压、最大输出功率以及串联电阻等参数。

（9）单晶硅太阳能电池组件的封装。在实际使用中，要把单片太阳能电池串联、并联起来，并密封在透明的外壳中，组装成太阳能电池组件。这种密封成的组件，可防止大气侵蚀，延长电池的使用寿命。把组件再进行串联、并联，便组成了具有一定输出功率的太阳能电池方阵。

上面介绍的仅是一种传统的单晶硅太阳能电池的制造方法。当前，有些工厂根据自己的实际条件也采用了其他一些工艺，但均大同小异。为进一步降低太阳能电池的成本，目前很多工厂已采用不少制作太阳能电池的新工艺、新技术。例如，在电池的表面采用选择性腐蚀,使表面反射率降低;采用丝网印刷化学镀镍或银浆烧结工艺,制备上、下电极;用喷涂法沉积减反射膜,并进而在太阳能电池的制作中免掉使用高真空镀膜机。这些,都可使太阳能电池的工艺成本大大降低,产量大幅度提高。其他如离子注入、激光退火、激光掺杂、分子束外延等新工艺也都已有不同程度的应用。

3. 太阳能电池方阵

1) 太阳能电池方阵的设计和安装

(1) 太阳能电池方阵的设计。单位太阳能电池不能直接作为电源使用。在实际应用时,是按照电性能的要求,将几片或几十片单体太阳能电池串联、并联起来,经过封装,组成一个可以单独作为电源使用的最小单元,即太阳能电池组件。太阳能电池方阵,则是由若干个太阳能电池组件串联、并联而成的阵列。

太阳能电池方阵可分为平板式和聚光式两大类。平板式方阵,只需把一定数量的太阳能电池按照电性能的要求串联、并联起来即可,不需要加装汇聚阳光的装置,结构简单,多用于固定安装的场合。聚光式方阵,加有汇聚阳光的搜集器,通常采用平面反射镜、抛物面反射镜或菲涅尔透镜等装置来聚光,以提高入射光谱的辐照度。聚光式方阵可比相同输出功率的平板式方阵少用一些单体太阳能电池,从而使成本下降,但通常需要装设向日跟踪装置,有了转动部件,就降低了太阳能电池的可靠性。

太阳能电池方阵的设计,一般来说,就是按照用户的要求和负载的用电量及技术条件,计算太阳能电池组件的串联、并联数。串联数由太阳能电池的工作电压决定,应考虑蓄电池的浮充电压、线路损耗以及温度变化对太阳能电池的影响等因素。在太阳能电池组件串联数确定之后,即可按照气象台提供的太阳能总辐射量或年日照时数的 10 年平均值计算,确定太阳能电池组件的并联数。太阳能电池方阵的输出功率与组件的串联、并联是为了获得所需要的电流。关于太阳能电池方阵的具体设计与计算方法,这里从略。一般的设计原则及其整个发电系统设计的关系,前面已有介绍,这就不再重复了。

(2) 太阳能电池方阵的安装。可将平板式地面太阳能电池方阵装在方阵支架上,支架固定在水泥基础上。对于方阵支架和固定支架的水泥基础以及与控制器连接的电缆等的加工与施工,均应按照设计规范进行。对太阳能电池方阵支架的基本要求主要有:

① 应遵循用料省、造价低、坚固耐用、安装方便的原则进行太阳能电池方阵支架的设计和生产制造。

② 光伏电站的太阳能电池方阵支架,可根据应用地区的实际情况和用户要求,设计成地面安装型或屋顶安装型。西藏千瓦级以上的光伏电站,以设计成地面安装型支架为主。

③ 太阳能电池方阵支架应选用钢材或铝合金材料制造,其强度应可承受 10 级大风的吹刮。

④ 太阳能电池方阵支架的金属表面,应镀锌、镀铝或涂防锈漆,以防止生锈腐蚀。

⑤ 在设计太阳能电池方阵支架时,应考虑当地纬度和日照资源等因素。也可设计成能按照季节变化以手动方式调整太阳能电池方阵的向日倾角和方位角的结构,以更充分地接收太阳能辐射能,增加方阵的发电量。

⑥ 太阳能电池方阵支架的连接件,包括组件和支架的连接件、支架与螺栓的连接件以及螺栓与方阵场的连接件,均应用电镀钢材或不锈钢钢材制造。

　　太阳能电池方阵的发电量与其接收的太阳辐射能成正比。为使方阵更有效地接收太阳辐射能，方阵的安装方位和倾角很重要。好的方阵安装方式是跟踪太阳，使方阵表面始终与太阳光垂直，入射角为 0°。其他入射角都将影响方阵对太阳的接收，造成较多的损失。对于固定安装方式来说，损耗总计可高达 8%。比较好的可供参考的电池板方位角 ϕ 为使用地的纬度。一年可调整两次方位角。一般可取：$\phi_{春分}$＝使用地的纬度－11°45′；$\phi_{秋分}$＝使用地的纬度＋11°45′。这样，接收损耗就有可能控制在 2% 以下。方阵斜面取多大角度为好，是一个较复杂的问题。为减小设计误差，设计时应将从气象台获得的水平面上的太阳辐射能换算成方阵斜面上的相应值。换算方法是将方阵斜面接收的太阳辐射能作为使用地的纬度、倾角和太阳赤纬的函数。简单的办法是，把从气象台获得的方阵所在地平均太阳能总辐射量作为计算的 ϕ 值。电池板方位角若采用每年调整两次的方案，则与水平放置方阵相比，太阳能总辐射量增益为 6.5% 左右。

　　2）太阳能电池方阵的使用和维护

　　可以将太阳能电池方阵的使用、维护方法概括为如下 10 条：

　　（1）太阳能电池方阵应安装在周围没有高大建筑物、树木、电杆等遮挡太阳光的处所，以便充分地获得太阳光。我国地处北半球，方阵的采光面应朝南放置，并与太阳光垂直。

　　（2）在太阳能电池方阵的安装和使用中，要轻拿轻放组件，严禁碰撞、敲击、划伤，以免损坏封装玻璃，影响其性能，缩短它的使用寿命。

　　（3）遇有大风、暴雨、冰雹、大雪等情况，应采取措施保护太阳能电池方阵，以免使它受到损坏。

　　（4）太阳能电池方阵的采光面应经常保持清洁，如采光面上落有灰尘或其他污物，应先用清水冲洗，再用干净纱布将水迹轻轻擦干，切勿用硬物擦拭或用腐蚀性溶剂冲洗。

　　（5）在连接太阳能电池方阵的输出端时，要注意正、负极性，切勿接反。

　　（6）对与太阳能电池方阵匹配的蓄电池组，应严格按照蓄电池的使用维护方法使用。

　　（7）对带有向日跟踪装置的太阳能电池方阵，应经常检查维护跟踪装置，以保证其正常工作。

　　（8）对可用手动方式调整角度的太阳能电池方阵，应按照季节的变化调整方阵支架的向日倾角和方位角，以便使它能充分地接收太阳辐射能。

　　（9）太阳能电池方阵的光电参数，在使用中应不定期地按照有关方法进行检测，发现问题，要及时解决，以确保方阵不间断地正常供电。

　　（10）在太阳能电池方阵及其配套设备的周围应加护栏或围墙，以免遭动物侵袭或人为损坏。如果发电设备是安装在高山上的，则应安装避雷器，以防雷击。

8.2.2　太阳能光伏发电

1. 太阳能光伏发电原理与组成

　　太阳光发电是指无需通过热力学过程直接将太阳光能转变成电能的发电方式。它包括光伏发电、光化学发电、光感应发电和光生物发电。光伏发电是利用太阳能电池这种半导体电子器件有效地吸收太阳光辐射能，并使之转变成电能的直接发电方式，是当今太阳光发电的主流。时下，人们通常所说太阳光发电就是指太阳能光伏发电。

由于太阳能光伏发电系统，是利用光生伏打效应制成的，是用太阳能电池将太阳能直接转换成电能的，所以称为太阳能电池发电系统。它由太阳能电池方阵、控制器、蓄电池组、直流-交流逆变器等部分组成，其系统组成如图 8-14 所示。

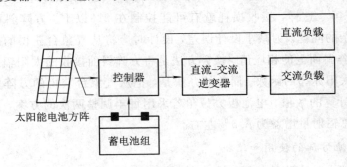

图 8-14　太阳能发电系统示意图

1）太阳能电池方阵

太阳能电池单体是用于光电转换的最小单元，它的尺寸一般为 4 cm² ～100 cm²。太阳能电池单体工作电压为 0.45 V～0.50 V，工作电流为 20 mA/cm² ～25 mA/cm²，一般不能单独作为电源使用。将太阳能电池单体进行串、并联并封装后，就成为太阳能电池组件，其功率一般为几瓦至几十瓦、百余瓦，是可以单独作为电源使用的最小单元。太阳能电池组件再经过串联、并联并装在支架上，就构成了太阳能电池方阵，它可以满足负载所要求的输出功率。太阳能电池的单体、组件和方阵如图 8-15 所示。

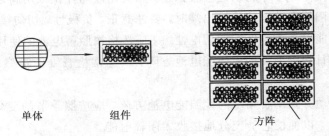

单体　　　　　组件　　　　　　　　方阵

图 8-15　太阳能电池的单体、组件和方阵

（1）硅太阳能电池。常用的太阳能电池主要是硅太阳能电池。晶体硅太阳能电池由一个晶体硅片组成，在晶体硅片的上表面紧密排列着金属栅线，下表面是金属层。硅片本身是 P 型硅，表面扩散层是 N 区，在这两个区的连接处就是所谓的 PN 结。PN 结形成一个电场。太阳能电池的顶部被一层减反射膜所覆盖，以便减少太阳能的反射损失。

光是由光子组成的，而光子是含有一定能量的微粒，能量的大小由光的波长决定。光被晶体硅吸收后，在 PN 结中产生一对对的正、负电荷，由于在 PN 结区域的正、负电荷被分离，于是一个外电流场就产生了，电流从晶体硅片电池的底端经过负载流至电池的顶端。

将一个负载连接在太阳能电池的上、下两表面间时，将有电流流过负载，于是太阳能电池就产生了电流。太阳能电池吸收的光子越多，产生的电流也就越大。

光子的能量由波长决定，低于基能能量的光子不能产生自由电子，1 个高于基能能量的光子也仅产生 1 个自由电子，多余的能量将使电池发热，伴随电能损失的影响将使太阳能电池的效率下降。

（2）硅太阳能电池的种类。目前世界共有三种已经商品化的硅太阳能电池，即单晶硅太阳能电池、多晶硅太阳能电池和非晶硅太阳能电池。由于单晶硅太阳能电池所使用的单晶硅材料与半导体工业所使用的材料具有相同的品质，所以材料成本比较昂贵。多晶硅太阳能电池晶体方向的无规则性，意味着正、负电荷对并不能全部被 PN 结电场所分离。因为电荷对在晶体与晶体之间的边界上可能因晶体的不规则性而损失，所以多晶硅太阳能电池的效率一般要比单晶硅太阳能电池稍低。但多晶硅太阳能电池可用铸造的方法生产，所以它的成本比单晶硅太阳能电池要低。非晶硅太阳能电池属于薄膜电池，造价低廉，但其光电转换效率比较低，稳定性也不如晶体硅太阳能电池，目前多用于弱光性电源，如手表、计算器等的电池。

（3）太阳能电池组件。

① 简介。一个太阳能电池只能产生大约 0.45 V 的电压，远低于实际应用所需要的数值。为了满足实际应用的需要，须把太阳能电池连接成组件。太阳能电池组件包含一定数量的太阳能电池，这些太阳能电池通过导线连接。一个组件上，太阳能电池的标准数量是 36 个或 40 个（10 cm×10 cm），这意味着一个太阳能电池组件大约能产生 16 V 的电压，它正好能为一个额定电压为 12 V 的蓄电池进行有效的充电。

通过导线连接的太阳能电池被密封成的物理单元称为太阳能电池组件。它具有一定的防腐、防风、防雹、防雨等能力，广泛应用于各个领域和系统。当应用领域需要较高的电压和电流而单个太阳能电池组件不能满足要求时，可用多个组件组成太阳能电池方阵，以获得所需要的电压和电流。

② 封装类型。太阳能电池的可靠性在很大程度上取决于其防腐、防风、防雹、防雨等能力，而潜在的质量问题是边沿的密封效果以及组件背面的接线盒质量。

太阳能电池的封装方式主要有以下两种：

a. 双面玻璃密封。太阳能电池组件的正、反两面均是玻璃板，太阳能电池被镶嵌在一层聚合物中。这种密封方式存在的一个主要问题是玻璃板与接线盒之间的连接。这种连接不得不通过玻璃板的边沿，因为在玻璃板上打孔是很昂贵的。

b. 玻璃合金层叠密封。这种组件的前面是玻璃板，背面是一层合金薄片。合金薄片的主要功能是防潮、防污。太阳能电池也是被镶嵌在一层聚合物中的。在这种太阳能电池组件中，电池与接线盒之间可直接用导线连接。

③ 电气特性。太阳能电池组件的电气特性主要是指电流-电压特性，也称为 $I-U$ 曲线，如图 8-16 所示。$I-U$ 曲线显示了通过太阳能电池组件传送的电流 I_m 与电压 U_m 在特定的太阳辐照度下的关系。

如果太阳能电池组件电路短路，即 $U=0$，此时的电流称为短路电流 I_{sc}；如果电路开

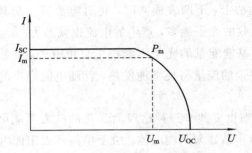

I—电流；
I_S—短路电流；
I_m—最大工作电流；
U—电压；
U_{OC}—开路电压；
U_m—最大工作电压；
P_m—最大功率

图 8-16　太阳能电池的 I-U 特性曲线

路，即 $I=0$，此时的电压称为开路电压 U_{OC}。太阳能电池组件的输出功率等于流经该组件的电流与电压的乘积，即 $P=U\times I$。

当太阳能电池组件的电压上升时，例如，通过增加负载的电阻值或组件的电压从 0（短路条件下）开始增加时，组件的输出功率亦从 0 开始增加，当电压达到一定值时，功率可达到最大。而当电阻值继续增加时，功率将跃过最大点，并逐渐减少至 0，即电压达到开路电压 U_{OC}。组件输出功率达到最大值的点，称为最大功率点；该点所对应的电压，称为最大功率点电压 U_m（又称为最大工作电压）；该点所对应的电流，称为最大功率点电流 I_m（又称为最大工作电流）；该点的功率，称为最大功率 P_m。

随着太阳能电池温度的增加，开路电压减小，大约温度每升高 1℃，每片电池的电压减少 5 V，相当于在最大功率点的典型温度系数为 -0.4%/℃。也就是说，如果太阳能电池温度每升高 1℃，则最大功率减少 0.4%。

④ 性能测试。由于太阳能电池组件的输出功率取决于太阳辐照度、太阳能光谱的分布和太阳能电池的温度，因此太阳能电池组件的测量须在标准条件下（STC）进行，测量条件被"欧洲委员会"定义为 101 号标准，其条件是：

光谱辐照度：1000 W/m²；

光谱：AM 1.5；

电池温度：25℃

在这种条件下，太阳能电池组件所输出的最大功率被称为峰值功率，其单位为瓦。在很多情况下，组件的峰值功率通常用太阳模拟器测定，并和国际认证机构的标准化的太阳能电池进行比较。

在户外测量太阳能电池组件的峰值功率是很困难的，因为太阳能电池组件所接收到的太阳光的实际光谱取决于大气条件及太阳的位置。此外，在测量的过程中，太阳能电池的温度也在不断变化。在户外测量的误差很容易达到 10% 或更大。

⑤ 热斑效应和旁路二极管。在一定条件下，一串联支路中被遮蔽的太阳能电池组件，将被当作负载消耗其他有光照的太阳能电池组件所产生的能量。被遮蔽的太阳能电池组件此时将会发热，这就是热斑效应。这种效应会严重地破坏太阳能电池。有光照的太阳能电池所产生的部分能量或所有的能量，都可能被遮蔽的电池所消耗。为了防止太阳能电池由于热斑效应而遭受破坏，需要在太阳能电池组件的正、负极间并联一个旁路二极管，以避免有光照组件所产生的能量被受遮蔽的组件所消耗。

⑥ 连接盒。连接盒是一个很重要的元件，它的作用是保护电池与外界的交界面及各组件内部连接的导线和其他系统元件。连接盒包含 1 个接线盒和 1 或 2 个旁路二极管。

⑦ 可靠性和使用寿命。考察太阳能电池组件可靠性的最好方式是进行野外测试。但这种测试须经历很长的时间。为能用较低的费用在相似的工作条件下以较短的时间测出太阳能电池的可靠性，一种新型的测试方法正在发展之中，即加速使用寿命的测试方法。这种测试方法主要是依据野外测试和过去所执行的加速测试之间的关联度，并基于理论分析和参照其他电子测量技术以及国际电工技术委员会(IEC)的测试标准而设计的。

在 IEC 规范中描述了一整套可靠性的测试方法。这一规范包含如下测试内容：UV 照明测试，高温暴露测试，高温—高湿测试，框架扭曲度测试，机械强度测试，冰雹测试和温度循环测试。对于太阳能电池发电系统中的太阳能电池组件来说，它的期望使用寿命至少是 20 年。实际的使用寿命决定于太阳能电池组件的结构性能和安装当地的环境条件。

⑧ 特殊应用领域的太阳能电池组件。在某些实际应用领域，需要比峰值功率为 36 W ～55 W 的标准组件更小的太阳能电池组件。为了达到这个目的，太阳能电池组件可以被生产为电池数量相同，但电池的面积比较小的组件。例如，一个由 36 个 5 cm×5 cm 电池封装成的太阳能电池组件，它的输出功率为 20 W，电压为 16 V。

在海洋中应用的太阳能电池组件，应采用特殊的设计方法和工艺，以承受海水和海风的侵蚀。在这样的太阳能电池组件中，它的背面有一块金属板，用以抵抗海啸冲击和海鸥袭击，而且组件中的所有材料都必须有较高的抗腐蚀能力。

在危险地区，太阳能电池组件应采用特殊的外表防护板。此外，太阳能电池组件还要能与其他装备连接为一个统一的整体。

2) 防反充二极管

防反充二极管又称阻塞二极管，其作用是避免由于太阳能电池方阵在阴雨天和夜晚不发电时或出现短路故障时，蓄电池组通过太阳能电池方阵放电。防反充二极管串联在太阳能电池方阵电路中，起单向导通的作用。它必须能承受足够大的电流，而且正向电压降要小，反向饱和电流要小。一般可选用合适的整流二极管作为防反充二极管。

3) 蓄电池组

蓄电池组的作用是储存太阳能电池方阵受光照时所发出的电能，并随时向负载供电。太阳能电池发电系统对所用蓄电池组的基本要求是：自放电率低，使用寿命长，深放电能力强，充电效率高，可以少维护或免维护，温度范围宽，价格低廉。目前我国与太阳能电池发电系统配套使用的蓄电池主要是铅酸蓄电池和镉镍蓄电池。配套 200 A·h 以上的铅酸蓄电池，一般选用固定式或密封免维护型铅酸蓄电池；配套 200 A·h 以下的铅酸蓄电池，一般选用小型密封免维护型铅酸蓄电池。

4) 充放电控制器

充放电控制器是能自动防止蓄电池组过充电和过放电的设备，一般还具有简单的测量功能。蓄电池组经过过充电或过放电后会严重影响其性能和寿命，所以充放电控制器一般是不可缺少的。充放电控制器，按照其开关器件在电路中的位置，可分为串联控制型和分流控制型；按照其控制方式，可分为开关控制(含单路和多路开关控制)型和脉宽调制(YWM)控制(含最大功率跟踪控制)型。开关器件，可以是继电器，也可以是 MOS 晶体管。但脉宽调制(PWM)控制器，只能用 MOS 晶体管作为开关器件。

5) 逆变器

逆变器是将直流电变换成交流电的一种设备。由于太阳能电池和蓄电池发出的是直流电，当应用于交流负载时，逆变器是不可缺少的。按运行方式，逆变器可分为独立运行逆变器和并网逆变器。独立运行逆变器用于独立运行的太阳能电池发电系统，可为独立负载供电；并网逆变器用于并网运行的太阳能电池发电系统，它可将发出的电能馈入电网。逆变器按输出波形又可分为方波逆变器和正弦波逆变器。方波逆变器的电路简单，造价低，但谐波分量大，一般用于几百瓦以下和对谐波要求不高的系统；正弦波逆变器的成本高，但可以适用于各种负载。从长远看，晶体管正弦波（或准正弦波）逆变器将成为太阳能发电用逆变器的发展主流。

6) 测量设备

对于小型太阳能电池发电系统来说，一般情况下只需要进行简单的测量，如测量蓄电池电压和充、放电电流，这时，测量所用的电压表和电流表一般就装在控制器上。对于太阳能通信电源系统、管道阴极保护系统等工业电源系统和大型太阳能光伏电站，则往往要求对更多的参数进行测量，如测量太阳辐射能，环境温度，充、放电电量等，有时甚至要求具有远程数据传输、数据打印和遥控功能。为了进行这种较为复杂的测量，就必须为太阳能电池发电系统配备数据采集系统和微机监控系统了。

2. 太阳能光伏发电系统的分类

光伏发电系统，即太阳能电池应用系统，一般分为独立运行系统和并网运行系统两大类。独立运行系统如图 8-17(a) 所示，它由太阳能电池方阵、储能装置、直流-交流逆变装置、控制装置与连接装置等组成。并网运行系统如图 8-17(b) 所示。

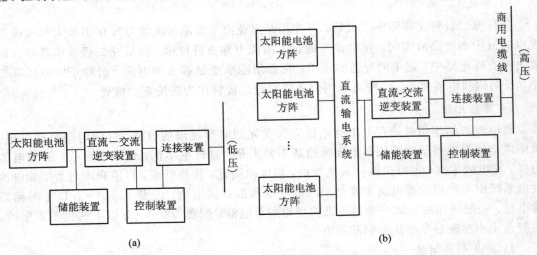

图 8-17　光伏系统的构成
(a) 独立运行系统；(b) 并网运行(集中式)系统

所谓独立运行光伏发电系统，是指与电力系统不发生任何关系的闭台系统。它通常用做便携式设备的电源，向远离现有电网的地区或设备供电，以及用于任何不与电网发生联系的供电场合。独立运行系统的构成，因其用途和设备场所环境的不同而异。图 8-18 示出了独立运行系统的构成分类。

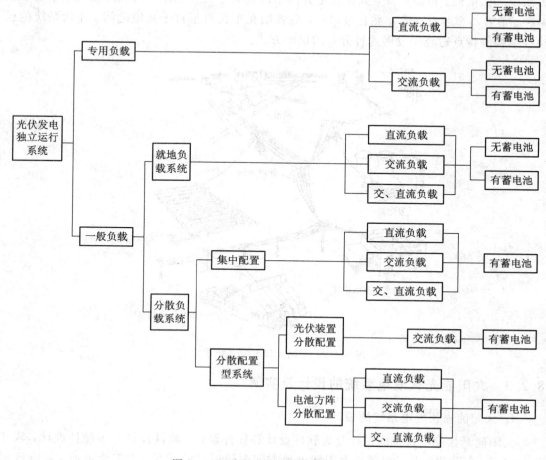

图 8 - 18　独立运行光伏发电系统分类

1）带专用负载的光伏发电系统

带专用负载的光伏发电系统可能是仅仅按照其负载的要求来构成和设计的。因此，输出功率为直流，或者为任意频率的交流，是较为适用的。这种系统，使用变频调速运行在技术上可行。如在电机负载的情况下，由变频启动可以抑制冲激电流，同时可使变频器小型化。

2）带一般负载的光伏发电系统

带一般负载的光伏发电系统是以某个范围内不特定的负载作为对象的供电系统。作为负载，通常是电器产品，以工频运行比较方便。如是直流负载，可以省掉逆变器。当然，实际情况可能是交流、直流负载都有。一般要配有蓄电池储能装置，以便把太阳能电池板白天发的电储存在蓄电池里，供夜间或阴雨天时使用。如果负载仅为农用机械，也可以不用设置蓄电池。一般负载可用光伏发电系统，还可以分为就地负载系统和分离负载系统。前者作为边远地区的家庭或某些设备的电源，是一种在使用场地就地发电和用电的系统。而后者则需要设置小规模的配电线路，以便对光伏电站所在地以外的负载也能供电。对于这种系统构成，可以设置一个集中型的光电场，以便于管理。如果建造集中型的光电场在用地上有困难，也可以沿配电线路分散设置多个单元光电场。

图 8 - 19 所示的并网运行光伏发电系统实际上与其他类型的发电站一样，可为整个电

力系统提供电能。由图可知，光伏发电并网系统有集中光伏电站并网和屋顶光伏系统联网两种。前者功率容量通常在兆瓦级以上，后者则在千瓦级至百千瓦级之间。光伏系统的模块性结构等特点适合于发展这种分布的供电方式。

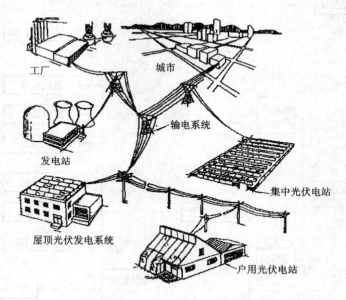

图 8-19 并网光伏发电系统示意图

8.2.3 太阳能光伏发电系统的设计及实例

1. 太阳能光伏发电系统的设计

太阳能光伏发电系统的设计分为软件设计和硬件设计，软件设计先于硬件设计。软件设计包括：负载用电量的计算，太阳能电池方阵面辐射量的计算，太阳能电池、蓄电池用量的计算和二者之间相互匹配的优化设计，太阳能电池方阵安装倾角的计算，系统运行情况的预测和系统经济效益的分析等。硬件设计包括：负载的选型及必要的设计，太阳能电池和蓄电池的选型，太阳能电池支架的设计，逆变器的选型和设计，以及控制、测量系统的选型和设计。对于大型太阳能光伏发电系统，还要有光伏电池方阵场的设计、防雷接地的设计、配电系统的设计以及辅助或备用电源的选型和设计。由于软件设计牵涉复杂的太阳辐射量、安装倾角以及系统优化的设计计算，一般是由计算机来完成的。在要求不太严格的情况下，也可以采取估算的办法。

太阳能电池发电系统设计的总原则是：在保证满足负载供电需要的前提下，确定使用最少的太阳能电池组件功率和蓄电池容量，以尽量减少初期投资。系统设计者应当知道，在光伏发电系统设计过程中做出的每个决定都会影响造价。由于不适当的选择，可轻易地使系统的投资成倍地增加，而且未必见得能满足使用要求。在决定要建立一个独立的太阳能光伏发电系统之后，可按下述步骤进行设计：计算负荷，确定蓄电池的容量，确定太阳能电池方阵容量，选择控制器和逆变器，考虑混合发电的问题等。

在设计计算中，需要的基本数据有：现场的地理位置，包括地点、纬度、经度和海拔等；安装地点的气象资料，包括逐月的太阳能总辐射的直接辐射量及散射辐射量，年平均气温和最高、最低气温，最长连续阴雨天数，最大风速及冰雹、降雪等特殊气象情况。气象资料一般无法作出长期预测，只能以过去 10 年到 20 年的平均值作为依据，但是很少有独立光伏发电系统是建在太阳辐射数据资料齐全的城市的，而且偏远地区的太阳辐射数据可能并不类似于附近的城市。因此只能采用邻近某个城市的气象资料或类似地区气象观测站所记录的数据进行类推。在类推时要把握好可能导致的偏差因素。要知道，太阳能资源的估算会直接影响到光伏发电系统的性能和造价。

1）负载计算

对于负载的估算，是独立光伏发电系统设计和定价的关键因素之一。通常须列出所有负载的名称、功率要求、额定工作电压和每天用电时间。对于交流和直流负载都要同样列出，功率因数在交流功率计算中不要考虑。然后，将负载分类和按工作电压分组，计算每一组的总的功率要求。接着，选定系统工作电压，计算整个系统在这一电压下所要求的平均安培·小时（A·h）数，也就是算出所有负载的每天平均耗电量之和。关于系统电压的选择，经常是选最大功率负载所要求的电压。在以交流负载为主的系统中，直流系统电压应当考虑与选用的逆变器输入电压相适应。通常，独立运行的太阳能光伏发电系统，其交流负载工作在 220 V，直流负载工作在 12 V 的倍数，即 12 V、24 V 或 48 V 等。从理论上说，负载的确定是直截了当的，而实际上负载的要求却往往并不确定。例如，家用电器所要求的功率可从制造厂商的资料上得知，但对它们的工作时间却并不知道，每天、每周和每月的使用时间很可能估算过高，其累计的效果会导致光伏发电系统的设计、容量和造价上升。实际上，某些较大功率的负载可安排在不同的时间内使用。在严格的设计中，我们必须掌握独立光伏发电系统的负载特性，即每天 24 h 中不同时间的负载功率，特别是对于集中供电系统，了解用电规律后即可适时地加以控制。

2）蓄电池容量的确定

系统中蓄电池容量最佳值的确定，必须综合考虑太阳能电池方阵电量、负荷容量及逆变器的效率等。蓄电池容量的计算方法有多种，一般可通过式（8-1）算出：

$$C = \frac{D \times F \times P_0}{U \times L \times K_a} \tag{8-1}$$

式中：C 为蓄电池容量（kW·h）；D 为最长无日照期间用电时数（h）；F 为蓄电池放电效率的修正系数（通常取 1.05）；P_0 为平均负荷容量（kW）；L 为蓄电池的维修保养率（通常取 0.8）；U 为蓄电池的放电深度（通常取 0.8）；K_a 为包括逆变器等交流回路的损耗率（通常取 0.7～0.8）。如用通常情况所取用的系数，上式可简化为

$$C = 3.75 \times D \times P_0 \tag{8-2}$$

这就是根据平均负荷容量和最长连续无日照时的用电时间计算出蓄电池容量的简便计算公式。

3）太阳能电池的功率确定及方阵设置

（1）求平均峰值日照时数 T_m。将太阳能电池倾斜方阵上历年逐月平均太阳总辐射量用单位 MW·h/cm² 表示，除以标准日太阳辐照度，即可求出平均峰值日照时数 T_m

$$T_m = \frac{I_t \text{ MW} \cdot \text{h} \cdot \text{cm}^{-2}}{100 \text{ MW} \cdot \text{cm}^{-2}} \tag{8-3}$$

（2）确定方阵最佳电流。方阵应输出的最小电流为

$$I_{min} = \frac{Q}{T_m \cdot \eta_1 \cdot \eta_2 \cdot \eta_3} \tag{8-4}$$

式中：Q 为负载每天总耗电量；η_1 为蓄电池充电效率；η_2 为方阵表面由于尘污遮蔽或老化引起的修正系数，通常可取 0.9～0.95；η_3 为方阵组合损失和对最大功率点偏离的修正系数，通常可取 0.9～0.95。

由方阵上各月中最小的太阳能总辐射量可算出各月中最小的峰值时数 $T_{\min}$，则方阵应输出的最大电流为

$$I_{\max} = \frac{Q}{T_{\min} \cdot \eta_1 \cdot \eta_2 \cdot \eta_3} \tag{8-5}$$

方阵的最佳电流值介于 $I_{\min}$ 和 $I_{\max}$ 之间，具体数值可用试验方法确定，方法是先选定一电流值，按月求出方阵的输出发电量，对蓄电池全年的荷电状态进行试验。方阵输出发电量可根据式（8-6）计算：

$$Q_{出} = \frac{I \cdot N \cdot I_t \cdot \eta_1 \cdot \eta_2 \cdot \eta_3}{100 \ \text{mW} \cdot \text{cm}^{-2}} \tag{8-6}$$

式中，N 为当月天数。而各月负载耗电为

$$Q_{负} = N \cdot Q \tag{8-7}$$

若 $\Delta Q = Q_{出} - Q_{负}$ 为正，表示该月方阵发电量大于用电量，能给蓄电池充电；若 ΔQ 为负，表示该月方阵发电量小于耗电量，要用蓄电池储存的电能来补充，蓄电池处于亏损状态。如果蓄电池全年荷电状态低于原定的放电深度（一般不大于 5），则应增加方阵输出电流；如果荷电状态始终大大高于放电深度允许值，则可减少方阵输出电流。当然，也可以增加或减少蓄电池容量。若有必要，还可以改变方阵倾角的值，以得出最佳的方阵电流。

（3）确定方阵工作电压。方阵的输出工作电压应足够大，以保证全年能有效地对蓄电池充电。因此，方阵在任何季节的工作电压须满足

$$U = U_f + U_d + U_t \tag{8-8}$$

式中：U_f 为蓄电池浮充电压；U_d 为因阻塞二极管和线路直流损耗引起的压降；U_t 为因温度升高引起的压降。我们知道，厂商出售的太阳能电池组件所标出的标称工作电压和输出功率最大值（W_m），都是在标准状态下测试的结果。由太阳能电池的温度特性曲线可知，当温度升高时，其工作电压有较明显的下降，可用式（8-9）计算因温度升高而引起的压降 U_t。

$$U_t = \alpha(T_{\max} - 25)U_\alpha \tag{8-9}$$

式中：α 是太阳能电池的温度系数，对单晶硅和多晶硅电池来说，$\alpha = 0.005$，对非晶硅电池来说，$\alpha = 0.003$；$T_{\max}$ 为太阳能电池的最高工作温度；U_α 为太阳能电池的标称工作电压。

（4）确定方阵功率。方阵功率为

$$F = I_{最佳} \times U_{最佳}$$

这样，只要根据算出的蓄电池容量，太阳能电池方阵的电流、电压及功率，参照厂商提供的蓄电池和太阳能电池组件性能参数，就可以选取合适的组件型号和规格了。由此还可以很容易地确定构成方阵的组件的串联数和并联数。

光伏发电太阳能电池方阵对于荫蔽十分敏感。在串联回路中，单个组件或部分电池被遮光，就可能造成该组件或电池上产生反向电压。因为受其他串联组件的驱动，电流被迫通过遮光区域，产生不希望有的加热，严重时可能对组件造成永久性的损坏。采用一个二极管来旁路可以解决这个问题。

在选购太阳能电池组件时，如果用来按一定方式串联、并联构成方阵，设计者或使用

者应向厂方提出,所有组件的 I-U 特性曲线须有良好的一致性,以免方阵的组合效率过低。一般应要求光伏组件的组合效率大于 95%。

对于方阵设置的方位角和倾角,设计者和使用者也应有基本了解。位于北半球的我国,方阵的方位应按正南向设置。但是,只要在正南±20°之内,方阵的输出功率将不会降低很多。如果出于某种考虑,方阵不是正南设置,那应尽可能偏西南 2°以内,这意味着方阵输出峰值将在中午过后的某时,这样做可以有利于冬季使用。方阵设置非正南方向时,其功率输出大致按照余弦函数减少。关于方阵的倾斜角问题,对于小型光伏发电系统来说,一般都采用按当地纬度的整数倍设置。如果要考虑增大冬季发电量的需求,方阵倾角可适当比当地纬度加大一些,一般可取 $\phi = 5° \sim 15°$。

2. 太阳能电池板入射能量的计算

设计安装太阳能光伏发电系统时,必须掌握当地的太阳能资源情况。设计计算时所需要的基本数据有:

(1) 现场的地理位置,包括地点、纬度、经度、海拔等;

(2) 安装地点的气象资料,包括逐月太阳能总辐射量、直接辐射量及散射量(或日照百分比)、年平均气温、最长连续阴雨天数、最大风速及冰雹、降雪等特殊气象情况。

根据这些资料一般无法作出长期预测,只能以过去 10~20 年观察到的平均值作为依据。如前所述,几乎没有一个独立运行的太阳能光伏发电系统是建在太阳辐射数据资料齐全的城市的,且偏远地区的太阳辐射数据可能并不类似于最邻近的城市。因此,只能采用邻近城市的气象资料或类似地区气象观测站所记录的数据类推,而且类推时要把握好可能偏差的因素。如果对太阳能资源的估算失误,就会直接影响到独立光伏发电系统的性能和造价。

从气象部门得到的资料一般只有水平面上的太阳辐射量,要设法换算到倾斜面上的辐射量。下面我们给出常用的计算方法。

射向太阳能电池方阵的入射能量,包括直接辐射、散射辐射和地面反射三部分。设水平面全天太阳能总入射量为 I_H,它由直接辐射量 I_{HO} 和水平面散射量 I_{HS} 组成。那么,射向与地平面成倾斜角 θ 设置的太阳能电池板倾斜面的太阳总辐射量 I_t,可由式(8-10)计算得到:

$$I_t \approx I_{HO}[\cos\theta + \sin\theta \cdot \coth\theta \cdot \cos(\varphi - \phi)]$$
$$+ I_{HO} \cdot \frac{1 + \cos\theta}{2} + \rho I_H \frac{1 - \cos\theta}{2} \qquad (8-10)$$

式中的各个角度的关系如图 8-20 所示。式(8-10)右边第一项是直射分量,第二项是散射分量,第三项是地面的反射分量。ρ 为地面反射率,不同地表状态的反射率可由表 8-3 或有关书籍中查到。工程计算中,取 ρ 的平均值为 0.2,有冰雪覆盖地面时取 0.7。

表 8-3　不同性质地表的地面反射率

地表状态	地面反射率	地表状态	地面反射率
沙漠	0.24~0.28	湿砂地	0.9
干裸地	0.10~20	干草地	0.15~25
湿裸地	0.8	湿草地	0.14~26
干黑土	0.14	新雪	0.81
湿黑土	0.8	残雪	0.46~0.70
干砂地	0.18	冰面	0.69

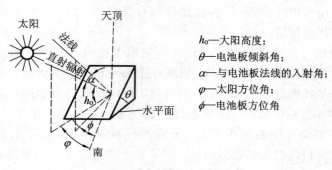

图 8-20 有关日射的各种角度关系

3. 光伏电站系统工程设计案例

西藏那曲地区双湖光伏电站工程是由原国家计委及电力工业部批准的我国无水力资源无电县的电力建设项目。此项目由中国节能投资公司投资，并由西藏工业电力厅于 1993 年 2 月在北京主持招标投标，中国科学院电工研究所参与竞争，中标承建。

在 1993 年 5 月签订了工程承包合同以后，双湖光伏电站工程建设组人员赴现场进行了现场勘察设计，于 1993 年底前完成了技术施工设计上作。该电站 1994 年 11 月 7 顺利建成发电。在双湖供电线路改造工程及用户灯具改装工作完成之后，于 1995 年 6 月 20 日正式向用户供电。这是当时我国最大的太阳能光伏电站，也是世界上 5000 m 以上高海拔地区最大的太阳能光伏电站。1995 年 9 月 22 日，在西藏自治区计委的组织下，由有关部门和专家共同组成的太阳能光伏电站工程验收委员会对双湖 25 kW 光伏电站进行了验收。与会领导和专家一致认为：双湖 25 kW 光伏电站的技术设计指标、设备性能、土建工程质量均达到合同的要求，且认定该项工程为优良工程。1995 年 12 月项目通过了专家委员会的技术鉴定。这个项目荣获 1997 年中国科学院科技进步二等奖。

双湖 25 kW 光伏电站的系统工程设计和建设，为我国用太阳能光伏发电技术解决无电县、无电乡的供电问题做出了贡献，并积累了宝贵的经验。这里较为详实地作一介绍，以供有关专业科技人员参阅。

1）双湖光伏电站设计的基本指导思想

双湖光伏电站是西藏用太阳能光伏发电技术解决无电县县城供电问题的七个光伏电站之一，是那曲地区第一座用招标形式建设的无电县光伏电站。它既有示范的作用，又有研究试验的意义。在进行电站技术设计时，明确了下述的基本原则为设计指导思想。

（1）强化可靠性设计，以保证电站建设的运行质量。要正确处理技术设计的先进性和实用性之间的关系。各部分的设计都从藏北高原的特殊地理和自然条件出发，着眼于双湖极其困难的交能、通信状况，始终把可靠性放在第一位，选择最成熟、最有把握的技术路线。在采用具有试验研究意义的先进技术的同时，有成熟的常规技术做后盾，有后备的应急线路设计，各部分设计均留有充分的余量，有防护性互锁及多种保护措施，使设备在任何情况下都不会出现恶性事故，以保证电站的正常运行。

（2）以发展的眼光，作长远的计划，即在设计时充分考虑到将来电站扩容的需要。在线路设计、设备容量和土建工程等方面，尽可能按扩容的情况考虑设计，做到一次设计、一次施工，尽量减少将来扩容时的工作量，降低扩容费用。

（3）由于工程经费的原因，限制了光伏电站的容量规模，增加了技术设计难度。因此，在总体设计中要认真考虑提高系统效率的问题，以降低系统造价。根据当地情况，充分利用已有的基础和条件，作实事求是的设计考虑。另外，在光伏电站建设的同时，就考虑节电的措施，以满足双湖地区最低负荷的供电需求，力求取得最大的技术经济效益。

（4）双湖特别行政区是光伏电站的用户和受益者，也是光伏电站的运行、维护和管理单位，因此在设计中要认真听取地方的意见，充分考虑地方用户部门的利益和要求。

2）双湖特别行政区的地理概况及基本气象资料

双湖位于藏北那曲地区西北的羌塘高原，平均海拔 5000 m 以上，总面积 12 万平方公里，其中 96％的土地被荒漠和高山草甸覆盖，属于纯牧业县。全区共有 7 个乡镇，总人口8000 多人，其中藏族占 98％。

双湖境内有野牛、野驴、羚羊、狗熊等多种野生动物，是我国最大的羌塘野生动物自然保护区的主要地域。在 1976 年以前，双湖是真正的无人区，后经有组织的移民、开发，才发展到这样的规模。1992 年年人均收入 900 多元，位居那曲地区前列。双湖特别行政区政府几经搬迁，才落址现在的位置。光伏电站的地理坐标为东经 89°，北纬 33.5°，海拔高度 5100 m，距地区行署所在地那曲约 900 km，离最近的铁路线青海格尔木站 1600 km，当时仅有一条简易的公路与外界相通。该区城镇人口约 2000 人，共计 400 多户。

双湖的气候具有明显的高原特性，干旱、少雨，风、沙、雪、雹等自然灾害频繁。年平均温度仅 2.1℃，最低气温达−40℃，6 月份仍有降雪天气，采暖期长达 10 个月以上。平均风速 4.5 m/s，最大风速 28 m/s。7 月份为雨季，阴雨天气较多。双湖的太阳能资源极为丰富，年日照时数高达 3000 h，太阳能总辐射量在 7000 MJ/m² 以上，且总辐射量全年分布较均衡，季节差值较小，非常适宜应用太阳能光伏发电技术。1993 年 6 月 11 日在双湖实地测得的太阳辐射强度数值见表 8−4。

表 8−4　双湖太阳辐射强度（1993 年 6 月 11 日）

时间	辐射强度/$(W \cdot m^{-2})$	时间	辐射强度/$(W \cdot m^{-2})$
9：00	910	13：00	1150
9：30	990	14：00	1150
10：00	1030	15：00	1150
10：30	1070	16：00	1130
11：00	1100	17：00	1130
11：30	1120	18：00	1080
12：00	1130	19：00	830

3）双湖城镇 1993 年供、用电负荷实况及 1995 年负荷预测

经实地调查了解，双湖所在地 1993 年的用电负荷情况是：照明灯具总数 389 个，包括居民住房、学校、医院、商店、银行、办公室、招待所等的灯具，其中 14 盏为 40 W 日光灯，其余全部是 100W 白炽灯泡。有电视机 58 台，收录机 118 台。当时尚无洗衣机、电冰箱等其他家用电器。公共用电主要是电视台用电约 1 kW，大功率的医疗设备一般不用。光伏电站建成前，当地由柴油发电机组供电，另外邮局自建 2 kW 光伏电站独立使用。当时双湖有 3 台柴油发电机，其中一台 50 kV·A 的已完全报废，一台 120 kV·A 的因故障已停机待修多年。正在使用的是一台 1983 生产的 50 kV·A 柴油发电机，每天晚间发电 4 h，

主要供照明及看电视之用。由于用电负荷大且高原缺氧，柴油机发电效率低，其最大实测输出功率不到 30 kV·A。

根据光伏电站主要用于解决照明及看电视等生活用电，同时兼顾公共用电的原则，当时曾对双湖光伏电站 1995 年的负荷和用电量进行了预测。预测是以 1993 年负荷情况为基础，考虑一定的增长比例来计算的，同时拟将照明灯具全部采用 20 W 高效节能灯。双湖城镇 1993 年用电负荷实况及 1995 年光伏电站用电负荷预测情况详见表 8-5。

表 8-5 双湖城镇 1993 年用电负荷买况及 1995 年用电负荷预测值

	1993 年负荷实况			1995 年负荷实况				日用电时间/h	日用电量 /(kW·h)	
	数量/台 /只	功率 /W	总功率 /%	增加比例 /%	数量/台 /只	功率 /W	总功率 /kW		1992 年	1995 年
灯具	389	100	38.9	30	506	20	10.1	3	116.7	30.3
电视机	58	65	3.77	40	81	65	5.27	4	15.1	21.1
收录机	118	30	3.54	50	177	30	5.31	2	7.1	10.6
电视台	1		1				1.5	4	4	6
医院			0				3	2	0	6
其他			0				4	3	0	12
合计			47.26				29.2		142.9	86

从表 8-5 可以看出，由于采用高效节能灯具，光伏电站的照明用电负荷大幅度降低，预计 1995 年总负荷功率为 29.2 kW，平均每天用电量 86.0 kW·h。预测值与光伏电站建成后实际负荷情况基本符合。

4）双湖光伏电站的技术及工程设计

（1）总体技术方案及基本工作原理。根据双湖的特殊情况以及当地用电负荷预测，双湖光伏电站宜建成一个独立运行的光伏发电系统，配以适当容量的柴油发电机组作为后备电源，以在应急情况下启用。电站由太阳能电池阵列、储能蓄电池组、直流控制系统、逆变器、整流充电系统、柴油发电机组、供电用电线路及相关的房屋土建设施组成。按照给定的要求及条件，根据电站设计的基本原则和指导思想，经优化设计和计算，电站各部分的主要性能参数如下：

太阳能电池标称功率   25 kW

储能蓄电池组   300 V/1600 A·h

逆变器   30 kV·A 380 V，50 Hz 三相正弦波输出

直流控制系统   容量 60 kW，30 分路输入控制

交流配电系统   180 kV·A，220 V/380 V 三相四线两路输出

整流充电系统   75 kW，直流 300～500V 可调

柴油发电机组   50 kW（或 120 kW）

光伏发电系统的总体构成方框图见图 8-21。

光伏电站的基本工作原理是：在晴朗天气条件下，太阳光照射到太阳能电池阵列上，由太阳能电池这种半导体器件把太阳光的能量转变为电能，通过直流控制系统给蓄电池组充电。需要用电时，蓄电池组通过直流控制系统向逆变器送电。逆变器将直流电转换成通

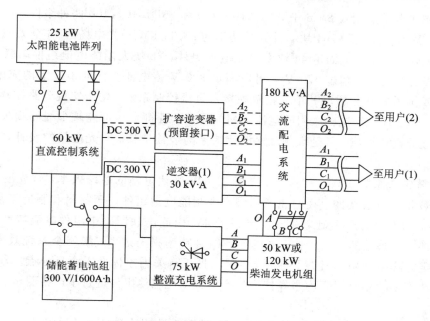

图 8-21 　双湖光伏电站系统构成方框图

常频率和电压的交流电，再经交流配电系统和输电线路，将交流电送到用户家中给负载供电。当蓄电池组放电过度或因其他原因而导致电压过低时，可启动后备柴油发电机组，经整流充电设备给蓄电池组充电，保证系统经由逆变器正常供电。在系统无法用逆变器供电的情况下，如出现逆变器损坏、线路及设备的故障和进行检修等，柴油发电机组作为应急电源可以通过交流配电系统和输送电线路直接给用户供电。

在总体技术方案设计中，充分考虑到将来扩容的需要和保证可靠性的要求，各部分的性能参数都留有充分的余量。直流控制系统、交流配电系统及配电线路都是两路工作设计，留有输出/输入接口，以便接入第二套逆变器。这样，在将来扩容时，只需要增加太阳能电池和蓄电池的容量，接上第二台逆变器即可供电。

（2）太阳能电池阵列。太阳能电池是直接将太阳光能转换成电能的关键部分。根据双湖 1995 年负荷预测值，采用已被实际验证为正确的设计计算方法进行设计计算，结果确定双湖光伏电站太阳能电池的功率总容量为 25 kW。太阳能电池选用云南半导体厂生产的优质单晶硅组件，其 NDLXW 系列硅太阳能电池组件参数规范如表 8-6 所示。

表 8-6 　太阳能电池组件参数规范

参数 型号	规范			
	U_R/V	I_R/mA	P_m/W_p	$\eta/(\%)$
38D1010×400	16.9	2250	38	13
35D1010×400	16.9	2070	35	12
32D1010×400	16.9	1895	32	11
16D480×325	16.8	980	16.5	10
5D280×205×2	16.8	330	5.5	10
3D320×230	3.3~9.9	990~330	3.3	10

双湖光伏电站选用表 8-6 中 38D1010×400 和 35D1010×400 两种组件,其平均峰值功率以 36 W$_p$ 计,则选购 704 块组件其总功率为 25.41 kW$_p$。光电场由 16 个太阳能电池支架组成阵列,每个支架上固定 44 块太阳能电池组件。22 块太阳能电池组件串联而成一个子方阵,其工作电压已超过 370 V,可以满足 300 V 蓄电池在任何情况下的充电需要。2 个支架共 4 个子方阵并联成一个支路单独接入直流控制系统,便于实现分路控制。太阳能电池阵列计有 8 个路。这种太阳能电池阵列的布局,既符合尽可能减少线路损失、规范化和美观大方的设计思想,又是现场勘察设计结果的最佳选择。对光电场的设计,特别提出如下几点:

① 方阵组合系数要高。为了提高双湖 25 kW 光伏电站的系统效率,首先要求提高方阵组合系数是十分必要的。我们注意到国产太阳能电池组件由于材料和制造工艺等原因,其伏-安特性曲线不能达到比较完美一致的要求,引起串联回路中组件电流特性和在并联回路中组件电压特性的不一致性,可能导致组合功率损失过大,影响全系统效率的提高。本设计限定方阵组合功率损失不得大于 4%,低于有关国家标准 1 个百分点。为保证方阵组合效率达到 96%,曾对云南半导体厂生产的太阳能电池组件进行了严格测试、筛选和优化组合等。

② 认真进行方阵前后排间(与遮挡物间)距离的设计计算。在设计安装太阳能电池方阵时,为了避免周围建筑物和其他物体的遮蔽,以及太阳能电池方阵前排对后排的遮蔽,须进行最佳间距的设计计算。这也是选择安装地点,计算占地面积时必须考虑的问题。因为太阳能电池方阵的局部被遮蔽,其输出功率的损失是很大的。

太阳能电池方阵前后排间(与遮挡物间)距离的计算公式如下:

$$\frac{D}{H} = \tan\varphi - \frac{\sin\varphi}{\frac{1}{2}\sin2\varphi \cdot \sin\delta + \cos^2\varphi \cdot \cos\delta \cdot \cos[\arccos(-\tan\varphi \cdot \tan\delta) - \phi]}$$

$$(8-11)$$

式中:D——太阳能电池方阵与遮挡物之间的距离;

　　　H——挡物高度或前排太阳能电池方阵高度;

　　　δ——太阳赤纬(冬至日 δ 取 $-23.45°$);

　　　φ——太阳能电池安装地的纬度;

　　　ϕ——地球旋转角,由于地球每小时旋转 15°,所以日出后、日落前 0.5 h、1 h、1.5 h、2 h 时,ϕ 值分别为 7.5°、15°、22.5°、30°。

考虑到双湖城镇的地域开阔及要为以后扩容预留场地,所以对方阵前后排间距、光伏电站围墙高度和围墙与第一排方阵的距离等,都设计得很宽松,不存在遮蔽问题。

③ 对方阵的支架和基础结构设计来说,最主要的是牢固和耐久,要能抗当地最大风力(风速达 28 m/s)。支撑 44 块太阳能电池组件的每组方阵基础,均为钢筋混凝土结构,且夯实地埋于地下,露出地面的水泥墩,由槽钢连为一体,十分坚固。这种基础结构曾用于新疆帕米尔高原(海拔 4600 m 以上)的红旗拉甫光伏电站,可抗风速达 40 m/s 的最大风力。处于北纬 33.5° 的双湖,太阳能电池方阵的方位是正南设置,支架的倾斜角设计为 30°,以便在 7、8 月份雨季时能更多地接收太阳光能。考虑到当地太阳辐射能的直射分量大,倾角可采用跟踪变动构造,但是综合考虑到强风和当地使用水平等因素,仍采用倾角固定结

构，以保证安全可靠。

④ 采用了旁路二极管及阻塞二极管。在串联回路，特别是像这样多个组件的串联回路中，如单个组件或单个电池被遮光，可能造成该组件或该电池产生反向电压，产生不希望的加热，严重时可能对组件造成永久性的损坏。采用一个旁路二极管可以减少加热和损失的电流。因此，对于这种先串联后并联的接线方式，组件必须内接有旁路二极管。同样，在并联的回路中，如果有部分组件被遮光，产生反向电流时，阻塞二极管可防止这种现象的产生。

⑤ 要妥善接地。从安全角度上讲，对 30 V 以上的系统必须实施可靠的接地措施。本光伏电站中所有的组件和方阵支架都采取接地措施，以防发生安全事故。太阳能电池组件方阵产生的高电压和大电流在人不慎接触到组件或方阵带电部位时，可能导致烧灼、火花乃至致命的危险，所以要确保安全。

（3）储能蓄电池组。蓄电池容量的设计计算主要根据用电负荷和连续阴雨天数来确定，计算公式如下：

$$C = \frac{D \times P_0}{U \times F_0 \times F_1} \times K \qquad (8-12)$$

式中，C——电池容量（一般取 kW·h）；

D——蓄电池供电支持的天数（一般取 3 d）；

P——负载平均每天用电量（一般取 86 kW·h）；

U——蓄电池放电深度（一般取 0.8）；

F_0——交流电路效率（一般取 0.95）；

F_1——逆变器效率（一般取 0.9）；

K——蓄电池放电容量修正系数（一般取 1.2）。

将各数值代入式（8-12），则得

$$C = 453 \text{ kW·h}$$

设工作电压为 300 V，则得到蓄电池的容量 $C=1.510$ kW·h。

为了减少占地面积，以及考虑将来扩容时更为方便合理，可以选择容量为 1600 A·h 的固定式干荷铅酸蓄电池 150 只串联成 300 V/1600 A·h 的储能蓄电池组。

（4）逆变器。逆变器的容量可由下式确定：

$$P = \frac{L \times N}{S \times M} \times B \qquad (8-13)$$

式中：L——负荷功率；

N——用电同时率；

S——负荷功率因数；

M——逆变器负荷率；

B——各相负荷不平衡系数。

根据当时的预测，1995 年光伏电站总负荷为 31.1 kW，假定用电同时率为 60%，负荷功率因数为 0.9，逆变器工作在额定容量的 85%，即 $M=0.85$，以及 $B=1.2$，则得到逆变器额定功率 $P=29.3$ kV·A。按照可靠性第一的设计原则，可以采用德国 Sun Power 公司的进口逆变器，其主要性能参数如下：

额定功率　　　　30 kV·A

输入电压　　　　300 V DC

工作电压范围　　278～375 V　DC

输出电压　　　　220 V/380 V AC 50 Hz 三相正弦波

整机效率　　　　90%～94%

保护功能　　　　欠压，过压，过流，短路

工作方式　　　　连续

环境温度　　　　0℃～40℃

外形尺寸　　　　1200 mm×800 mm×1800 mm

（5）直流控制系统。直流控制系统的主要功能是控制储能蓄电池组的充电、放电，进行有关参数的检测、处理，以及执行对光伏电站运行的控制和管理。双湖 25 kW 光伏电站的直流控制系统设计，除采用常规手动控制、电子线路模拟控制之外，还采用了计算机控制技术，用于对系统进行数字化的监测、控制和管理。这种设计指导思想，不仅是为了提高该光伏电站的运行管理水平，也是为以后更大容量的光伏电站进行全面的计算机控制和管理作些必要的技术准备。三种控制集于一身，完美地体现了运用先进技术和高可靠性的一致性。

直流控制系统的主要技术参数如下：

容量　　　　　60 kW

电压　　　　　300 V

输入类别　　　光电充电/整流充电

光电输入　　　12 路，每路 20 A

输出　　　　　2 路，每路 120 A

操作方式　　　手动/自动/计算机控制

直流控制系统的控制、保护功能有：

① 光电充电的电流、电压检测控制；

② 放电自动定时开关控制；

③ 过放告警、过放保护控制；

④ 过流及短路保护控制。

直流控制系统检测和处理的数据有：

① 太阳辐射强度、环境温度、光伏电池温度；

② 光伏方阵接收的太阳辐射能；

③ 充电总电流；

④ 蓄电池电压；

⑤ 光电充电的电量；

⑥ 柴油发电机充电的电量；

⑦ 蓄电池组输出的直流电量。

直流控制系统常规表头的显示功能有：

① 为光伏方阵充电的各支路电流；

② 充电总电流；

③ 充电电压(蓄电池端电压)；

④ 放电输出总电流；

⑤ 放电输出支路电流；

⑥ 放电输出支路电压。

状态指示功能有：

① 工作方式指示：手动/自动/计算机控制；

② 充电方式指示：光电充电/油机充电；

③ 各支路充电指示；

④ 放电输出支路指标；

⑤ 过放告警指示；

⑥ 故障保护指示。

基于通用性、成熟性和开发性的考虑，计算机控制系统采用一台 IBM HC 兼容工业控制机，以对光伏电站的运行状况，包括充电情况、放电情况和供电情况等进行实时监测；对光伏电站运行状况的变化作出分析；对电站运行情况异常作出判断并进行实时自动控制；对系统数据的存储、显示、打印、计算和统计等进行集成管理。主要控制对象是太阳能电池充电控制开关、逆变器放电控制开关和交流配电送电控制开关。

当系统以计算机控制方式工作时，具有上述全部数据检测处理和控制保护功能，系统的工作状态及检测的数据和计算处理的结果都在工业 PC 计算机硬盘/软盘中存储起来，同时可在监视器屏幕上显示，或用打印机打印输出。这些数据可用来对电站的工作情况及太阳能资源等进行分析研究，具有一定的科研实验意义。当系统在自动方式工作时，具有常规的蓄电池充、放电自动控制和保护功能，可以保证整个系统的自动运行。万一工业 PC 机及自动控制方式都不能工作，可采用手动操作，仍可以保证光伏电站的正常运行。

在直流控制系统的技术设计中，采取如下技术措施来进一步保证系统的可靠性：

① 独立的供电电源；

② 输出/输入线路采用光电隔离技术；

③ 信号采样部分采用光电传感器模块。

(6) 交流配电系统。蓄电池直流电经逆变器变成 50 Hz 正弦交流电以后，经由交流配电系统输出，直接向用户供电。交流配电系统还有对负荷进行控制管理的功能。交流配电系统设计的主要技术要求如下。

容量：两路逆变器供电，即 2×30 kV·A；一路柴油发电机组供电，即 120 kV·A。电压形式：220 V/380 VAC，三相四线。

具有逆变器/柴油机供电切换功能，并有互锁保护。

具有输入欠压，缺相保护，输出短路保护。

常规模拟表头测量显示电流、电压、电量、负荷功率因数。

交流配电系统的设计选用符合国家技术标准的 PGL 低压配电屏，它是适用于发电厂、变电站中作为交流 50 Hz，额定工作电压不超过 380 V 的低压配电系统中配电、照明之用的统一设计产品。其结构为开启式，具有良好的保护接地系统，可双面进行维护。外形尺寸为 1000 mm×600 mm×2200 mm。

在交流配电系统设计研制中，要特别注意以下几点：

① 双湖海拔高度在 5000 m 以上，由于气压低，空气密度小，散热条件差，在设计交流配电系统的容量时留有较大的余量，以降低工作时的温升，保证电气设备有足够的绝缘强度。

② 本系统以柴油发电机组作为后备电源，以增加光伏电站的供电保证率，减少蓄电池容量。为了确保逆变器和柴油发电机组的安全运行，必须杜绝逆变器与柴油发电机组同时供电的极端危险局面出现。在本交流配电系统中，从技术上保证了两种电源绝对可靠的互锁。只要逆变器供电操作步骤没有完全排除，柴油发电机组供电就绝对不可能进行。

③ 为下一步扩容的需要，可以在交流配电系统中增加一路 30 kV·A 的输入、输出接口。

(7) 整流充电设备。整流充电设备的作用是将柴油发电机组发出的交流电变成直流电，给储能蓄电池组充电。双湖光伏电站整流充电设备设计的主要技术要求如下：

容量	75 kW
输入	三相交流 380 V
输出	直流 300～500 V，可调
最大输出电流	150 A
保护功能	输入缺相告警，输出过流、短路保护，电压预置断开或限流

整流充电设备选用 KGCA 系列三相桥式可控硅调压整流电路，由 KG-04 集成触发电路、PI 调节控制电路、检测及脉冲功放等部分组成。该设备采用屏式结构，所有部件都装在同一箱体内，仪表、指示灯及控制钮均装在面板上。工作状态设有"稳流"、"稳压"两种，可进行恒流或恒压充电。其外形尺寸为 900 mm×562 mm×2200 mm。

(8) 配套柴油发电机组。配套柴油发电机组的功能是作为后备电源以保证光伏电站系统能够可靠供电。按照总体方案设计，规定在下述两种情况下，可以启动柴油发电机组：

① 在储能蓄电池组供电无法满足用电负荷需要时，及时启动柴油发电机组，经整流充电设备给蓄电池组充电，以保证供电系统的正常运行。

② 因逆变器故障或其他原因使得光伏电站系统无法供电时，启动柴油发电机组，经交流配电系统直接向用户供电。

根据实际情况及当时双湖拥有的柴油发电机状态，光伏电站系统与当时正在运行的 50 kV·A 柴油发电机配套使用。这台柴油发电机为 1983 年产品，已操作运行 10 年以上。从保证电站供电的可靠性及将来的扩容考虑，计划尽快修复原有的 120 kV·A 柴油发电机，或在条件允许时购置第二台新的 120 kV·A 柴油发电机配套使用。

(9) 供电、用电系统。根据双湖电站现场勘察结果，需对当地的供、用电线路进行改造。

按照总体设计方案，采取两路输出方式供电。在当时的情况下，将两种配电总干线并联地接到交流配电柜中一台 30 kV·A 逆变器的供电输出端，待将来增容后再分开输出。两种配电主干线长度均为 260 m，三相四线，选用截面积为 35 mm² 的铝钢芯裸线。支路为单相双线，按均衡负荷原则分别接入主干线 A、B、C 三相，总长度为 1400 m。入户线、室内线根据实际情况施工。

(10) 房屋土建工程。房屋土建工程包括电站机房及光电场建设两部分，全部委托地方用户部门承包进行施工设计与工程建设。

① 机房主体部分包括控制室、蓄电池室及库房等。建筑面积 203 m²，使用面积 120 m²。机房建成被动式太阳能采暖房，外墙为保温墙，北墙内建防寒通道，南墙外是双层玻璃的太阳能吸热通道，以保证在严冬时室内温度在 5℃ 以上。控制室内预置电缆沟道。蓄电池室有高 20 cm 的放置台，建有小排水沟，安装了气扇，并对地面进行防酸处理。库房在扩容需要时可改做蓄电池室。

② 柴油发电机房和油库与太阳能机房主体分开另建。根据双湖现场情况，将原柴油发电机房进行分隔改建和重新装修。机房使用面积大于 50 m²。

③ 光电场位于太阳房南面，共 16 个支架，分两行排列。场内预建混凝土方阵支架基础，预留电缆沟道。光电场及太阳房占地总面积 2600 m²（40 m×65 m），周围建有围墙，以保障光伏电站的安全。此外，为了美化场地环境，在场内空地植有草皮，这样做同时可以减少风沙对太阳能电池组件的侵害。

（11）其他。双湖光伏电站太阳能电池容量在设计时确定为 25 kW。而当时用电负荷已达47.2 kV·A，每日用电量约为 142.9 kW·h。因此，我们对 25 kW 光伏电站负载予以规范，并采取各种措施节电、限电，以保证光伏电站的正常运行。措施如下：

① 采用新型高效节能灯具，使每只灯具平均功率不超过 20 W。少数大房间安装 40 W 日光灯，配用电子镇流器，以达到节电的目的。灯具总数为 600 套，另配灯管 400 只备用。

② 双湖光伏电站的供电重点是解决居民夜间照明、看电视及其他小功率家用电器用电。因此在用户单位安装了负荷限定器，限定 500 W 负荷，以防止使用电炉等大功率负载。同时安装电度表，以便于用电管理。

③ 为防止电站在合闸工作时负载对逆变器的冲击，在配电输出各相线上均安装有延时器，使各支路负荷分散入网。延时器由时间继电器和接触器组成，共有 6 套，安装在各支路起始端的电线杆上。

5）双湖 25 kW 光伏电站的运行状况及技术创新和特色

双湖 25 kW 光伏电站自 1994 年 11 月 7 日建成发电，到 1995 年 6 月 20 日正式向用户供电，在半年多的时间内，一直运行良好。测试及实地考察结果表明，太阳能电池的输出功率超过了 25 kW，300 V/1600 A·h 储能蓄电池组工作正常，直流控制系统、逆变器、交流配电和整流充电等设备及供、用电系统全部达到设计标准。电站出力可达 34 kV·A，平均每天发电 80 kW·h，可保证每天向用户供电 5 h。在连续阴雨三四天的情况下，每天可供电 3h。用户普遍反映电压稳定，供电质量良好。其主要创新和特色之处如下：

（1）系统通过优化设计，效率高，所研制的关键设备技术性能良好，运行安全可靠，操作维护简便。

（2）独立光伏电站控制系统采用 IPC 工业控制机，控制、检测、输出、打印等实现完全自动化，这在当时为国内首创。

（3）该电站系当时国内容量最大的光伏电站，亦为世界上 5000 m 以上高海拔地区最大的光伏电站，它的研建成功在科技进步方面具有相当的领先水平。

（4）设计建设规范化程度较高，如电站所有设备及太阳能电池方阵支架均有良好的接地，控制室、电缆沟道及电气设备接线等均符合电站技术规范，以及太阳能电池方阵总体布局合理等，为我国今后独立光伏电站设计建设的进一步规范化、标准化打下了基础。

6）双湖光伏电站技术经济性能分析

（1）系统效率分析。

① 光伏系统的标称容量通常以光伏方阵太阳能电池的总峰值功率来表示，而峰值功率是在标准情况下测得的，即大气质量 $A_m = 1.5$，太阳辐射强度为 $1000 \ W/m^2$，太阳能电池温度 $T_c = 25℃$。但太阳能电池实际使用的情况与标准条件完全不同，因而光伏方阵实际转换得到的电能并不等于按标称容量计算得到的电能。把二者的比值称为光伏方阵的利用效率。

在计算双湖电站光伏方阵利用效率时考虑了下述因素：

表面尘埃及玻璃盖板老化等损失　　5%

温度影响损失　　　　　　　　　　3%

方阵组合损失　　　　　　　　　　4%

工作点偏离峰值功率点损失　　　　5%

计算得到的光伏方阵利用效率　　$\eta_a = 84\%$（也就是说双湖电站 25 kW 光伏方阵的实际转换功率为 21 kW）

② 对于光伏电站系统把太阳辐射能转换成交流电能的计算，还要考虑下述各种影响：

低值辐射能损失及过充保护能量损失　　3%

方阵支架固定倾角安装能量损失　　　　25%

蓄电池充、放电效率　　　　　　　　　75%

逆变器转换效率　　　　　　　　　　　93%（平均值）

线路损失　　　　　　　　　　　　　　2%

因此，双湖光伏电站的系统能量利用效率，即用户实际使用的交流电能与太阳能电池标称功率转换得到的电能之比等于上述各部分效率之乘积，即

$$\eta_s = 0.97 \times 0.75 \times 0.75 \times 0.93 \times 0.98 = 0.497$$

③ 双湖光伏电站的系统能量流程如图 8-22 所示。

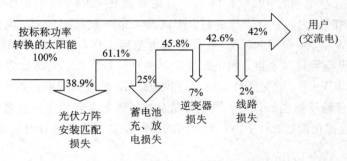

图 8-22　双湖光伏电站的系统能量流程图

（2）效益分析。据实测结果，双湖光伏电站平均每天可发电 80 kW·h，全年发电量约为 29 200 kW·h。电力部门提供的数据和双湖特别行政区政府提供的资料都表明，在不计运费、人员费和设备维修折旧费的情况下，当地柴油发电机发电的电价约为 2.8 元/(kW·h)。如不计投资还本付息，由光伏电站供电每年可节省 81 760 元。有关资料中说明每年可节省的柴油费约有 10 万元，与此基本吻合。因为要保证 100% 的供电率，在个别情况下还要启动柴油机发电，实际上仍有部分柴油费用的投入。在光伏发电系统造价尚高的情况

下，用它解决无水力资源无电县的供电问题，更重要的还是要看它的社会效益和环境效益。光伏发电的供电质量优于柴油发电机，保证了双湖特别行政区 342 户居民家庭的照明、看电视等生活用电及区政府各单位、邮电所、电视转播台等公共用电要求，同时还充分利用了当地丰富的太阳能资源，且无任何污染，对保护国家羌塘高原野生动物保护区的自然环境起到了重要作用。

第9章 太阳能发电储能

📓 **内容摘要**：太阳能发电的储能原理、太阳能发电储能控制及逆变、太阳能电池配电保护系统，光伏电站交流配电系统的主要功能和原理。

📝 **理论教学要求**：掌握充、放电控制器或直流－交流逆变器的工作原理，光伏电站交流配电系统的主要功能和原理。

📝 **工程教学要求**：制作太阳能充、放电控制器或直流－交流逆变器。

9.1 太阳能发电储能控制及逆变

9.1.1 充、放电控制器

为了最大限度地利用蓄电池的性能和延长其使用寿命，必须对它的充、放电条件加以规定和控制。无论太阳能光伏发电系统是大还是小，简单还是复杂，充、放电控制器都必不可少。一个好的充、放电控制器能够有效地防止蓄电池过充电和深度放电，并使蓄电池使用达到最佳状态。但是，光伏发电系统中的充、放电控制要比其他应用困难一些，因此光伏发电系统中输入能量很不稳定。在光伏发电系统中，所谓直流控制系统包含了充、放电控制，负载控制和系统控制三部分，并往往连成一体，通常称之为直流控制柜。

1. 充电控制

蓄电池充电控制通常是由控制电压或控制电流来完成的。一般而言，蓄电池充电方法有三种：恒流充电、恒压充电和恒功率充电，每种方法具有不同的电压和电流充电特性。

光伏发电系统中，一般采用充电控制器来控制充电条件，并对过充电进行保护。最常用的充电控制器有：完全匹配系统，并联调节器，部分并联调节器，串联调节器，齐纳二极管（硅稳压管）次级方阵开关调节器，脉冲宽度调制（PWM）开关，脉冲充电电路。针对不同的光伏发电系统可以选用不同的充电控制器，主要考虑的因素是要尽可能的可靠、控制精度高及低成本。所用开关器件，可以是继电器，也可是 MOS 晶体管。但采用脉冲宽度调制型控制器，往往包含最大功率的跟踪功能，只能用 MOS 晶体管作为开关器件。此外，控制蓄电池的充电过程往往是通过控制蓄电池的端电压来实现的，因而光伏发电系统中的充电控制器又称为电压调节器。下面具体介绍几类充电控制系统。

1）完全匹配系统

完全匹配系统是一个串联二极管的系统，如图 9－1 所示。该二极管常用硅 PN 结或肖特基二极管,以阻止蓄电池在太阳低辐射期间向光伏方阵放电。

蓄电池充电电压在蓄电池接收电荷期间是增加的。光伏方阵的工作点如图 9－2 所示。随着电流的减少,工作点从 a 点移向 b 点。

图 9－1　完全匹配系统电路图

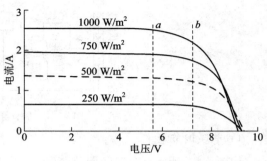

图 9－2　光伏方阵供给蓄电池的电流随蓄电池
电压的变化

必须先选好 a 点和 b 点之间的工作电压范围,以确保光伏方阵和蓄电池的最佳匹配。

这种充电控制系统的问题是,光伏方阵在变化的太阳辐射条件下,其工作曲线是不确定的。采用这种系统设计,蓄电池只能在太阳高辐照度时达到满充电,而在低辐照度时将减少方阵的工作效率。

2）并联调节器

并联调节器是目前用于光伏发电系统的最普遍的充电调节电路。一般是使用一台并联调节器以使充电电流保持恒定,如图 9－3 所示。

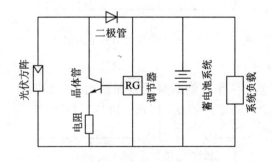

图 9－3　并联调节器电路图

调节器根据电压、电流和温度来调节蓄电池的充电。它是通过并联电阻把晶体管连到蓄电池的并联电路上实现对过充电保护的。通常调节器用固定的电压门限去控制晶体管开关的接通或切断。

通过并联分流的电能可用于辅助负载的供电,以充分利用光伏方阵的输出电能。

3）部分并联调节器

如图 9－4 所示,使用部分并联调节器的目的在于降低光伏方阵的电压,从而实现两阶段电压特性。并联调节器的优点是降低了晶体管的开路电压,但其缺点是附加了对线路连接的要求,故一般很少使用。

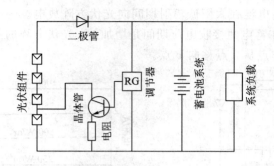

图 9-4 部分并联调节器电路图

4）串联调节器

如图 9-5 所示，在串联调节器中，蓄电池两端电压是恒定的，而其电流随串联晶体管调节器变化着。这种晶体管调节器通常是一个两阶段调节器。串联晶体管代替了所需的串联二极管。

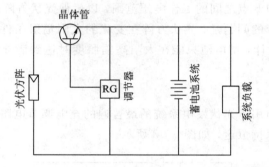

图 9-5 串联调节器电路图

5）齐纳二极管调节器

齐纳二极管调节器使用一个齐纳二极管电压稳定器，如图 9-6 所示。这种系统很简单，但存在着串联电阻消耗功率的缺点，因而未能广泛应用。

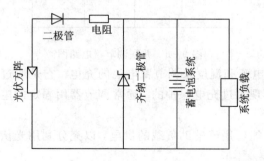

图 9-6 齐纳二极管调节器电路图

6）次级方阵开关调节器

次级方阵开关调节器的电路，如图 9-7 所示。当蓄电池电压达到某个预先确定的数值时，光伏方阵的组件或某几行组件将被断开。图 9-8 所示为其充电电压和电流的关系。次级方阵开关调节器的主要问题是开关安排的复杂性。这种调节器多用在大型光伏发电系统中，以提供一个准锥形的充电电流。

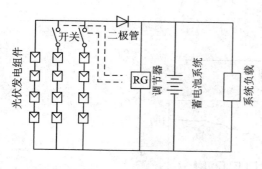

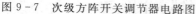

图 9-7　次级方阵开关调节器电路图

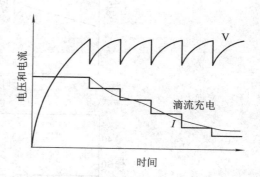

图 9-8　次级方阵开关调节器的充电特性

7) 脉冲宽度调制开关

脉冲宽度调制开关用于 DC-DC 转换的充电控制电路，它的电路如图 9-9 所示，由于这种调制开关的复杂性和高成本，在小型光伏发电系统中难以普遍使用。

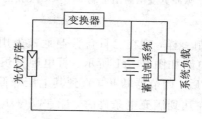

图 9-9　用于 DC-DC 变换器的调制开关电路图

无论如何，采用脉冲宽度调制的 DC-DC 转换原理表现出很多吸引人的特点，特别在大型系统中更是如此。这些特点包括：

（1）输给 DC-DC 变换器的光伏方阵电压能够随着可能使用的、提高的或降低的变换器而改变。这对于在那些光伏方阵和蓄电池分置间隔较大的地方特别有用。光伏方阵电压在一个中心点上能被提高或降低到蓄电池的电压值，以减少电缆中的功率损失。

（2）能向蓄电池提供良好控制的充电特性。

（3）能用于追踪光伏方阵的最大功率点。

这种 DC-DC 变换器普遍用于大型光伏发电系统，然而，它们却以 90%～95% 的低效率抵消了本身的许多优点。采用脉冲宽度调制 DC-DC 变换器的输出，可通过如图 9-10 所示的充电发生变化。

电流的脉冲宽度（通常在 100 Hz～20 kHz 范围内）将随着电压的升高而减少，直到平均电流减少到趋于 0 为止。这种方法目前之所以更普通地被采用，是因为它用固态开关器件来取代继电器，可以达到更高的开关频率范围。

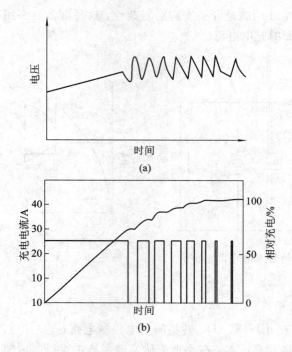

(a)

(b)

图 9-10　脉冲宽度调制用于制 DC-DC 变换的使用特性

8）脉冲充电

脉冲充电像脉冲宽度调制一样，现在已日益普遍地被采用了，这是由于其低成本的固态开关技术所致。脉冲充电电路如图 9-11 所示。蓄电池被恒流充电，使其电压达到一个较高的门限，见图 9-12。然后，调节器断开，直到其电压降低到一个降低的门限。选择这两个门限，可以确保蓄电池在达到满充电条件时，能在高电压下以较低的输入电流运行。

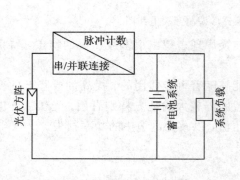

图 9-11　脉冲充电电路图

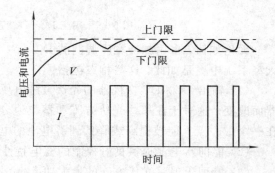

图 9-12　脉冲充电调节器的充电特性

典型的滞后为每单元电池 50 mV，所以一个铅酸蓄电池循环大约在 2.45 V～2.50 V之间（当其达到满充电条件时）。为了使这个系统工作得更好，这些门限值应该至少每月达到一次，而每周不应该多于一次。

采用脉冲充电电路时，并入一个真实的限压器是必不可少的。因为限压器可以防止继电器的过度通断，在蓄电池电压大大超过其设计限度时，这种现象会长时间存在。

在这里展现的各种充电曲线中，除了完全匹配的系统以外，蓄电池的工作电压都被限定在图 9-13 所示曲线的 a、b 区间之内。基于这个假定，流通的电流应接近于短路电流 I_{sc}。

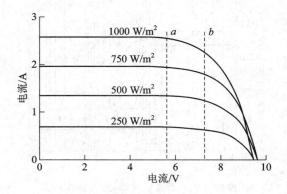

图 9-13　由光伏方阵向蓄电池供给的电流随蓄电池电压而变化

假定太阳处于连续的高辐射强度的状态。在一个被变化着的云量覆盖的实际光伏发电系统中，通常实际的充电曲线变化很大，如图 9-14 所示。在低云量覆盖状态的光伏发电系统中，日辐射曲线可以考虑为正弦曲线。

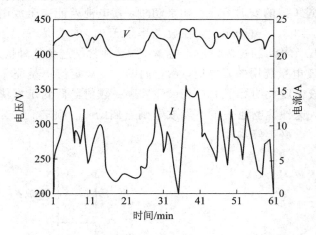

图 9-14　光伏发电系统的实际充电特性

2. 放电保护

应该使用一种针对完全放电状态的保护方法，特别对铅酸蓄电池更应如此，对镉镍蓄电池只是在一个较小的范围内使用放电保护就可以了。为了确保满意的蓄电池使用寿命，防止单个电池反向或失效，以及确保关键负载总能处在被供电的状态，这种保护是必要的。如果系统估算是正确的话，这种保护在正常的蓄电池使用期间不会经常操作。

理想情况下，确保蓄电池在放电条件下正确使用的关键，是精确测量蓄电池的充电状态。不幸的是，铅酸蓄电池和镉镍蓄电池都难以确定其充电状态下的可测量特性。

1）限定放电容量到 C_{100}

图 9-15 显示出了一个典型的铅酸蓄电池以不同负载电流放电时的放电特性。图中清楚地表明，蓄电池容量随放电率的减少而增加。初始电压和最终放电电压(在这里，负载必

须断开)取决于放电电流。

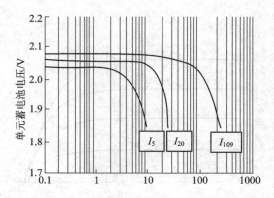

图 9-15　各种放电率下的蓄电池容量(标称容量为 100 A·h)

在大多数光伏发电系统中,蓄电池被估计为可连续运行几天,其负载电流通常是 100 小时电流,表示为 I_{100}。在这种情况下,通过限定最终放电电压为 V_{100} 的限制条件,可以保护蓄电池系统。

在那些负载电流变化大的系统中(例如一个独立的为民用事业供电的光伏发电系统),放电容量必须不超过 C_{100} 的安时容量。如果超过,蓄电池就能完全放电,从而导致蓄电池寿命的大幅度减少,图 9-16(a)示出,在放电率小于 I_{100} 的情况下,全部的蓄电池放电时可能的。图 9-16(b)示出,通过限定放电容量 C_{100},常常能避免这种情况发生。

很多小型光伏发电系统用的蓄电池,在它们的 C_{100} 额定值下是完全放电的。在这种状态下,它们的电解液密度大约等于 1.03 kg/L,这一数值已低到足以使铅溶解,随之造成永久性损坏。所以,这种蓄电池一定不能放电到它们的 C_{100} 额定值,当蓄电池电解液密度达到 1.10 kg/L 时,就必须停止放电。

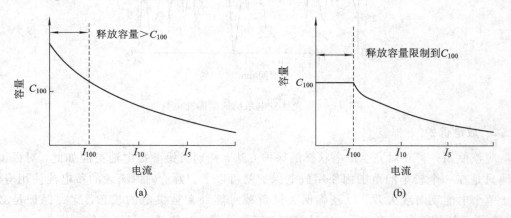

图 9-16　限定放电容量到 C_{100}

(a) 低于 I_{100} 时,容量大于 C_{100};(b) 低于 I_{100} 时,容量限定为 C_{100}

2) 自动放电保护

(1) 自动放电的常用保护方法。自动放电保护可由下列方法之一完成:

① 在小型光伏发电系统中的最简单、最普遍的保护方法是在一个预定的电压值将负载从蓄电池上断开,并将这种情况通过发光二极管或蜂鸣器提示给用户。某些这类设备能

提供小量的备用功率。这种方法的主要优点是简单和低成本。

② 另一种方法是在调节器控制下连接到若干负载输出上。采用这种配置，用户能连续地使用如像照明那样的主要负载，而非主要负载将被断开。当然，用户必须适当确定具有优先供电权的是哪些负载。

(2) 重新连接负载的依据。在用于自动深放电保护的系统中，必须清楚地确定对负载进行重新连接的依据，以适应其应用。有如下一些普遍性要求：

① 在那些蓄电池寿命必须充分重视、而负载又是非关键的地方，负载可以保持断开，直到在充电调节下蓄电池电压升到一个高电平时为止。这个电平应使回到蓄电池的电荷量达到最佳化。

② 当一个遥控装置不可能定期访问或是只有该装置被占有时（例如隔离间）才有负载要求的地方，除非用户重新设置一个外部开关，否则，负载不应重新连接。这样就减少了无人看管期间蓄电池循环的可能性。

③ 在那些负载供电是关键性的系统中，当蓄电池重新储存小量电荷之后，可能出现重新连接。在这种情况下，指示器应告诉用户蓄电池处于低充电状态，以便使负载耗电维持在最小值。

3. 具有特殊功能的电压调节器

户用光伏发电系统主要由太阳能电池组件、蓄电池和负载三部分组成，其充、放电控制比较简单，市场已有成熟的定型产品出售，用户可以酌情选用。对于光伏电站，其充、放电控制设备还包含系统控制盒负载控制等功能，往往需要根据用户要求进行专门设计。下面介绍几种具备特殊功能的电压调节器。

1) 无触点电压调节器

使用继电器做电压调节器主电路开关是光伏发电系统的常用手段，它具有控制简便、隔离作用好、价格低廉等优点。但由于继电器触头寿命有限、通断易打火、开关速度不能过快等，对于一些特殊场合用电，如高压系统、大电流系统等，使用继电器就容易出现问题。这时就需要使用无触点低功率开关器件来完成主电路的开关功能。现代电力电子技术的发展使得无触点大功率开关成为可能，并且已有很多种类的器件可供选择，如大功率晶体管、达灵顿管、VMOS 管、可控硅 GTO 等，这里仅介绍一种使用可控硅做充电回路开关器件的电压调节器的工作原理。

图 9-17 所示为使用可控硅做开关器件的串联型增量控制电压调节器的电路原理示意图，这里太阳能电池阵列被分为若干个子阵列，每一个子阵列都有一个可控硅做开关控制器件，同时它还可以在夜间起到阻塞二极管的作用，以防止蓄电池的反电流。电压检测器 VT_1、VT_2、VT_3 是有带回差的电平比较器。假设蓄电池充电保护点为 2.35 V/格时，恢复充电点为 2.25 V/格。则当蓄电池充电电压达到 2.35 V/格时，电压检测器输出端 A 点为输出电平，这时当脉冲发生器上跳脉冲到来时，便可通过与非门倒向加到晶体管的基极上，使 TR_1 导通，将第 1 路子阵列短接，蓄电池的反电流对第 1 路子阵列进行控制，即可控硅 TH_1 关断，使第 1 路子阵列停止充电。若蓄电池电压在 2.35 V/格～2.25 V/格之间波动，则发出脉冲始终只加在 TR_1 的基极。当蓄电池电压降低到小于 2.25 V/格时，则电压检测器输出状态改变成为低电平，经反相后，加在基极上的与非门，这样当脉冲发生器的

下一个脉冲到来时，TR₄导通，并触发可控硅，重新导通，使第1路子阵列恢复充电。

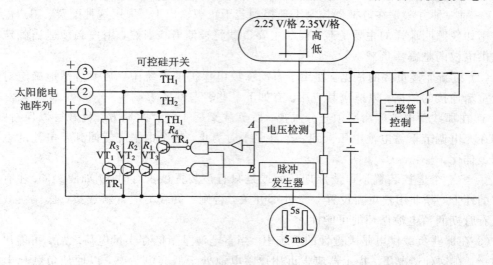

图 9-17　无触点电压调节器的电路原理示意图

一般来说，这种电路的每个子阵列控制都是相对独立的，而每个子阵列的电压控制点可以按同一数值设定，但由于所有调节器的控制电压点设置的不可能完全一致，所以其动作过程也将因这一微小的差别而有先有后的进行。

另外，使用增加二极管的方法可以方便地对所要求的输出电压进行控制调节。增加一个二极管，输出电压下降 0.7 V，若干个二极管的串联便可以使蓄电池的供电电压下降到负载设备所要求的最大电源电压范围以内。通常二极管降压控制也是由带回差的电压检测电路来完成的。途中使用继电器做控制开关，是一种最简单的负载控制方式。

图 9-18 是一个 5 路子阵列的实际充电电压调节器工作特性图，其中 4 路是可以调节控制的，有关此系统的参数在图中均已给出。当蓄电池在接近充满电时，随着太阳能电池阵列输出的增加，蓄电池电压也增加，当蓄电池电压达到 A 点，即达到 2.35 V/格时，一个电压调节动作，切断一个子阵列，使充电电能减少约 20%，于是蓄电池电压下降到低于 2.35 V/格。

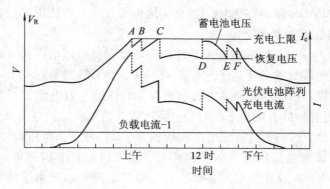

图 9-18　增量控制电压调节器的工作过程
（蓄电池容量－1500 A·h，4 V；太阳能电池倾角－60°）

随着充电电流的增加，蓄电池电压再次达到 2.35 V/格，即达到点 B，于是另一路子阵列电压调节器动作，再次使充电电能量减少约 20%。这样电压的增加速度就会大大减缓，直到第三次达到 2.35 V/格，即达到 C 点，第三回路和电压调节器动作。在中途，充电电流开始减小，蓄电池电压在经过了一个峰值后也开始下降，并达到点 D，即恢复到电压 2.25 V/格。某一子阵列首先恢复充电，充电电流有一个上跳，充电电压也上跳。而后随着充电电流的继续下降，各子阵列充电回路依次先后重新恢复充电。

2）无压降电压调节器

无压降电压调节器是一种功耗最低的、用继电器做主充电回路开关的充电控制器，它适用于低电压大电流供电系统。大电流系统，如用前述的电压调节器，由于其充电主回路都是使用阻塞二极管，所以充电时，不但阻塞二极管的功耗不可避免，而且有相当多的热量产生。假设一个充电电流为 30 A 的系统使用图 9-19 的电压调节器，则此时阻塞二极管功耗为 30 W$\times$0.7$\approx$20 W。这需要一块相当大的散热器才能使阻塞二极管维持正常工作。

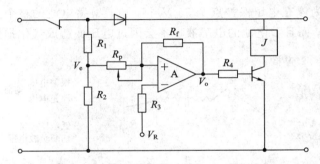

图 9-19　回滞可调的开关控制电压调节器原理图

图 9-20 为无压降电压调节器原理图，它是在图 9-19 的基础上增加了光敏探测和放大而成的。其中光敏探测用于充电开始控制，反电流检测的作用相当于阻塞二极管，当有反电流产生时，它立即产生控制信号驱动继电器断开充电回路。图中的 A 即为反电流检测比较器，B 为过电压检测比较器，电路中使用继电器常开触头做充电回路控制开关。图中比较器 A 和比较器 B 同时输出高电平时，继电器才有可能吸合进行充电。这里与图 9-19 不同的是，由于选用继电器常开触头做充电控制开关，所以检测过电压的比较器 B 的检测

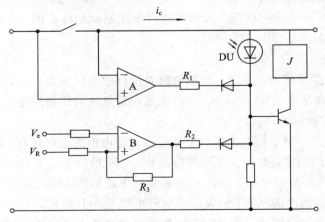

图 9-20　无压降电压调节器原理图

端电压和参考电压输入端电压正好相反。

继电器开关除受过电压和反电流控制外，他的吸合动作还受光电管 DU 的控制。即只有当光线足够强时，系统才开始投入充电状态。

3）双电压控制电压调节器

双电压控制电压调节器式根据铅酸蓄电池充电的碘化学原理过程而特别设计的充电控制器。它能够自动完成两个电压控制点的调解工作。

图 9-21 为双电压控制电压调节器的工作原理图，从图中可以看出，在一开始充电时电压调节器的调节电压点为 2.45 V/格，这一点的电压又叫作均衡充电电压。根据铅酸蓄电池的电化学工作原理，在开始充电阶段，只有尽快达到这个电压值，蓄电池的电解液才能避免层化效应而以最高效率完成电化学反应，也就是充电效率最高。在这以后，充电电压必须立即下降，否则，将开始造成电解液气化。所以系统在充电达到均衡充电电压保护点 2.45 V/格改变为浮充电压保护点 2.35 V/格。这样，蓄电池的整个充电过程便始终保持在最高效率状态，而且蓄电池的电解液也不会因过电压而造成气化损失。

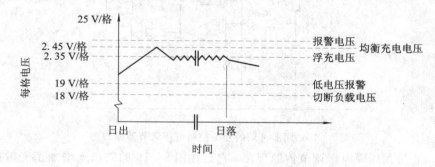

图 9-21 双电压控制电压调节器工作原理示意图

4）带微处理器的系统控制器

使用微处理器作光伏发电系统控制器的检测控制核心，有三大优势：高性能价格比；高检测控制精度；高运行可靠性和机动灵活性。因此，使用微处理器作光伏发电系统的控制器核心是今后控制器的发展方向。

这里简要介绍一个使用 MCS51 系列单片机做控制检测核心的 2 kW 太阳能光伏发电系统，其充电控制原理如图 9-22 所示。

（1）充电控制。

蓄电池是中小型光伏发电系统，特别是独立运行的光伏发电系统，不可缺少的储能设备，其成本占总系统成本的 15%～20%，因此延长蓄电池的使用寿命将直接关系到系统运行、维修的成本及系统的可靠性。

本系统采用增量控制法控制太阳能电池阵列对蓄电池的充电过程，限制蓄电池的充电电压不会达到有害的程度，确保蓄电池寿命。图 9-22 给出了本系统充电控制原理，它将 2 kW 太阳能电池阵列分成 8 路，即每个控制增量为总量的 12.5%。在夏季来临后，日照时数渐长，蓄电池接近充满状态。假设白天负载电流较小且恒定，则当太阳能电池电流增加时，蓄电池电压也逐渐增加。当电压达到蓄电池最高充电电压时，控制器将开始动作切断一路太阳能电池阵列，充电电压下降减少，于是蓄电池电压下调，脱离极限电压。随着

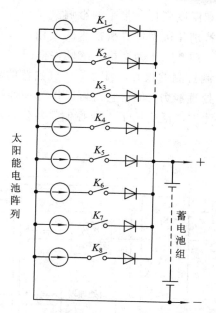

图 9-22　2 kW 光伏发电系统充电控制原理图

太阳升高，太阳能电池电流增大，蓄电池开始逐渐充满，当电压再次达到最高极限时，控制器动作又切断另一路太阳能电池阵列，再次使充电电流下跳。以此类推，始终保护蓄电池电压处在浮充状态。随着太阳能电池的充电电流的减小，蓄电池电压下降，各充电分路又一次分别投入充电，直到完成一天的充电过程，实现蓄电池的最佳充电效果。

　　（2）太阳能电池阵列特性的检测及微机系统。

　　太阳能电池光伏曲线就是在一定光强辐射和一定温度下，太阳能电池的负载外特性，如图 9-23 所示。

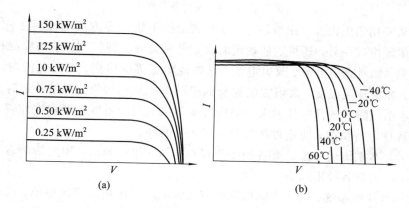

图 9-23　不同光强和温度下的光伏特性

（a）太阳辐射变化的影响；（b）温度变化的影响

　　光伏特性曲线是光伏发电系统的优化设计、运行状态可靠性、使用寿命及运行成本等各项指标的分析基础。在自然条件下，由于辐射到太阳能电池阵列上的太阳光强度的变化随天空的云量、大气透明度及太阳入射角度在不断变化着，电池板的温度也随着辐射的情况、环境温度及风力大小而不断变化，所以在自然条件下的安-伏特性曲线必须在极短的瞬间完成，才可能忽略光强和温度变化所带来的影响。

现代电子技术的发展，特别是微型计算机技术的使用，已使得在瞬间内完成大量数据的采集和处理工作成为可能，图 9-24 为微机系统硬件框图。

本系统采用单片机作控制检测的核心，因为单片机独特的硬件结构，高效的指令系统和多址 I/O 数据运算能力、处理能力，使得它既可以作为一种高效能的过程控制机又可以成为有效的数据处理机，因此被广泛应用于工业控制、办公自动化设备、智能仪器仪表等领域。

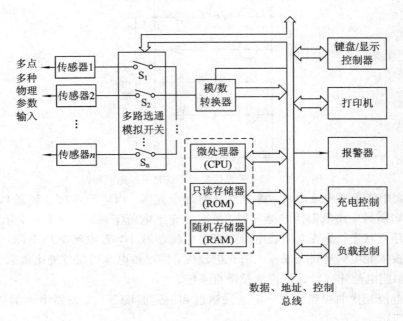

图 9-24　微机系统硬件框图

本系统从实用角度出发，在控制、系统检测、抗干扰性等方面也进行了充分的考虑。如负载除一般配电控制外，还可以实现定时开、定时关等时间控制。系统检测包括对各主要参数的检测，如对充电电流、放电电流、蓄电池电压等的检测；同时还能对一些环境参数进行检测，如对环境温度、太阳能电池板面上的太阳辐射强度、温度等进行检测。在抗干扰方面，本系统除在硬件上注意采取隔离屏蔽等措施外，还增加了程序监督电路，以随时跟踪监视程序运行情况，防止程序失常和进入死循环。

除此以外，本系统还考虑留有各种备用接口，如通讯接口、备用电源启动接口、无线报警接口等，以适应各种不同需要。

本系统的单片机系统、打印绘图机及模拟放大电路等所用的直流电源，均由系统内铅蓄电池供电，并采用开关稳压电源及稳压集成电路提供稳定的直流电，具有功耗低、工作可靠、体积小等特点。

本系统由于采用单片机系统作控制检测核心，所以功能强、体积小、运行可靠，而且操作简便、价格低廉、实用性强，适于推广使用。下面简单介绍本系统的主要功能：

① 本系统基于实时控制检测的要求，由元件组成一个精确的秒发生器。通过秒累计，达到分、时、日、月、年的计时，并能自动完成闰年、闰月的计算，使得本系统的时间控制

功能得以圆满实现。

② 本系统在实行自动运行以后，可以对各种初值及状态加以设定和修改，如对日历时钟、蓄电池容量、充电和负载状态等的设定和修改。

③ 本系统有很强的控制功能，包括充电控制、配点控制、定时控制、备用电源启动控制等。

④ 光伏发电系统需要检测的主要参数有：本系统除可检测上述主要系统参数外，还可能通过控制电子负载完成对 2 kW 太阳能电池阵列或其子阵列的光伏特性的检测，即采集 100 对 $I-U$ 值，描绘出 $I-U$ 值曲线。

⑤ 本系统在采集数据的基础上，可以进行标度变换、数字变换及多字节数值计算等，并输出结果。主要计算参数有：充电安时数、放电安时数、太阳能电池阵列的最大输出功率、填充因子等。

⑥ 本系统具有良好的显示功能，所有系统参数、状态均可由一个 8 位 LED 显示器显示输出。通过绘图打印功能，所有的系统参数、状态，均可由一台小型四色打印绘图机打印输出；光伏电池阵列的光伏特性曲线也可描绘输出，凡在同一坐标中可同时描绘四条不同颜色的 $I-U$ 特性曲线，以供比较。除此以外，本系统还可以输出打印问候话语及日期、时钟等。

⑦ 本系统有自测试功能，当系统主要部件出现故障或运行不正常时，如光电阵列开路或蓄电池电压过低等，能够自动启动报警器，并指示故障部位，以便工作人员及时检修。

⑧ 本系统在各种初值及状态设定后，可以自动完成以上全部功能。若无修改操作，则系统可按上电后程序自动设定的初值和状态运行。

⑨ 本系统可以根据键盘发出的指令，现场完成各种控制和检测工作。当本系统的微机系统处在检修期间时，可以通过开关版面完全用手动进行充电和负载配电的控制。

⑩ 此外，本系统还具有键盘封锁功能，即当系统进入自动运行状态后，程序便对键盘实行软件封锁，只有重新输入密码后，系统才会开放键盘操作控制。这样便可有效地避免非操作人员操作及擅自修改系统运行状态。锁定密码既可由设计人员根据用户要求一次性写入程序贮存器，也可编程后由用户的操作人员自行修改、设定。其次，本系统具有自动复位功能，即单片机系统除一般上电复位、手动键复位外，还设有程序监督自动复位电路。再次，本系统具有通讯功能，因所用单片机系统设有 RS－232C 串行通信接口，可以方便地实现与 PC 机通讯和传递数据、指令，也可以实现多机通信。

9.1.2 直流-交流逆变器

如前所述，所谓逆变器就是把直流电能转变成交流电能供给负载的一种电能转换装置，它正好是整流装置的逆向变换功能器件，因而被称之为逆变器。

在光伏发电系统中，太阳能电池板在阳光照射下产生直流电，然而以直流电形式供电的系统有着很大的局限性。例如，日光灯、电视机、电冰箱、电风扇等大多数家用电器均不能直接用直流电源供电，绝大多数动力机械也是如此。此外，当供电系统需要升高电压或降低电压时，交流系统只需加一个变压器即可，而直流系统中的升、降压技术与装置则要复杂得多。因此，除特殊用户外，在光伏发电系统中都需要配备逆变器。逆变器一般还配备有自动稳频稳压功能，可保障光伏发电系统的供电质量。因此，逆变器已成为光伏发电系统中不可缺少的重要设备。

当前，电力半导体器件的开发生产有了突飞猛进的发展。电力半导体器件是高效逆变电源的基础元件，目前，正向模块化、快速化、高频化、大容量化和智能化发展。

逆变器属于电力电子学范畴。电力电子学是在电气工程的三大领域、电力、电子与控制之间的一门边缘科学。逆变器功能要求逆变器按照一个重复开关的方式工作，这又是数控电子学的范畴；而开关动作的信号要求逆变连续，这又是模拟控制研究的对象。因此从事逆变器研究因具有电力电子、控制方面的有关知识，这一切也正是电力电子学所要研究的内容。

1. 逆变器基本工作原理及电路系统构成

逆变器的种类很多，各自的工作原理、过程不尽相同，但是最基本的逆变过程是相同的。下面以最基本的逆变器——单相桥式逆变器电路为例，具体说明逆变器的"逆变"过程。单相桥式逆变器电路如图 9-25(a)所示，电压的波形图 9-25(b)所示。输入直流电压为 E，R 代表逆变器的纯电阻性负载。当开关 K_1、K_3 接通时，电流流过 K_1、R、K_3，负载上的电压极性是左正右负；当开关 K_1、K_3 断开时，K_2、K_4 接通时，电流流过 K_2、R、K_4，负载上的电压极性反向。若两组开关 K_1 及 K_3、K_2 及 K_4 以频率 f 交替切换工作时，负载 R 上便可得到频率 f 的交变电压 U_r，其波形如图 9-25(b)所示。该波形为方波，其周期为 $T=1/f$。

图 9-25(a)电路中的开关 K_1、K_2、K_3、K_4，实际是各种半导体开关器件的一种理想模型。逆变器电路中常用的功率开关器件有功率晶体管(GTR)、功率场效应管(POWER MONSFET)、可关断晶闸管(GTO)及快速晶闸管(SCR)等。近年来又研制出功耗更低、开关速度更快的绝缘栅双极晶体管(IGBT)。

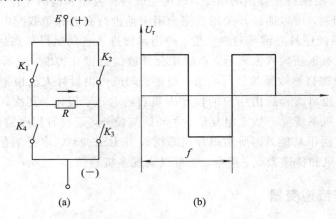

图 9-25　直流电-交流电逆变原理示意图
(a) 单向桥式逆变器电路；(b) 波形图

实际上要构成一台实用性逆变器，尚需增加许多重要的功能电路及辅助电路。输出为正弦波电压，并具有一定保护功能的逆变器电路原理框图如图 9-26 所示。其工作过程简述如下：由太阳能电池方阵(或蓄电池)送来的直流电进入逆变器主回路，经逆变器转换成为交流方波，再经滤波器滤波后成为正弦波电压，最后由变压器升压后送至用电负载。逆变器主回路中功率开关管的开关过程，是由系统控制单元通过驱动回路进行控制的。逆变器电路各部分的工作状态及工作参量，经由不同功能的传感器变换为可识别的电信号后，通过检测回路将信息送入系统控制单元进行比较、分析与处理。根据判断结果，系统控制单元对逆变器各回路的工作状况进行控制。例如，通过电压调节回路可调节逆变器的输出电压值。当检测回路送来的是短路信息时，系统控制单元通过保护回路，立即关断逆变器主回路的开关管，从而起到保护逆变器的作用。逆变器工作的主要状态信息及故障情况，通过系统控制单元可以送至显示及报警回路。根据逆变器的功率大小、功能多少的不同，图 9-26 中的系统控制单元，简单的可以是由一块组件构成的逻辑电路或专业芯片，复杂的可以是单片微处理器或 16 位微处理器等。此外，图 9-26 所示的是逆变器典型的电路系统原理，实际的逆变器电路系统可以比图 9-26 所示的简单许多，也可以较之更为复杂。最好要说明的是，一台功率完善、性能良好的逆变器，除具有如图 9-26 所示的全部功能电路外，还要有二次电源（即控制检测电路用电源）。该电源负责向逆变器所有的用电部件、元器件、仪表等提供不同等级的低压工作用电。

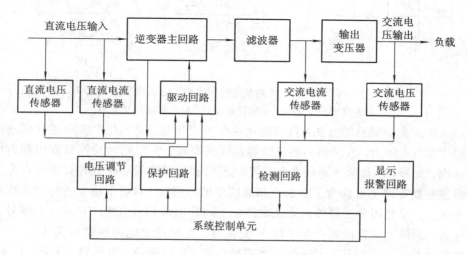

图 9-26 逆变器电路原理框图

2. 光伏发电系统用逆变器的分类及特点

有关逆变器的分类原则很多，例如，根据逆变器输出交流电压的相数，可分为单相逆变器和三相逆变器；根据逆变器使用的半导体器件类型不同，又可分为晶体管逆变器、晶闸管逆变器及可关断晶闸管逆变器等；根据逆变器线路原理的不同，还可分为自激振荡型逆变器、阶梯波叠加逆变器和脉宽调制型逆变器等。为了便于光伏电站选用逆变器，这里先以逆变器输出交流电压波形的不同进行分类，并对不同输出波形逆变器的特点作简要说明。

（1）方波逆变器。方波逆变器输出的交流电压波形为方波，如图 9-27(a) 所示。使用的功率开关管数量很少。设计功率一般在几十瓦至几百瓦之间。方波逆变器的优点是：价格便宜，维修简单；缺点是：由于方波电压中含有大量高次谐波，在以变压器为负载的用电器件中将产生附加损耗，对收音机和某些通信设备也有干扰。此外，这类逆变器中有的调压范围不够宽，保护功能不够完善，噪音也比较大。

（2）阶梯逆变器。阶梯逆变器输出的交流电压波形为阶梯波，如图 9-27(b) 所示。逆变器实现阶梯波输出也有很多种不同的线路，输出波形的阶梯数目也不一样。阶梯逆变器的优点是：输出波形比方波有明显改善，高次谐波含量减少，当阶梯达到 17 个以上时，输出波形可实现准正弦波。当采用无变压器输出时，整机效率很高。缺点是：阶梯波叠加线路使用的功率开关管较多，其中有些线路形式还要求有多组直流电源输入。这给太阳能电池方阵的分组与接收以及蓄电池组的均衡充电均带来麻烦。此外，阶梯波电压对收音机和某些通信设备仍有一些高频干扰。

（3）正弦波逆变器。正弦波逆变器输出的交流电压波形为正弦波，如图 9 - 27(c)所示。正弦波逆变器的综合技术性能好，功能完善，但线路复杂。正弦波逆变器的优点是：输出波形好，失真度低，对收音机及通信设备无干扰，噪声较小；缺点是：线路相对复杂，对维修技术要求较高，价格较贵。

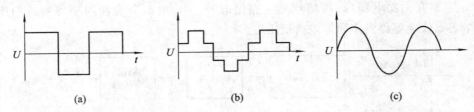

图 9 - 27　三种类型逆变器的输出电压波形

(a) 方波逆变器；(b) 阶梯逆变器；(c) 正弦波逆变器

上述三种逆变器的分类方法，仅供光伏发电系统开发人员和用户在对逆变器进行识别和选型时参考。实际上，波形相同的逆变器在线路原理、使用期间及控制方法等方面仍有很大的区别。此外，从高效率逆变电源的发展现状和前景来看，这里有必要着重介绍一下逆变电源按变换方式又可分为工频变换和高频变换的问题。目前市场上销售的逆变电源多为工频变换。它是利用分立器件或集成块产生 50 Hz 方波信号，然后利用这一信号去推动功率开关管，利用工频升压器产生 220 V 交流电。这种逆变电源的结构简单，工作可靠，但由于电路结构本身的缺陷，不适合带动感性负载，如电冰箱、电风扇、水泵、日光灯等。另外，这种逆变电源由于采用了工频变压器，因而体积大，笨重，价格高。

20 世纪 70 年代初期，20 kHz PWM 型开关电源的应用在世界上引起了所谓的"20 kHz 电源技术革命"。这种关于逆变电源变换方式的思想当时立即被用在逆变电源系统中，由于当时的功率器件昂贵，且损害大，高频高效逆变电源的研究一直处于停滞状态。到了 80 年代以后，随着功率场效应管工艺的日趋成熟及磁性材料质量的提高，高频变换逆变电源才走向市场。

高频变换逆变电源是通过提高 DC - DC 变换频率，先将低压直流变为低压交流，经过脉冲变压器升压后再整流成高压直流。由于在 DC - DC 变换中采用了 PWM 技术，因而可得到稳定的直流电压，利用该电压可直接驱动交流节能灯、白炽灯、彩色电视机等负载。如对该高压直流进行类正弦变换或正弦变换，即可得到 220 V、50 Hz 正弦波交流电。这种逆变器由于采用高频变换（现多为 20 kHz～200 kHz），因而体积小、重量轻；由于采用了二次调宽及二次稳压技术，因而输出电压非常稳定，负载能力强，性能价格比较高，是目前可再生能源发电系统中的首选品。随着谐振开关电源的发展，谐振变换的思想也被用在逆变电源系统中，即构成了谐振型高效逆变电源。这种逆变电源是在 DC - DC 变换中采用了零电压或零电流开关技术，因而基本上可以消除开关损耗，即使当开关频率超过 1 MHz

后，电源的效率也不会明显降低。实验证明，在工作频率相同的情况下，谐振型变换的损耗可比非谐振型变换的损耗降低 30％～40％。目前，谐振型电源的工作频率可达到 500 kHz 至 1 MHz。表 9-1 列出了三种逆变电源的性能比较。

表 9-1　逆变电源性能的比较

	工频变换型	高频变换型	谐振变换型
效率	≤85％	≤90％	≤95％
负载能力	感性负载能力差	任何负载均可	任何负载均可
稳压精度	220±20 V	220±5 V	220±5 V
重量和体积	笨重，体积大	重量轻，体积小	重量轻，体积小
可靠性	高	高	高
成本	高	低	低

另外，值得注意的是，逆变电源的研究正朝着模块化方向发展，即采用不同的模块组合，就可构成不同的电压、波形变换系统。

由于光伏发电系统所提供的电能成本较高，因而研制高效而可靠的逆变电源就显得非常重要。要提高逆变电源的效率，就必须减小其损耗。逆变电源中的损耗通常可分为两类：导通损耗和开关损耗。导通损耗是由于器件具有一定的导通电阻 R_{ds}，因此当有电流流过时将会产生一定的功耗。在器件开通和关断过程中，器件也将产生较大的损耗，这种损耗称为开关损耗。开关损耗可分为开通损耗、关断损耗和电容放电损耗。现代电源理论指出，要减小上述这些损耗，就必须对功率开关管实施零电压或零电流转换，即采用谐振型变换结构。

模块化具有调试简单、配制灵活等优点，因而在研制高效逆变电源的过程中，可以采用图 9-28 所示的模块化结构。

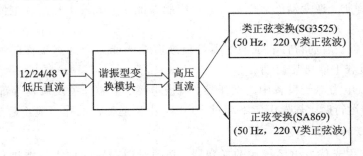

图 9-28　模块化结构示意图

用户可根据实际用电要求任意搭配各种模块，构成要求输入或输出的高效逆变电源。

3. 逆变器的主要技术性能及评价和选用

1）逆变器的技术性能

表征逆变器性能的基本参数与技术条件内容很多。这里仅对评价光伏发电系统用的逆变器经常用到的部分参数作一扼要说明。

（1）额定输出电压。在规定的输入直流电压允许的波动范围内，额定输出电压表示逆变器应输出的额定电压值。对输出额定电压值的稳定准确度有如下规定：

① 在稳态运行时，电压波动范围应有一个限定，例如，其偏差不超过额定值的±3%或±5%。

② 在负载突变或有其他干扰因素影响的动态情况下，其输出电压偏差不应超过额定值的±8%或±10%。

（2）输出电压的不平衡度。在正常工作条件下，逆变器输出的三相电压不平衡度（逆序分量对正序分量之比）应不超过一个规定值，以%表示，一般为5%或8%。

（3）输出电压的波形失真度。当逆变器输出为正弦波时，应对允许的最大波形失真度（或谐波含量）作出规定。通常以输出电压的总波形失真度表示，其值不应超过5%（单相输出允许10%）。

（4）额定输出频率。逆变器输出交流电压的频率应是一个相对稳定的值，通常为工频50 Hz。正常工作条件下其偏差应在±1%以内。

（5）负载功率因数。负载功率因数表征逆变器带动感性负载的能力。在正弦波条件下，负载功率因数为0.7～0.9（滞后），额定值为0.9。

（6）额定输出电流（或额定输出容量）。额定输出电流表示在规定的负载功率因数范围内，逆变器的输出电流。有些逆变器产品给出的是额定输出容量，其单位以VA或kVA表示。逆变器的额定输出容量是当输出功率因数为1（即纯阻性负载）时，额定输出电压与额定输出电流的乘积。

（7）额定输出效率。逆变器的效率是在规定的工作条件下，其输出功率与输入功率之比，以%表示。逆变器在额定输出容量下的效率为满负荷效率，在10%额定输出容量下的效率为低负荷效率。

（8）保护。

① 过电压保护。对于没有电压稳定措施的逆变器，应有输出过电压的防护措施，以使负载免受输出过电压的损害。

② 过电流保护。逆变器的过电流保护，应能保证在负载发生短路或电流超过允许值时及时动作，使其免受浪涌电流的损伤。

（9）启动特性。启动特性表征逆变器带负载启动的能力和动态工作时的性能。逆变器应保证在额定负载下能可靠启动。

（10）噪声。电力电子设备中的变压器、滤波电感、电磁开关及风扇等部件均会产生噪声。逆变器正常运行时，其噪声应不超过80 dB，小型逆变器的噪声应不超过65 dB。

2）对逆变器的评价

为了正确选用光伏发电系统用的逆变器，必须对逆变器的技术性能进行评价。根据逆变器对独立光伏发电系统运行特性的影响和光伏发电系统对逆变器的性能要求，以下几项是必不可少的评价内容。

（1）额定输出容量。额定输出容量表征逆变器向负载供电的能力。额定输出容量值高的逆变器可带动更多的用电负载。但当逆变器的负载不是纯阻性时，也就是输出功率小于1时，逆变器的负载能力将小于所给出的额定输出电容值。

（2）输出电压的稳定度。输出电压稳定度表征逆变器输出电压的稳压能力。多数逆变器产品给出的是，输入直流电压在允许波动范围内该逆变器输出电压的偏差，这一量值通常称为电压调整率。高性能的逆变器应同时给出当负载由 0%→100% 变化时，该逆变器输出电压的偏差%，通常称为负载调整率。性能良好的逆变器的电压调整率应≤3%，负载调整率应≤±6%。

（3）整机效率。逆变器的效率值表征自身功率损耗的大小，通常以%表示。对容量较大的逆变器，还应给出满负荷效率值和低负荷效率值。1 kW 以下的逆变器效率应为 80%～85%；1 kW 级的逆变器效率应为 85%～90%；10 kW 级的逆变器效率应为 90%～95%；100 kW 级的逆变器效率应超过 95%。逆变器效率的高低对光伏发电系统提高有效发电量和降低发电成本有着重要的影响。

（4）保护功能。过电压、过电流及短路保护是保证逆变器安全运行的最基本措施。功能完善的正弦波逆变器还具有欠压保护、缺相保护及越限报警等功能。

（5）启动性能。逆变器应保证在额定负载下的可靠启动。高性能的逆变器可做到连续多次满负荷启动而不损坏功率器件。小型逆变器为了自身安全，有时采用软启动或限流启动。

以上是选用光伏发电系统用逆变器是缺一不可的、最基本的评价项目。其他诸如逆变器的波形失真度、噪声水平等技术性能，对大功率光伏发电系统和并网型光伏电站也十分重要。

3）逆变器的选用

在选用独立光伏发电系统用的逆变器时，除依据上述五项基本内容外，还应注意以下几点：

（1）足够的额定输出容量和过载能力。逆变器的选用，首先要考虑的是它要具有足够的额定容量，以满足最大负荷下设备对电功率的要求。对以单一设备为负载的逆变器来说，其额定容量的选取较为简单。当用电设备为纯阻性负载或者功率因素大于 0.9 时，选取逆变器的额定容量为用电设备容量的 1.1～1.15 倍即可。逆变器以多个设备为负载时，逆变器容量的选取就要考虑几个用电设备同时工作的可能性，其专业术语称为负载系统的"同时数"。

（2）较高的电压稳定性能。在独立的光伏发电系统中均已蓄电池为贮能设备。当标称电压为 12 V 的蓄电池处于浮充电状态时，端电压可达 13.5 V，短时间过充电状态可达 15 V。蓄电池带负电荷放电终了时端电压可降至 10.5 V 或更低。蓄电池端电压的起伏可达标称电压的 30% 左右。这就要求逆变器具有较好的调压性能，以保证光伏发电系统用稳定的交流电压供电。

（3）在各种负载下具有高效率或较高效率。整机效率高是光伏发电用逆变器区别于通用性逆变器的一个显著特点。10 kW 级的通用型逆变器实际效率只有 70%～80%，将其用于光伏发电系统时将带来总发电量 20%～30% 的电能损耗。光伏发电系统专用逆变器，在设计中应特别注意减少自身的功率损耗，以提高整机效率。这是提高光伏发电系统技术经济指标的一项重要措施。在整机效率方面对光伏发电专用逆变器的要求是：kW 级以下逆变器额定负荷效率为 80%～85%，低负荷效率为 65%～75%；10 kW 级逆变器额定负荷效率为 85%～90%，低负荷效率为 70%～80%。

（4）良好的过电流保护与短路保护功能。光伏发电系统在正常运行过程中，因负载故障、人员误操作及外界干扰等原因而引起的供电系统过流或短路，是完全可能出现的。逆变器对外电路的过电流及短路现象最为敏感，是光伏发电系统中的薄弱环节。因此，在选用逆变器时，必须要求它对过电流及短路有良好的自我保护功能。这是目前提高光伏发电系统可靠性的关键所在。

（5）维护方面。高质量的逆变器在运行若干年后，因元器件失效而出现故障，应属于正常现象。除生产厂家需有良好的售后服务系统外，还要求生产厂家在逆变器生产工艺、结构及元器选型方面，应具有良好的可维护性。例如，损坏的元器件要有充足的备件或容易买到，元器件的互换性要好。在工艺结构上，元器件要容易拆装，更换方便。这样，即使逆变器出现故障，也可以迅速得到维护并恢复正常。

4. 光伏电站逆变器操作使用与维护检修

1）操作使用

（1）应严格按照逆变器使用维护说明书的要求进行设备的连接和安装。在安装时，应认真检查：线径是否符合要求，各部件及端子在运输中是否有松动，应绝缘的地方是否绝缘良好，系统的接地是否符合规定。

（2）应严格按照逆变器使用维护说明书的规定操作使用。尤其是，在开机前要注意输入电压是否正常，在操作时要注意开、关机的顺序是否正确，各表头和指示灯的指示是否正常。

（3）逆变器一般均有断路、过流、过压、过热等项目的自动保护，因此在发生这些情况时，无需人工停机。自动保护的保护点，一般在出厂时已设定好，因此，不用再进行调整。

（4）逆变器机柜内有高电压，操作人员一般不得打开柜门，柜门平时应锁死。

（5）在室温超过 30℃时，应采取散热降温措施，以防止设备发生故障，延长设备使用寿命。

2）维护检修

（1）应定期检查逆变器各部门的接线是否牢固，有无松动现象，尤其应认真检查风扇、功率模块、输入端子、输出端子以及接地等。

（2）逆变器一旦报警停机，不准马上开机，应查明原因并修复后再进行开机。检查应严格按逆变器维护手册的规定步骤进行。

（3）操作人员必须经过专门培训，并应达到能够判断一般故障产生原因并能进行排除故障的水平。例如，能熟练地更换保险丝、组件以及损坏的电路板等。未经培训的人员，不得上岗操作使用设备。

（4）如发生不易排除的事故或事故的原因不清时，应做好相关的详细记录，并及时通知生产厂家解决。

9.2　太阳能电池配电系统

9.2.1　光伏电站交流配电系统的构成和分类

光伏电站交流配电系统是用来接收和分配交流电能的电力设备。它主要由控制电器

（断路器、隔离开关、符合开关等），保护电器（熔断器、继电器、避雷器等），测量电器（电流互感器、电压互感器、电压表、电流表、电度表、功率因数表等），以及母线和载流导体组成。

交流配电系统按照设备所处场所，可分为户内配电系统和户外配电系统；按照电压等级，可分为高压配电系统和低压配电系统；按照结构形式，可分为装配式配电系统和成套式配电系统。

中小型光伏电站一般供电范围较小，采用低压交流供电基本可满足用电需要。因此，低压配电系统在光伏电站中就成为连接逆变器和交流负载的一种接受和分配电能的电力设备。

9.2.2　光伏电站交流配电系统的主要功能和原理

由于投资的限制，目前西藏光伏电站的规模还不能完全满足当地的用电需求。为增加光伏电站的供电可靠性，同时减少蓄电池的容量和降低系统成本，供电站都配有备用柴油发电机组作为后备电源。后备电源的作用是：第一，当蓄电池亏电而太阳能电池方阵又无法及时补充充电时，可由后备柴油发电机组的充电设备给蓄电池组充电，并同时通过交流配电系统直接向负载供电，以保证供电系统正常运行；第二，当逆变器或者其他部件发生故障，光伏发电系统无法供电时，作为应急电源，可启动后备柴油发电机组，经交流配电系统直接为用户供电。因此，交流配电系统除在正常情况下将逆变器输出的电力提供给负载外，还应在特殊情况下具有将后备应急电源输出的电力直接向用户供电的功能。

由此可见，独立运行光伏电站交流配电系统至少应有两路电源输入，一路用于主逆变器输入，一路用于后备柴油发电机组输入。在配有备用逆变器的光伏发电系统中，其交流配电系统还应考虑增加一路输入。为确保逆变器和柴油发电机组的安全，杜绝逆变器与柴油发电机组同时供电的危险局面出现，交流配电系统的两种输入电源切换功能必须有绝对可靠的互锁装置，只要逆变器供电操作步骤没有完全排除干净，柴油发电机组供电便不可能进行；同样，在柴油发电机组通过交流配电系统向负载供电时，也必须确保逆变器绝对接不进交流配电系统。

交流配电系统的输出一般可根据用户要求设计。通常，独立光伏电站的供电保障率很难做到百分之百，为确保某些特殊负载的供电需求，交流配电系统至少应有两路输出，这样就可以在蓄电池电量不足的情况下，切断一路普通负载，确保向主要负载继续供电。在某些情况下，交流配电系统的输出还可以是三路或四路的，以满足不同的需求。例如，有的地方需要远程送电，应进行高压输配电；有的地方需要为政府机关、银行、通信等重要单位设立供电专线等。

常用光伏电站交流配电系统主电路的基本原理结构，如图 9 - 29 所示。图中所示为两路输入、三路输出的配电结构。其中，K_1、K_2 是两个电开关。接触器 J_1 和 J_2 用于两路输入的互锁控制，即当输入 1 有电并闭合 K_1 时，接触器 J_1 线圈有电、吸合，接触器 J_{12} 将输入 2 断开；同理，当输入 2 有电并闭合 K_2 时，接触器 J_{22} 自动断开输入 1，起到互锁保护的作用。另外，配电系统的三路输出分别由 3 个接触器进行控制，可根据实际情况以及各路负载的重要程度分别进行控制操作。

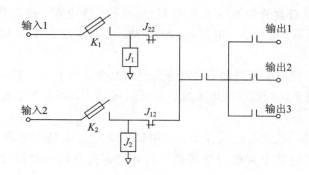

图 9-29　交流配电系统主线路的基本原理结构示意图

9.2.3　对交流配电系统的主要要求

1. 对交流配电系统的通用要求

（1）动作准确，运行可靠；

（2）在发生故障时，能够准确、迅速地切断事故电流，避免事故扩大；

（3）在一定的操作频率工作时，具有较高的机械寿命和电器寿命；

（4）电器元件之间在电器、绝缘和机械等各方面的性能能够配合协调；

（5）工作安全，操作方便，维修容易；

（6）体积小，重量轻，工艺好，制造成本低；

（7）设备自身能耗小。

2. 对交流配电系统的技术要求

（1）选择成熟可靠的设备和技术。可选用符合国家技术标准的 PGL 型低压配电屏，这是用于发电厂、变电站交流 50 Hz、额定工作电压不超过 380 V 低压配电照明之用的统一设计产品。为确保产品的可靠性，一次配电荷二次控制回路均采用成熟可靠的电子线路。

（2）充分考虑西藏地区的自然环境条件。按照有关电器产品的技术规定，通常低压电气设备的使用环境都限定在海拔 2000 m 以下，而西藏光伏电站大都位于海拔 4500 m 以上，远远超过这一规定。高海拔地理环境的主要气候特征是气压低、相对湿度大、温差大、太阳辐射强、空气密度低。随着海拔高度的增加，大气压力和相对密度下降，电器设备的外绝缘强度也随之下降。因此，在设计配电系统时，必须充分考虑当地恶劣环境对于电气设备的不利影响。按照国家有关标准的规定，安装在海拔高度超过 1000 m（但未超过 3500 m）的电气设备，在平地设计实验时，其外部绝缘的冲击和工频试验电压 U 应当等于国家标准规定的标准状态下的试验电压 U_0 再乘以一定的系数，即 $U=1.667U_0$。

3. 交流配电系统的结构要求

（1）散热。高海拔地区气压低，空气密度小，散热条件差，对低压电器设备影响大，必须在设计容量时留有较大的余地，以降低工作时的温升。充分考虑到西藏地区的环境条件，按照上述设计要求，交流配电系统在设计上对低压电器元件的选用都留有一定的余地，以确保系统的可靠性。

（2）维护与维修。交流配电柜应为开启式的双面维护结构，采用薄钢板及角钢焊接组合而成。柜前有可开启式的小门，柜面上方有仪表盘，可装设各种指示仪表。总之，配电柜应便于维护和维修。

（3）接地。交流配电柜应具有良好的接地保护系统，主接地点一般要焊接在机柜的下方的骨架上，仪表盘也应有接地点与柜体相连，这样就构成了一个完整的接地保护电路，以便可靠地防止操作人员触电。

4. 交流配电柜的保护功能

交流配电柜应具有多种线路故障的保护功能。一旦发生保护动作，用户可根据情况进行处理，排除故障，恢复供电。

（1）输出过载与短路保护。当输出电流有短路或过载等故障发生时，相应断路器会自动跳闸，断开输出。当有更严重的故障发生时，甚至会发生熔断器烧断。这时，应首先查明原因，排除故障，然后再接通负载。

（2）输入欠压保护。当系统的输入电压降到电源额定电压的 $70\%\sim35\%$ 时，输入控制开关自动跳闸断电；当系统的输入电压低于额定电压的 35% 时，断路器开关不能闭合送电。此时应查明原因，使配电装置的输入电压升高，再恢复供电。

交流配电柜在用逆变器输入供电时，具有蓄电池变压保护功能。当蓄电池放电到一定程度时，由控制器发出切断负载的信号，控制配电柜中的负载继电器动作，切断相应的负载。恢复送电时，只需进行按钮操作即可。

（3）输入互锁保护。光伏电站交流配电柜最重要的保护，是两路输入的继电器及断路器开关双重互锁保护。互锁保护功能是当逆变器输入或柴油发电机组输入只要有一路有电时，另一路继电器就不能闭合，即按钮操作失灵。也就是说，断路器开关互锁保护，是只允许一路开关合闸通电，此时如果另一路也合闸，则两路将同时掉闸断电。

9.2.4 高压配电系统

大型光伏电站有时需要进行远距离送电。当送电距离超过 1 km 时，必须采用高压输配电系统，以确保送电质量。

高压输配电系统至少包括一个升压变压器、若干个降压变压器、高压断路器、高压电杆及电缆等。目前西藏安多、班戈光伏电站由于电站规模较大，送电距离较远，都采用 10 kV 高压输配电系统，送电效果良好。高压配电系统中，无论是升压变压器还是降压变压器，工作时都可以达到 10 kV 的电压。所以在需要对高压输配电系统进行检修时，一定要确保逆变器和柴油发电机组处于停机状态，并在交流配电柜上悬挂"严禁供电"的指示牌。

第10章 风光互补发电及并网技术

📓 **内容摘要**：分析大规模光伏、风电并网对电网的影响，风光互补发电技术及风光互补发电原理和并网技术，分析风光互补发电的电网稳定性。

🖋 **理论教学要求**：理解风光互补发电技术及风光互补发电原理和并网技术。

🖋 **工程教学要求**：制作小型风力发电机及分析稳定性。

10.1 电网对光伏电站接入的承载能力

10.1.1 大规模光伏、风电并网对电网的影响

1. 负荷峰谷

光伏、风电并网发电系统不具备调峰和调频能力，这会对电网的早峰负荷和晚峰负荷造成冲击。因为光伏、风电并网发电系统增加的发电能力并不能减少电力系统发电机组的拥有量或冗余，所以电网必须为光伏。风电发电系统准备相应的旋转备用[1]-[3]机组来解决早峰和晚峰的调峰问题。光伏、风电并网发电系统向电网供电是以机组小时数下降为代价的。这当然是发电商所不愿意看到的。

2. 昼夜变化，东西部时差以及季节的变化

由于阳光和负荷出现的周期性，光伏、风电并网发电量的增加并不能减少对电网装机容量的需求。

3. 气象条件的变化

当一个区域的光伏、风电并网发电达到一定规模时，如果地理气象出现大幅变化，电网将为光伏、风电并网发电系统提供足够的区域性旋转备用机组和无功补偿容量，来控制和调整系统的频率和电压。在这种情况下，电网将以牺牲经济运行方式为代价来保证电网的安全稳定运行。

4. 远距离光伏电能输送

当光伏并网发电远距离输送电力在经济和技术上成为可能时，由于光伏并网发电没有旋转惯量、调速器及励磁系统，它将给交流电网带来新的稳定问题。如果光伏并网发电形成规模，采用高压交直流送电，将会给予光伏发电直流输电系统相邻的交流系统带来稳定和经济问题(专门用于光伏并网发电的输电线路，由于使用效率低，将对太阳能的利用形

成制约；用于借道或者兼顾输送光伏并网发电系统电能的输电线路，由于负荷率低下，显得很不经济）。不论采用高压交流或直流送出，光伏并网发电站都必须配备自动无功调压装置。至于对电网稳定的影响，目前还未见到光伏发电在电网稳定计算中的数学模型（包括电源模型和负荷模型）。光伏并网发电将对电网安全稳定运行有多大的影响目前尚不清楚。

5. 降耗问题

光伏、风电并网发电的一个主要优势是可替代矿物燃料的消耗。由于光伏、风电并网发电增加了发电厂发电机的旋转备用或者是热备用，因此，光伏、风电并网发电的实际降耗比率应该扣除旋转备用机组或热备用机组损失的能量。光伏、风电并网发电的降耗效率应该考虑到由于光伏、风电并网发电系统提供的电力导致发电机组利用小时数降低带来的效率损失。由于电力系统是作为一个整体来运行的，光伏、风电并网发电向电网输送电力将侵害其他发电商的利益，这是作为政府制订者需要考虑的问题。不仅仅水电厂要担任旋转备用，电网还要在考虑安全、稳定和经济运行时系统稳定。因此，系统中总的光伏、风电并网发电量所等效的理论降耗标煤量前应该乘以一个小于1的系数，并且等比例的减去旋转备用机组的厂用电损耗。

因此，太阳能、风能资源开发过程中，电网开展新能源规划是十分必要的，新能源发展规划的任务是研究新能源长期发展的规模及其速度，是以某个省、某个地区甚至是全国范围未来国民经济的发展为基础，以自然资源和其他经济资源为条件，测算出用户对电力、电量的需求，进而对经济的发展进行一定的指导和帮助。

10.1.2　区域电网对光伏电站接入的承载能力

随着化石性燃料的日益消耗，能源危机和环境污染已经成为当今世界所面临的严峻问题，开发和利用可再生能源成为必然的发展趋势。在诸多的可再生能源利用中，风力发电、太阳能光伏发电已经成为世界各国竞相发展的可再生能源发电方式之一，并网型风电场、光伏电站也越来越受到重视并得到较快的开发和利用。

然而，作为一种不同于常规电源的新的发电方式，光伏电站、风电场会对电网带来什么样的影响，目前各省电网发展规划是否能够适应大规模光伏电站、风电场的接入，电网规划是否需要做出相应调整等问题，都是保障电网与光伏发电、风力发电协调发展亟待解决的问题。本章以青海省为例说明青海省电网 2010 年和 2015 年的光伏接纳能力。

1. 光伏电站出力特性及其与负荷相关性分析

首先分析青海地区的太阳能资源特性，并根据青海省拟建光伏电站场址格尔木 2008 年的光照和温度的实测数据，研究光伏电站出力及其变化特性，统计分析其出力的概率分布；并根据青海电网的负荷数据，讨论光伏电站出力与青海电网负荷变化的相关性问题。

1）太阳能资源特征分析

（1）青海省地区辐照分析。青海省位于青藏高原东北部，地处东经 $89°35'—103°04'$，$31°39'—39°19'$ 之间。东西长约 1200 km，南北宽约 800 km，面积为 72 万平方千米，与甘肃、四川、西藏、新疆毗邻，是连接西藏、新疆与内地的纽带。青海全省地貌复杂多样，五分之四以上的地区为高原。东部多山，海拔较低，西部为高原和盆地，全省平均海拔高度 3000 m 以上。

　　青海省地处中纬度地带，太阳辐射强度大，光照时间长，年总辐射量可达 5800～7400 MJ/m²，其中直接辐射量占总辐射量的 60% 以上，仅次于西藏，位居全国第二。青海省总辐射空间分布特征是西北部多，东南部少，太阳资源特别丰富的地区位于柴达木盆地、唐古拉山南部，年太阳总辐射量大于 6800 MJ/m²；太阳资源丰富地区位于海南（除同德）、海北、果洛州的玛多、玛沁、玉树及唐古拉山北部，年太阳总辐射量为 6200～6800 MJ/m²；太阳能资源较丰富地区主要分布于海北的门源、东部农业区、黄南州、果洛州南部。西宁市以及海东地区，年太阳总辐射量小于 6200 MJ/m²。

　　青海海西地区平均海拔在 3000 m 以上，大气层薄而清洁、透明度好、纬度低、日照时间长，年日照小时数 3200～3600 h，年太阳总辐射量为 6390～7418 MJ/m²。

　　格尔木地处青藏高原腹地，位于青海柴达木盆地中南部格尔木河冲积平原上，平均海拔为 2780 m。柴达木盆地是我国辐射资源最丰富的地区之一，年太阳总辐射量在 6618.3～7356.9 MJ/m² 之间，高于我国东部同纬度地区，太阳辐射资源的空间分布由西向东逐渐递减，各地太阳总辐射量普遍超过 6800 MJ/m²，最高达 7356 MJ/m²，平均年太阳总辐射量为 7000 MJ/m²。柴达木盆地晴天多、利用期长，年日照小时数在 3000 h 以上，是青海省日照小时数最长的地区，也是青海省日照百分率最大的地区。格尔木市平均每天日照时间接近 8.5 h，年均日照时数为 3096.3 h，年太阳总辐射量为 6600～7100 MJ/m²，是柴达木盆地太阳能资源丰富地区之一。图 10－1 为大唐格尔木光伏电站。

图 10－1　大唐格尔木光伏电站

　　（2）格尔木地区辐照数据分析。青海省规划光伏电站场址区位于格尔木市东出口郊区，选择位于离场址最近的气象站、格尔木气象站作为气象数据采集点，格尔木气象站位于格尔木市区，距离规划光伏电站场址相距约 30 km，虽然格尔木市近几年发展较快，城市人口增长较多，但由于城市总体规模较小，城市化特征不明显。因此由城市化带来的局部小气候变化对太阳辐射的影响几乎没有，格尔木气象站与规划光伏电站场址所在地的气候环境基本一致，由于光伏电站场址与格尔木市气象站地理位置接近，均位于格尔木市域范围内，属同一气候带，且气候环境一致。两地的太阳高度角、大气透明度、地理纬度、日照时数及海拔均很接近。因此，研究选择格尔木气象站作为太阳辐射研究的气象数据采集站，并将该站太阳辐射资料作为光伏电站处理研究的依据。

2）光伏电站输出特性分析

根据辐照度数据、温度数据、太阳位置模型以及光伏电池模型可以计算光伏电站输出，下面将分析某 250 MW 装机光伏电站的输出特性，典型晴天输出曲线如图 10 - 2 所示。从图中可以看出，晴朗天气光伏电站处理形状类似正弦半波，非常光滑，输出时间时间集中在 6：00～18：00 之间，中午时分达到最大，而多云天气由于受到云层遮挡，辐照度数据变化大，导致光伏电站输出短时间波动大。

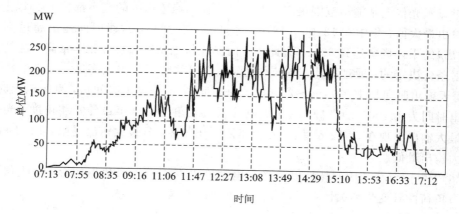

图 10 - 2　典型晴天一天输出曲线

光伏电站每天开关机时间。假定辐照度大于 120 W/m² 时，光伏电站才开始输出，光伏电站每天输出时间集中在 7：00～20：00，冬季输出时间短，夏季输出时间长，最大输出时间为中午 14：00（北京时间）左右。

3）光伏电站输出和负荷变化相关性分析

（1）光伏电站年输出与年负荷的关系。光伏电网上光伏电站输出与负荷变化的相关性不强，有些月份光伏电站的输出与负荷变化相反，使得网内等效负荷的峰谷差增大。光伏电站输出最大和负荷最大，取决于电站位置和用户位置及当地经济发展情况。

以青海电网工业用电占主导，2008 年由于金融危机影响，工业用电大大减少，导致冬季负荷出现低谷，而多年运行结果表明，青海电网冬季属于负荷高峰期，总体上光伏电站输出与月初负荷变化的相关性不强。

（2）光伏电站输出与日负荷变化的相关性。前面分析了年平均光伏电站输出和负荷变化的相关性，给出了一个宏观的概念。光伏电站的输出和负荷的日变化特性更具有实际的应用意义，对于其他电源调度曲线的安排有一定的参考价值。

（3）结论及建议。

① 青海省太阳能资源非常丰富，年太阳总辐射量可达 5800～7400 MJ/m²，规划光伏电站场址位于格尔木地区，每年日照小时数在 3000 h 以上。由于格尔木气象站距离规划光伏电站场址非常近，而且气候环境基本一致，两地的太阳高度角、大气透明度、地理纬度、日照时数及海拔均很接近。因此，选择格尔木气象站作为太阳辐射研究的气象数据采集站，并将该站太阳辐射资料作为光伏电站输出研究的依据。

② 格尔木地区水平面总辐照度夏季最高，而直射辐照度没有明显季节性，全年一半以上天数的最大直射辐照度超过 1000 W/m²，由于空气透明指数好，散射辐射也很大，总体

上格尔木地区太阳能资源非常好。

③ 地球自转的同时绕太阳公转，太阳位置相对地平面来说时刻在变，水平面和倾斜面的辐照度受太阳赤纬角、时角和纬度的影响。对于倾斜表面，太阳入射线和倾斜面法线之间的夹角入射角受倾斜面角度、太阳高度角以及倾斜面方位角的影响。

④ 光伏电站具有间歇性、随机性和明显周期性。由于夜间光伏电站输出一直为零，按全年时刻统计，结果中小于10％峰值输出的占很大比率，不考虑夜间输出为零的情况下的统计结果显示光伏电站输出范围很广，从40％～90％峰值用电的概率都在10％以上；光伏电能日输出最大值，集中在12:00～15:00之间（北京时间），这段时间输出超过150 MW（75％输出）的累计概率达到60％，因此正午时刻光伏电站输出百分比非常高，这是由当地太阳辐射条件决定的；通过统计，格尔木地区大输出的晴天数占大多数，光伏电站利用率很高，每天输出时间集中在7:00～20:00（北京时间），冬季输出时间短，夏季输出时间长，最大输出时间为14:00（北京时间）左右。电池板安装角度按全年最佳安装角度，光伏电站全年日最大输出出现在3月、6月、7月由于阴雨比较多，日最大输出受限，12月和次年1月日最大输出最低。

⑤ 由于电网负荷的固有特性以及光伏电站输出直接受辐照数据的影响，光伏电站输出和青海负荷的日变化相关性和月均变化相关性都不强。

2. 区域电网的调峰能力及光伏承载能力分析

光伏发电具有随机性、间歇性和周期性的特点，目前还不能进行准确预测，光伏发电电力尚不能参与电力平衡进入发电计划安排。光伏发电电力的接纳，只能按《可再生能源法》的要求，并网后由电网公司全额收购。光伏发电只在白天发电，夜间辐照度为零，输出也为零；日出后太阳辐射逐渐增强，到中午时分达到高峰，光伏电站也随着辐射增强而输出增加，中午时分输出达到最大，在光伏电站有输出时，电网中其他电源需要调整输出，让出负荷由光伏发电供电；当云层飘过时，光伏电站输出迅速下降，其他电源的输出必须相应增加，补充光伏发电减少造成的电力缺额。这一天然特点决定了光伏发电并网运行时，必须由其它常规电源为其有功输出提供补偿调节，以保证对用电负荷持续、可靠、安全地供电。这种对光伏发电有功输出的补偿调节，可以看成对负的负荷波动的跟踪，对光伏发电的"调峰"。光伏发电准备的可调容量，是电网接纳光伏发电能力的考核条件之一。光伏发电的存在，相当于电网中增加了一组负的"不确定负荷"。光伏发电功率的波动，完全依据天气状况随机变化，比电网正常的负荷变化快很多，据实测结果，云层的飘过可以使光伏电站输出迅速减少70％。因此，为光伏发电准备的可调容量，不能靠临时性的启停机完成，而是处于旋转备用状态。光伏发电装机容量越大，为此准备的旋转备用容量也就越大。

以青海省为例，青海省规划建设的光伏电站都位于青海省海西地区，但海西电网用电负荷小，常规电源少，2008年海西电网最大用电负荷238.4 MW，全区总装机460.75 MW。2010年，海西电网最大负荷达到880 MW，常规电源总装机544.4 MW。2015年能达到最大负荷2734 MW，常规电源总装机2215.8 MW。整体而言，青海省海西地区光伏接纳能力非常有限，需要青海省全网提供光伏的接纳市场和调峰能力，而且2010年海西地区与青海省主网的双回750 kV线路已经建好，外送通道的热稳定不是限制海西地区电网光伏接纳能力的因素，因此，光伏接纳能力是基于青海省全网进行计算。

为分析光伏发电装机容量逐渐增大后对系统调峰的影响，因此定义新的变量——光伏穿透功率，其定义如下：

$$光伏穿透功率 = \frac{光伏电站峰值出力}{系统最大负荷} \times 100\%$$

1）青海电网调峰特性

根据《青海电网"十二五"电网规划设计》，青海电网电源主要为水电和火电，其中水电占的比例比较大，2010 年青海电网水电装机占 82.3%，火电装机占 17.7%，2015 年将会达到水电装机占 67.3%，火电装机占 32.7%。虽然水电机组具有大范围的调节能力，但光伏发电作为负的负荷接入将加大系统等效峰谷差，峰谷差增大时，要求电源能在更大范围内调节输出，调峰变得更困难。

（1）青海电网的电源调峰特性。青海省水资源非常丰富，2010 年 1000 MW 以上的水电站有公伯峡、积石峡、龙羊峡、李家峡和拉西瓦电站，2015 年 1000 MW 以上的水电站有公伯峡、积石峡、龙羊峡、李家峡、拉西瓦和羊曲电站，调峰可以通过本省内电源实现。青海电网不参与调峰的机组有：自备电厂，为满足企业负荷，输出相对稳定，一般不参与调峰；小水电，小水电机组由于经济性原因亦不参与调峰。

（2）青海电网负荷特性分析。青海电网第二产业用电量比例一直保持在 80%~92.8%之间，工业的生产经营状况对青海省负荷的影响非常大，2008 年年底由于金融危机，工业用电大幅减少，导致 2008 年冬季负荷出现低谷。但多年运行结果显示，青海电网年最高负荷大多出现在 11 月和 12 月，最小负荷主要在 5 月和 6 月。年平均日负荷率在 0.9 左右，负荷率较高是由于青海电网负荷以工业负荷为主，第三产业及城乡居民生活用电比重相对较小的负荷构成特点所决定。

工业负荷比重过大使得青海电网日负荷没有固定的规律性，双峰特征不明显，青海电网有三个峰值负荷时段，分别为 8:00 左右、12:00 左右和 21:00 左右，而且三个峰值负荷大小基本接近，差别不明显。而低谷负荷在半夜到凌晨 5:00 前比较常见，但同时白天也有负荷很低甚至低于凌晨时段负荷的时候。青海电网 2008 年负荷最大最小负荷出现 90%以上出现在 23:00~5:00 之间，而 90%的高峰负荷分布在两个时段，一个在 12:00~13:00，另外一个是 18:00~22:00 之间。

根据《青海电网"十二五"电网规划设计》，2008 年，青海电网实际最高发电负荷为 4110 MW，由于工业的增长和居民生活水平提高，青海电网负荷增长很快，据中等水平负荷预测，2010 年青海电网负荷实测、2015 年青海电网负荷预测如表 10 - 1 所示。鉴于青海电网电解铝、铁合金、碳化硅等高载能工业用电量占全社会的 80%以上，最大负荷预测结果将受预测年份工业用电项目的建设进度影响较大，因此分析结论中尽量采用相对数值，受此预测结果影响不大。

表 10 - 1　2010 年实测、2015 年青海电网最大负荷预测　　　　单位：MW

项目	2010 年（实测）	2015 年（中水平预测）
装机容量	12430	22730
最大负荷	7600	15980

（3）光伏电站输出对负荷峰谷差的影响。由于光伏发电输出完全由天气状况决定，具有随机性、间歇性和明显的周期性，在光伏接入电网研究中，通常将光伏电站输出视为负的负荷。如果能够对光伏发电功率进行预测，则可以根据二者叠加后的负荷（或称等效负荷）来安排其他电源的调度曲线，因此有必要对光伏电站接入后系统等效负荷的特性进行分析，来研究电网调峰问题。光伏发电的接入有可能使等效负荷的峰谷差变大，也有可能使等效负荷峰谷差变小，峰谷差变大后不但不能改善系统的负荷特性，反而使其有所恶化；而且，光伏装机容量越大，影响越大。峰谷差变大后使得负荷在大范围内变化，系统调峰变得困难。

3）青海电网调峰能力对光伏接纳能力的影响

电力系统（包括电网、所有的发电厂和负荷）的调峰能力有限，这是制约青海省光伏接纳能力的最主要因素，其是由两个关键环节共同决定的。

（1）负荷的峰谷特性。电力系统的负荷是随机波动的，但对于一个大的电力系统，负荷的变化又有一定的规律可循，每天都有一个负荷最大值和最小值，即峰荷和谷荷，负荷的峰谷差越大，对电力系统的影响也越大。目前电力系统的负荷预测，经过多年的发展，已经比较成熟，预测精度也比较高，误差一般在 5% 以内，从而使得电力系统可以提前安排常规电厂的运行方式，保障电网的运行安全，也就是说，目前负荷是一个可预测但不可控的变量。

（2）发电厂的调节能力。电力系统的发电和用电必须同步完成才能保证电力系统的稳定，但目前对负荷的变化进行控制，只能通过随时调整发电厂的输出来适应负荷的变化。负荷增加时，必须同时增加发电厂的输出满足负荷的要求；负荷降低时，必须同时降低发电厂的输出保持发供电的平衡，负荷的波动越大，就需要电力系统发电厂的调节幅度越大。但发电厂也有一个允许的输出调节范围，上限不能超过额定输出，下限不能低于发电厂的安全运行限值。青海省火电厂的安全下限，一般在 60%～70%，输出再下降，就会导致火电厂被迫停机，而火电厂的启停至少需要一天的时间，启停一次的代价动辄需要数十万元，所以一般尽量需要避免火电厂进行启停调节。水电厂的调节能力较强，安全下限很低，而且启停调节的速度很快，也不需要额外的费用，但必须保证下游的水量，青海很多水电厂都是采用以水定电的方式进行发电，调节的能力也受到一定的限制。

因此，目前的电力系统，是由可调可控但调节能力有限的发电厂来满足可预测但不可控的负荷，只要负荷的变化在发电厂的可调范围之内，电力系统都能维持安全稳定运行。

光伏发电是一个波动性的、间歇性的电源。光伏电站的发电输出完全取决于太阳的辐射强度，中午阳光最强时输出最大，早晨和傍晚很小，晚上输出降到 0，但这只是一个大致的规律，白天云彩的遮挡就会导致光伏电站输出的急剧降低，云层漂过移走后光伏电站的输出有迅速恢复。目前国内还没有光伏发电功率预测系统，光伏电站的输出成为一个不可预测也不可控的变量（负荷是一个可预测不可空的变量）。如果未来几年内开发出光伏功率预测系统，较为准确的预测出光伏电站的输出，电力系统就可以像对待负荷一样，提前准备，提前安排常规发电厂，以应对光伏电站输出的波动性。因此，光伏发电的功率预测系统，有利于电力系统的调度运行和安全稳定。

但仅有功率预测系统还是不够的，因为即使光伏发电做到了可预测，其输出的波动性仍是一个无法改变的固有特性。光伏电站输出增加，意味着常规发电厂承担的负荷降低，常规电厂需要调节降低输出；反之，光伏电站输出越低，常规发电厂需要增加输出承担更多的负荷。从常规发电厂来看，光伏电站的输出更像一个"负的负荷"。

也就是说，电力系统中常规电厂的调节能力，以及负荷的特性是决定整个系统光伏安装容量的决定性因素。如果安装超出电网接纳能力的光伏发电，导致火电厂启停调峰，水电厂弃水，降低了常规电厂效益，导致光伏电站降压输出运行，投资收益受损。

（3）结论。综合考虑上述因素，通过仿真分析，表明：2015 年青海省电网最大光伏接纳能力 1000 MW。所有的规划都存在不确定性因素，青海省光伏接纳能力研究的不确定性主要有三个方面：

① 电源方面：常规电厂在电力系统中起到电能的提供和功率平衡的保障作用，如果电源的建设没有达到规划目标，特别是调节能力强的水电没有达到规划目标，电力系统的调节能力就会有所降低，那么系统接纳波动性光伏发电的能力也会受到影响。

② 负荷方面：负荷是电能的最终使用者，电力系统发出的电能需要负荷进行接纳，如果负荷没有达到规划预测，常规电厂发出的电能没有了足够的接纳市场，即"供大于求"，也将影响电力系统的光伏接纳能力。

③ 电网方面：电网是电源和负荷之间联系的纽带，担负着将电源发出的电能传输给用户的桥梁作用。如果电网建设规划进行了调整，光伏电站可能会面临输送不出去的"卡脖子"问题，比如假设海西地区 750 kV 网架缓建，那么海西地区的百万千瓦光伏电站就存在送不出来的问题。

另外，光伏发电自身规划的调整、技术的进步等，都有会对接纳能力带来影响。

3. 在接纳能力研究的基础上，对光伏发电的开发时序进行研究

工业负荷比重过大使得青海电网日负荷没有固定的规律性，双峰特征不明显，低谷负荷和高峰负荷分布比较分散，统计结果表明 90% 以上的低谷负荷出现在 23:00～5:00 之间，而 90% 的高峰负荷分布在两个时段，小部分出现在 12:00～13:00 之间，大部分出现在 18:00～22:00 之间。

光伏电站输出可视为负的负荷，通过与原负荷叠加得到的等效负荷分析其对青海电网峰谷差以及峰谷差率的影响。由于光伏电站输出时间集中在 6:00～18:00，而原负荷的低谷和高峰主要出现在凌晨和夜间，因此当光伏安装容量占到系统的最大负荷比率比较小低于 10% 时，光伏电站的接入不影响系统等效峰谷差率，对系统调峰基本没有影响。随着光伏电站穿透功率的增加，青海电网峰谷差率将线性增加，系统调峰愈加困难。

在光伏电站日输出最大值，集中出现的 12:00～15:00 之间，西北风电场出现大输出运行的概率也相对较大，达到 29.51%，远大于低谷负荷时出现的概率（2:00～5:00 之间为 4.92%）。即西北地区风电和光电同时达到大输出运行的概率较大，有时会使 12:00～15:00 之间成为负荷，在叠加风电和光电输出之后，变为低谷负荷，增大电网峰谷差，增加电网调峰难度。

西北地区有大规模风电发展计划，需要全网进行平衡、2010 年、2015 年西北地区规划风电装机分别为 7158 MW 和 16260 MW，规划风电的接入使西北电网（含新疆）的最大峰谷差率分别达到 32% 和 41.5%。2010 年的 200 MW 规划，光电对电网等效峰谷差率较小，最大只增加了 0.5%，而 2015 年 3200 MW 规划光伏的接入，使等效峰谷差率最大可增加 7%。

2010 年，西北地区除了可以接纳规划的风电装机，还有剩余调峰容量可以用来平衡光伏发电的输出波动，接纳规划的 200 MW 光伏发电是可行的。

2015 年，由于大规模风电的接入，西北电网已经出现了调峰能力不足的困难，调峰容量缺口达到 1756～2156 MW。在考虑接纳波动性的光伏发电时，应尽量不再增大电网的调峰困难。综合考虑光伏发电对青海电网和西北电网的影响，建议 2015 年青海省光伏发电容量不大于 1010 MW，可使光伏接入后不增大青海电网年最大峰谷差率，同时西北电网最大峰谷差率增量不大于 0.55。

西北电网（含新疆）需要通过提高水电/火电电源调节能力、扩大风电/光伏发电接纳范围、开展风电场/光伏电站功率预测、加强对风电场/光伏电站的控制能力等措施来提高整个系统的调峰能力，以应对大规模风电/光伏接入对电网调峰的影响。

全年的最大负荷及负荷特性。常规电源装机容量及输出特性，是确定电网调峰能力的关键边界条件，如果负荷水平及常规电源装机容量达不到预测值，电网的接纳能力将会受到影响。西北地区的风电规划也是影响青海电网光伏接纳能力的关键因素。各地区及分年度开发时序见表 10 - 2。

表 10 - 2　各地区分年度光伏发电开发时序建议

	年份	2011	2012	2013	2014	2015
格尔木南出口	汇集站电压(kV)	35			110	
	总安装容量(MW)	15	25	110	200	200
格尔木东出口	汇集站电压(kV)	110			330	
	总安装容量(MW)	105	125	150	250	450
锡铁山	汇集站电压(kV)	110				
	总安装容量(MW)	25	60	80	100	120
乌兰	汇集站电压(kV)	35	110			
	总安装容量(MW)	30	60	80	100	120
德令哈	汇集站电压(kV)	35	110			
	总安装容量(MW)	25	60	80	100	120
	总容量(MV)	200	330	500	750	1010

10.2　光伏发电并网技术

10.2.1　并网光伏电站接入系统分析

1. 光伏电站接入后电网潮流和无功电压分析

以青海海西光伏发电项目接入系统的相关技术问题研究为例，其目的在于评估光伏电站并网运行后对局部电网电压、潮流、暂态特性以及电能质量的影响，并提出可行的解决方案以保证电网及光伏电站的安全稳定运行。

茶卡光伏电站输出从零到满发的过程中,光伏电站吸收的无功功率逐渐增加,在满发时,光伏电站内部 0.4 kV 母线电压在额定电压的 $-10\%\sim10\%$ 范围内变化,变化幅度为 0.017 pu(标幺值,表示各物理量及参数的相对值),光伏电站 110 kV 母线电压变化幅度约为 0.013 pu。

对电网而言,茶卡光伏电站出力增加过程中,接入点海西乌兰 110 kV 母线电压先升高后降低,变化幅度最大约为 0.001 pu,乌兰 330 kV 母线电压几乎没有变化,可见茶卡光伏电站接入对电网电压影响非常小,在电网电压适合的范围内,光伏电站接入后各节点电压不会超出电压偏差范围。另外,由于茶卡光伏电站出力可以带一部分乌兰负荷,因此,随着光伏电站出力增加,330 kV 乌兰发电逐渐减少,明珠-乌兰和龙羊峡-乌兰线路有功功率也呈现逐渐减小的趋势,可见,茶卡光伏电站对局部电网潮流有一定的优化作用。

对光伏电站接入系统后潮流和无功电压进行分析,主要得出如下结论:

(1)两种负荷方式下,各个光伏电站接入后对局部电网电压影响很小,接入点电压变化幅度均不超过 0.01 pu。由于光伏电站接入点均为 110 kV、35 kV 低电压等级,光伏出力可以就地接纳,有利于优化电网潮流。

(2)两种负荷情况下,如果五个规划光伏电站同时接入电网,按照相同比例增长时,对电网电压影响也很小,对电网潮流有一定的优化作用。

(3)海西电网部分线路有可能造成的母线电压降低幅度过大,通过调整高压、低压电抗或进行容性无功补偿后,电压可维持在合适范围内。

2. 光伏电站接入系统分析

(1)潮流分析。

以格尔木市光伏电站为例,2015 年规划建设的光伏电站有 3 个,总容量 610 MW,分别为大勒滩 300 MW、河东农场 300 MW 及格尔木南出口 10 MW,大勒滩和河东农场光伏电站安装容量较大,建议分别通过 330 kV 和 750 kV 线路接入格尔木市,格尔木南出口光伏电站通过 35 kV 线路接入光明变。

格尔木市光伏电站对电网的影响:由于正常情况下的负荷潮流为乌兰流向格尔木,光伏电站的接入降低了 330 kV 和 750 kV 乌兰-格尔木线的负载率,并使格尔木系统电压上升,从电压偏差的角度来说,光伏电站可以不用装设容性无功补偿装置。需要注意的是,不能引起电网电压越上限。

(2)静态安全分析。

规划光伏电站的接入,不会导致格尔木系统发生静态安全稳定问题。

(3)潮流限制下的最大接纳能力。

光伏 35 kV 接纳能力主要受容量的限制,并与该变的负荷水平相关,2015 年光伏主变容量为 50 MV·A,最大负荷约 25 MW,建议 35 kV 侧接入的光伏发电安装容量不宜大于 25 MW。

格尔木市 330 kV 的接纳能力,在潮流限制条件下,主要受格尔木主变容量的限制,2015 年,格尔木市主变容量为 2100 MV·A。极大规模光伏电站通过 330 kV 线路接入后,母线电压也随之升高,需要投入电抗器以降低格尔木系统电压;随着光伏电站出力的进一步增大，格尔木变的潮流发生转向，由受电系统变为送电系统，格尔木主变及乌兰-格尔木线的负载率开始上升，电抗器陆续退出后还需要投入电容器维持格尔木系统的电压水平。格尔木市 330 kV 侧接入的光伏电站安装容量不宜超过 3600 MW。需要注意的是，该值只是保证格尔木市及相关线路不发生过载条件下的限值，实际上还要考虑暂稳极限的限制，以及电网调峰能力的限制。

3. 建议及结论

（1）首先对各区域规划光伏电站的接入对电网潮流和无功电压的影响进行分析，提出各光伏电站需要采取的无功补偿方案，规划光伏电站对电网静态安全的影响，以及各接入点在潮流限制下的最大接纳能力。需要说明的是，提出的无功补偿方案，只是为了满足光伏电站接入后电网电压偏差要求的一般性的补偿方案，只是为了表明电网电压是否会限制规划光伏电站的接入。光伏电站的实际并网无功补偿方案，还需要考虑电压变动以及并网点无功功率/功率因数考核等其他因素。

（2）全部规划光伏电站的接入，将使 750 kV 日月山-乌兰-格尔木线的潮流经常性地发生逆转，小出力时格尔木和乌兰片区为受点网络，大出力时为外送网络，增加了电压调整的难度。光伏电站大出力运行时线路负载率较大，而且使 750 kV 乌兰市负载率升高，最大能达到 60%。分析表明，基于各片区分别计算得到的无功补偿方案，不能适应全部规划光伏电站接入后电网电压要求，补偿方案需要做出调整。

（3）为解决全部规划光伏电站接入对电网电压带来的扰动，考虑了四种方案：

① 对原来的光伏电站无功补偿方案进行调整，加大无功补偿容量，仿真分析表明，只采用这种方法不能解决电网电压偏差问题。

② 在加大光伏电站补偿容量的基础上，在光伏电站接入比较集中的 750 kV 格尔木和乌兰加装自动投切式无功补偿装置，能有效地降低光伏电站出力的变化带来的电压波动。

③ 安装 SVC，与方案二相比，对电网波动的改善作用不明显，但是在加大光伏电站补偿容量的基础上，在 750 kV 格尔木市和乌兰安装 SVC，能明显平缓电网电压波动。

④ 如果大型光伏电站以电压源方式并网，但电网不采取其他无功补偿措施，将不能满足电网电压要求，还需要在 750 kV 格尔木市和乌兰安装自动投切式补偿装置或 SVC。

总的来说，全部规划光伏电站接入后，仅仅在光伏电站采取无功补偿措施，不论是自动投切式，还是 SVC，或者光伏电站采用电压源方式并网，都不能解决大规模潮流变化带来的电网电压波动，需要在电网的关键节点——750 kV 格尔木市和乌兰安装自动调节的无功补偿装置。

如果光伏电站安装容量按照 2015 年只接纳 1010 MW，能提高海西地区母线电压水平但不至于越上限，也不会出现母线电压降低需要在关键节点安装动态无功补偿装置的情况。主网与海西地区线路负载率降低，有利于降低网损，同时还不会出现线路潮流反向。

10.2.2　光伏发电接入后电网暂态稳定性分析

分析 2010 年规划光伏电站接入系统后对青海电网暂态稳定性的影响，主要考虑以下几种故障形式：青海网内主要 330 kV 线路发生三相短路故障；大机组跳闸；光伏电站因故障突然退出运行。

1. 光伏电站控制和保护要求

根据《国家电网公司光伏电站接入电网技术规定》，光伏电站接入电网后，公共连接点的电压偏差应满足 GB/T12325—2008《电能质量　供电电压偏差》的规定。

根据《国家电网公司光伏电站接入电网技术规定》，大型（接入电压等级为 66 kV 及以上电网的光伏电站）和中型（接入电压等级为 10～35 kV 电网的光伏电站）光伏电站应具备一定的耐受电压异常的能力，避免在电网电压异常时脱离而引起电网电源损失。

若光伏电站不具备低压耐受能力，光伏电站出力则按过电流保护和低压保护原则动作。其中过电流保护为逆变器电流超过额定电流 150% 瞬时切除；低电压保护为光伏电站接入点电压低于额定电压的 85%，且随时间超过 0.2 s 时切除。

2. 系统稳定判据

（1）功角稳定：系统受到大扰动后，各发电机之间最大相对功角小于 180°，并且相对功角为减幅振荡，振荡逐步衰减消失[4]-[6]。

（2）电压稳定：系统受到大扰动或下扰动后，系统中枢点电压不低于 80%U_n，且持续时间不超过 1 s，并且电压为减幅振荡，振荡逐步衰减消失。

（3）频率稳定：系统低频率时，正常情况下应不导致低频率减负荷装置动作，事故情况下可考虑低频率负荷装置动作，但系统不能发生频率崩溃，即系统最低频率不应低于低频减负装置最低频率值；系统高频率时，最高频率不应高于电网中发电机组高频率保护最低频率整定值，一般应不高于 50.5～51 Hz。

3. 故障形式

研究暂态稳定时，主要考虑以下几种故障类型：

（1）规划光伏电站接入前后，330 kV 线路三相短路故障。分别计算普通保护和快速保护后系统的稳定性。普通保护为短路点近端 0.1s 切除，远端 1s 切除，快速保护为远、近端均 0.1 s 切除。

（2）规划光伏电站接入前后，网内大机组跳闸。

（3）某个光伏电站突然退出运行。假设光伏电站送出 110 kV 线路发生三相短路故障并于 0.2 s 后切除。

4. 输电线路三相短路故障

分析海西五个光伏电站接入前后，青海网内各条 330 kV 线路发生三相短路故障时的系统稳定性。

（1）不论规划的光伏电站是否满发，发生 330 kV 乌兰-巴音线路三相短路故障并采取普通保护后，青海电网各节点电压和机组功角在故障清除后均可以恢复稳定；光伏电站满发时，故障情况下，光伏电站由于自身的过电流保护动作分别退出运行，其中茶卡、德令哈西口、尕海南光伏电站于 0.2 s 退出运行，格尔木南、河东农场光伏电站于 0.3 s 退出运行。

若采取故障后快速保护，则光伏电站依然会因为过电流保护动作而切除，青海电网可以维持稳定运行。

(2) 330kV格尔木-盐湖线路。可以看出,不论规划的光伏电路是否爆发,发生330 kV乌兰-巴音线路三相短路故障并采取普通保护后,海西电网内格尔木燃气电厂机组和盐湖综合利用机组功角与等值机之间摇摆角度超过180度,机组功角失稳,海西电网各节点电压摇摆幅度很大且不能回复,系统电压发生失稳;光伏电站满发时,故障情况下,光伏电站由于自身的过电流保护动作分别退出运行,时间均在0.2 s左右。

不论光伏电站故障是否爆发,发生330 kV乌兰-巴音线路三相短路故障并采取快速保护后,海西电网各节点电压和机组功角均可以恢复稳定。另外,光伏电站满发时,故障情况下,尕海南光伏电站和茶卡光伏电站可以抵御外部风险,维持并网,其他光伏电站均因过电流保护动作退出运行。

(3) 机组跳闸。不论光伏电站是否满发,发生拉西瓦一台700 MW机组跳闸故障后,电网都可以恢复稳定运行,且机组跳闸对于光伏电站影响很小,光伏电站均可以维持稳定并网运行。

(4) 光伏电站因故障切除。100 MW光伏电站于0.3 s突然退出运行后,系统各节点电压经过减幅振荡后可以恢复稳定,且稳定后的电压值略高于退出前的电压值,光伏电站退出运行对机组功角影响很小,各机组功角几乎变化很小且很快恢复稳定。同样地,其他几个光伏电站因故障切除时,均不会对青海电网稳定运行产生影响。

5. 建议及结论

对光伏电站接入系统后对电网暂态稳定性的影响进行分析,主要得出如下结论:

(1) 网内330 kV发生三相短路故障时,故障位置不同对光伏电站影响不同。若采取普通保护,则光伏电站在故障后均由于自身保护动作切除,若采取快速保护,某些光伏电站可躲过故障维持并网运行。青海电网大部分330 kV线路发生三相短路故障时,尕海南、德令哈西口以及茶卡光伏电站都将因保护动作退出运行,而河东农场和格尔木南出口光伏电站稳定运行的范围更大。经计算验证,即使故障时所有光伏电站都退出运行也不会对系统频率、传输线功率以及节点电压产生实质性的影响。

(2) 若规划光伏电站均具备低电压穿越能力,则不论线路故障后采取的是普通保护或快速保护,光伏电站都可以在故障期间维持并网运行,故障后恢复出力,这将更有利于系统安全稳定的运行。

(3) 发生330 kV线路三相短路故障时,不论规划光伏电站是否满发,青海电网稳定性没有实质性的变化,可见,2010年200 MW光伏电站的接入不会影响青海电网的暂态稳定性。

(4) 发生青海网内大机组跳闸时,不论光伏电站是否满发,电网机组功角和电压均可以恢复稳定,且光伏电站可以维持稳定并网运行。

(5) 规划光伏电站中任一光伏电站因故退出运行后,都不会对电网稳定运行产生影响。

对光伏电站接入后产生的电能质量影响进行分析,包括电压偏差、电压变动、谐波分析,得出如下结论:

（1）采用适合的无功补偿装置后，光伏电站并网运行引起的电压偏差要符合国标要求。

（2）大部分光伏电站引起的电压变动符合国标要求，接入光伏电站会引起电压变动超过标准允许值，需要考虑采取补偿更小的无功补偿装置。

（3）采用逆变器时，各个光伏电站在公共连接点产生的谐波电流注入均满足国际标准要求，采用 2 型逆变器时，某些次数谐波电流将超出标准规定的限值。

（4）采用逆变器，光伏电站联合并网运行在各点并网引起的各次谐波电压含有 2 次和 7 次谐波电压含有率超出国际标准要求，需要在光伏电站安装滤波装置。

（5）由于谐波计算结果与逆变器参数、电网运行方式密切相关，这里给出的是以典型参数为基础的计算结果，因此建议在光伏电站投运初期进行电能测试，以对光伏电站对电网电能质量的影响进行准确评估并确定是否需要安装滤波装置。

10.2.3 光伏电站并网运行后系统的暂态特性

对光伏电站接入系统后对电网暂态稳定的影响进行分析，主要得出如下结论：

（1）网内 330 kV 发生三相短路故障时，故障位置及清除时间不同对光伏电站的影响不同。若采取普通保护，则光伏电站在故障后会由于自身保护动作切除，若采取快速保护，部分光伏电站可躲过故障维持并网运行。

（2）光伏电站接入后，当青海网内发生 330 kV 线路故障，由于光伏电站抗扰动能力差，将出现大范围内的光伏电站退出运行，虽然不会导致系统的暂态稳定性发生根本性的变化，但功率缺额带来的二次冲击，使得系统的频率、功角和电压波动幅度加大、振荡时间变长。

（3）如果光伏电站具备低压穿越能力，将有利于降低其对电网频率、功角和电压稳定性带来的不利影响。

（4）青海网内发生大机组跳闸时，不论光伏电站是否满发，电网机组功角和电压均可以恢复稳定，且光伏电站可以维持稳定并网运行。

（5）规划光伏电站中任一光伏电站因故退出运行后，都不会对电网稳定运行产生影响。

10.3 风电并网的技术要求

10.3.1 风电并网技术标准的制定

目前我国风力发电方面的标准大多是针对设备的，在接入电网方面的标准较少。2005 颁布的 GB/Z 19963—2005《风电场接入电力系统技术规定》、国家电网公司颁布的企业标准国家电网发展 2006《风电场接入电网技术规定》及《国家电网公司风电场接入系统设计内容深度规定（试行）》等对接入电网的风电场提出了具体的技术要求，受当时的技术水平和风电发展情况影响，已不能满足今后大规模风电发展的新形势。2009 年，国家电网公司根据风电大规模发展的新情况，组织修订发布了《风电场接入电技术规划(修订版)》和《风电场接入系统设计内容深度规定(修订版)》。为满足大规模风电接入电网的需要，下一步要加快建立风电接入电网的标准体系，继续完善国标《风电场接入电力系统技术规定》，尽快将《风电场接入电技术规定(修订版)》和《风电场接入系统设计内容深度规定(修订版)》上升为行业或国家标准，制定风电场接入电网运行控制的技术和管理规定等，规范风电并网运行，保证风电健康有序发展。

目前，正在组织编制的风电并网相关规定有：《风电调度运行管理规范》(东北网调)、《大规模风电并网运行控制技术规定》(中国电力科学研究院)、《风电公路预测系统管理规定和技术规范》(中国电力科学院)等。

10.3.2 风电并网技术要求内容

1. 风电场接入的电压等级及电网加强要求

对于风电场接入电网的电压等级及送出线路导线型号并无明确的技术要求，只要能够满足风电功率的全额送出及各种运行方式下电网的安全稳定即可。下面以西北地区的风电场接入电网为例加以说明。

西北地区主要风电场接入系统的研究表明，必须通过建设高一级电压电网，提高局部电网甚至全网的输出能力的安全稳定运行水平，才能实现西北地区风电"十一五"发展目标。具体来讲，就是要加快河西 750 kV 电网、新疆 750 kV 电网及新疆电网——西北主网 750 kV 联网等工程的建设，充分利用 750 kV 电网的输电能力和五省(区)同步互联电网的大电网优势，促进西北风电持续、快速发展。

"十二五"末，当西北千万千瓦风电基地建成，其风电电力无法完全依靠西北电网自身接纳，最终需通过 750 kV 电压等级的线路送出，在更大的范围内接纳。对于接入西北电网的风电场，以 220 kV 或 330 kV 电压等级的线路汇集，并通过 750 kV 输电通电通道送出。

2. 风电场有功功率控制的要求

各种情况下对风电场的有功功率提出的要求如下：

(1)电网故障或特殊运行方式要求降低风电场有功功率，以防止输电设备发生过载，防止稳定破坏。

(2)当电网频率过高时，如果常规调频电厂调频能力不足，需要降低风电场有功功率，严重情况下可以切除整个风电场。

(3)在其他电网紧急情况下，电网调度部门可以调整风电场输出的有功功率。

(4)风电场应限制输出功率的变化率。最大功率变化率包括 10 min 功率变化率和 1 min 功率变化率，具体可以参考相关规定要求。

(5)紧急事故情况下，电网调度部门有权临时将风电场解列。事故处理完毕之后，应及时恢复风电场的并网运行。

为了实现上述风电场有功功率的控制，风电场需具有有功功率控制系统，能够实现对整个风电场有功功率的灵活控制，实现风电场最大输出功率及功率变化率不超过电网调度部门的给定值。

3. 风电场无功功率及电压控制的要求

各种情况下对风电场的无功功率提出的要求如下：

（1）在风电场任何运行状态下，风电场无功功率的调节范围和响应速度，需要根据风力发电机组运行特征、电网结构和特点决定，应满足风电场并网点电压调节的要求，以保证风电场具有在系统故障情况下能够调节电压恢复至正常水平的足够无功容量。

（2）风电场无功补偿装置可采用分组投切的电容器或电抗器，必要时采用可以连续调节的静止无功补偿器或其他先进的无功补偿装置。风电场无功功率的调节速度，需要根据风力发电机组运行特性、电网结构及运行要求确定。

（3）当机端电压在额定电压的 90%～110% 范围内，风电机组应能正常运行。

（4）当风电场的并网电压为 110 kV 及其以下时，风电场并网点电压的正、负偏差的绝对值之和不超过额定电压的 10%。

（5）当风电场的并网电压为 220 kV 及其以上时，正常运行时风电场并网点电压的允许偏差为额定电压的 $-3\%\sim+7\%$。

（6）风电场参与系统电压调节的方式包括调节风电场的无功功率和调整风电场中心变电站主变压器。风电场无功功率应当尽可能在一定容量范围内进行自动调节，使风电场并网点电压保持在电压允许偏差或电网调度部门给定的限值范围内。

（7）风电场变电站的主变压器宜采用有载调压变压器，分接头切换可手动控制或自动控制，根据电网调度部门的指令进行调整。

西北地区大规模的风电开发，对电网的电压控制提出了很高的要求。由于风电的间歇性，给电网的运行方式带来更多可能出现的情况，波动的风电引起电网电压更快、更大范围的波动，为了保证风电电力的送出及控制电网电压在正常运行范围内，需采用各种新技术以确保系统的无功电压。

最新的研究表明，千万千瓦的风电基地运行后，电网侧（750 kV 电压等级）需装设可控高抗与线路串联补偿装置才能够满足系统运行方式的要求；而在风电场侧，则需要风电场具有更大的无功控制范围，才能保证风电场正常运行电压，因此会对每个风电场提出更高的无功范围要求。对风电场侧的无功电压控制可提出如下要求：风电场必须在任何运行方式下，具有在风电场升压变高压侧（并网点）保证整个风电场的功率因数在 $-0.97\sim+0.97$ 范围内快速连续可调的能力；也可以结合具体每个风电场实际接入情况通过开展风电场接入电网专题研究来确定。

4. 风电场低电压穿越的技术要求

当电网发生故障引起风电场并网点的电压跌落时，在一定电压跌落的范围内，风电场必须保证能够不间断地并网连续运行。低电压穿越要求为：风电场必须具有在电压跌至 20% 额定电压时能够维持并网运行 625 ms 的低电压穿越能力；风电场电压在发生跌落后 3 s 内能够恢复到额定电压的 90% 时，风电场才能保持并网运行。

5. 风电场允许所能承受的电压及频率波动范围

当风电场的并网电压为 110 kV 及其以下时，风电场并网点电压的正、负偏差的绝对值之和不超过额定电压的 10%。当风电场的并网电压为 220 kV 及其以上时,正常运行时风电场并网点电压的允许偏差为额定电压的 3%～7%。

6. 风电场电能质量指标的要求

基于下列指标来评价风电场对电能质量的影响:电压偏差、电压变动、闪变和谐波。风电场接入电力系统应使并网点的电压偏差不超过所规定的限值。风电场在公共连接点引起的电压变动应当满足 GB12326 的要求。风电场所在的公共连接点的闪变干扰允许值应满足 GB12326 的要求,其中风电场引起的长时间闪变值 Plt 和短时间闪变值 Pst 按照风电场装机容量与公共连接点上的干扰源总容量之比进行分配,或者按照与电网公司协商的方法进行分配。

风力发电机组的闪变测试与多台风力发电机组的闪变叠加计算,应根据 IEC61400—21 有关规定进行。当风电场采用带电力电子变换器的风力发电机组时,需要对风电场注入系统的谐波电流做出限制。风电场所在的公共连接点的谐波注入电流应满足 GB/T14549 的要求,其中风电场向电网注入的谐波电流允许值要按照风电场装机容量与公共连接点上具有谐波源的发/供电设备总容量之比进行分配,或者按照与电网公司协商的方法进行分配。风力发电机组的谐波测试与多台风力发电机组的谐波叠加计算,应根据 IEC61400—21 有关规定进行。

7. 风电场测试要求

风电场测试必须由具备相应资质的单位或部门进行,并在测试前将测试方案报告给所接入电网调度管理部门备案。当风电场装机容量超过 30 MW 时,需要提供测试报告。如果累计新增装机容量超过 30 MW,则需要重新提交测试报告。风电场应当在并网调试运行后 6 个月内向电网调度部门提供有关风电场运行特性的测试报告。提交报告后才能转入商业化运行。

测试应按照国家或有关行业对风力发电机组进行运行制定的相关标准或规定运行,并必须包括以下内容:有功/无功控制能力、低电压穿越能力(KVRT)、电压变动、闪变、谐波。

8. 通信自动化

风电场与电网调度部门之间的通信方式和信息传输需按照电网调度部门的要求进行,包括提供遥测和遥信信号及其他安全自动装置的种类,提供信号的方式和实时性要求等。

在正常运行情况下,风电场向电网调度部门提供的信号至少应当包括:风电机组单机运行状态,风电场高压侧母线电压,每条出线的有功功率、无功功率、电流和高压断路器的位置信息。

考虑到以后风电功率预测系统的投入运行,风电场需要提供风电场内的测风数据(风电场内测风塔的测风数据)。

在风电场变电站需要安装记录装置,记录故障情况。该记录装置应该包括必要数量的通道,并配备至电网调度部门的数据传输通道。

9. 风电场模型及相关参数要求

风电场开发商应提供风力发电机组、电力汇集系统及风电机组/风电场控制系统的有关模型及参数，用于风电场接入电力系统的规划与设计及调度运行。

风电场应当跟踪风电场各个元件模型和参数的变化情况，并随时将最新情况反馈给电网调度管理部门。

10. 风电场接入系统专题研究

风电场接入电力系统的专题研究应包括风电场接入前后电力系统各种典型运行方式下的潮流、短路、稳定性计算分析及电能质量分析。

专题研究得到的结论及提出的技术措施，应保证风电场接入后在电力系统各种运行方式下电网运行的安全与稳定及电能质量。

目前，国内风机制造厂商因受关键技术及价格制约，风机的有功、无功调节性能较弱，对电网故障和扰动的过渡能力不足，难以满足风电大规模并网的技术要求。同时，我国风电场并网技术要求和验收程序不规范，有关技术规定的约束力不强，对风电企业不满足技术要求的应对措施不足。

10.4　电网大规模接入风光电的适应性

10.4.1　光伏发电并网运行要求

1. 大规模光伏发电对电网的影响

光伏发电具有波动性和间歇性，因此大规模光伏电站的并网运行会对电力系统的电压水平、短路电流水平、系统稳定性、调峰调频、系统备用容量、电能质量等产生不同程度的影响。

1）对电网电压水平的影响

由于我国太阳能资源丰富地区距离负荷中心较远，大规模的光伏发电无法就地接纳，需要通过输电网络远距离输送到负荷中心。在光伏发电出力较高时，大量光伏功率的远距离输送往往会造成线路压降过大，局部电网的电压稳定性受到影响，稳定裕度降低。

2）对电网短路电流水平的影响

目前国内并网光伏电站逆变器均是采用电流源控制模式。研究表明，在该种控制模式下，光伏电站附近母线节点的短路容量在光伏电站发电与不发电时相差较大，光伏电站对附近节点短路电流有很大贡献且提供的短路电流主要是有功分量，其大小主要取决于故障前的有功功率和故障期间逆变器交流侧的母线电压。

3）对电网电能质量的影响

由于光伏发电具有波动性和间歇性的特点，导致并网光伏电站的输出功率波动，从而引起电网电压波动和闪变等电能质量问题。而光伏电站中大量使用的电力电子变频设备则会带来谐波问题。

4）对电网稳定性的影响

当电网中光伏发电的穿透光率较大时，光伏发电的接入将会对电网原有的潮流分布、线路传输功率与整个系统的惯量产生影响。因此，大规模光伏发电接入电网后，电网的暂时稳定性都会发生变化。

5）对电网调度运行及电网备用容量的影响

由于地区负荷特性往往与光伏发电出力特性不一致，导致大规模光伏发电接入后会增加电网调度的难度，需要电网留有更多的备用电源和调峰调频容量，这将给电网带来附加的经济投入，增加电网的运行费用。

2. 电气化铁路发展与光伏发电的相互影响

1）电气化铁路对电网的影响

电气化铁路所采用的整流式电力机车是一种不对称负荷，具有非线性、冲击性和短时集中负荷特征，对越区的供电能力要求高，具有显著的谐波、负序特性，列车运行时牵引供电系统将向电力系统注入谐波电流和负序电流分量。

（1）负序电流电压对电力系统的危害。对于系统中的发电机，当三相电流不平衡时，会导致发电机出力下降，造成附加振动和损耗，产生额外的热量和能量损失，而由此引起的局部高温现象，会降低转子部件金属材料的强度和线圈绝缘强度。

负序电压对异步电动机的运行是十分不利的，较小的负序电压加到异步电动机上，将会引起较大的负序电流及负序逆转电磁转矩，直接影响异步电动机的效率和安全可靠运行。由于负序电流造成三相电流不对称，电力变压器三相电流中有一相电流最大，而不能有效发挥变压器的额定出力(变压器容量利用率下降)。负序电流流过输电线路时，负序电流实际上并不做功，而只是造成电能损失，增加了网损，降低了送电线路的输送能力。

此外，负序电流还会干扰继电保护和自动装置的负序参量启动元件，使它们频繁误动。为消除负序对继电保护的影响，需要增加继电保护装置的复杂性，降低可靠性。

（2）谐波电流对电力系统的危害。谐波对电力系统的影响大致可以分为两个方面：其一，过大的谐波电流流入电器设备，会造成负荷过热现象，并可能在一定条件下形成谐振现象；其二，对利用电压波进行控制的设备以及仪表计量等会引起控制误差和计量误差，影响准确性。

谐波会导致发电机产生附加损耗与发热，引起附加振动、噪声和谐波过电压，造成异步电动机的定子绕组绝缘老化，电缆等设备局部放电、过热、绝缘老化、寿命缩短，以致损坏；干扰继电保护和自动装置，引起保护误动作，影响系统安全稳定运行。

在谐波频率下系统中各元件对地和相间分布电容的存在，使得电力系统中构成了一个复杂的由电容、电抗和电阻组成的网络，加上系统中本来存在的补偿电容器等大电容元件和电磁式电压互感器，变压器等非线性磁性元件的相互作用，会在系统的局部存在谐波谐振或对谐波敏感的点，因此高铁负荷注入系统的谐波可能引起谐振和谐波放大。

（3）冲击特性。牵引负荷虽然平均负荷不大，但是冲击负荷大，并且具有明显的时段集中特性和地域集中特性，如早晚时段和节假日客流高峰期的牵引负荷明显集中，在网架薄弱地区将危及电网运行安全。

2）改善牵引负荷影响的措施

(1) 各牵引变电站的牵引变压器采用换相连接，采用三相、两相平衡变压器。

(2) 对普通电力机车，在机车牵引绕组设置晶闸管投切三次振谐电容补偿电路。

(3) 在牵引变电站供电臂上投切三次振谐电容补偿电路。

(4) 铁路调度部门力求牵引变电站两供电臂负荷分布均匀。

(5) 在牵引变电站装设静止无功补偿器(SVC)等补偿装置。

3）电气化铁路对电网的供电要求

(1) 普通电气化铁路牵引变电站一般接入 110 kV 电力系统，高铁牵引站接入电压等级较高，为 220 kV 和 330 kV 系统。接入的系统电压等级越高，短路容量越大，系统负荷和谐波的承受能力越强，牵引供电系统电能损失越小，供电可靠性越高，但会相应增加成本。

(2) 供电方式：电气化铁路牵引一般采用两路独立电源供电，两路电源互为备用。

(3) 目前国内多数地区 110 kV 和 220 kV 电网解环分层进行，电气化铁路只对 PCC（公共连接）点及附近系统的电能质量有较大影响，即电气化铁路对电网电能质量的影响是局部的，但此时牵引变压器换相接入减小负序电流影响的措施失去作用。

4）高速铁路与并网光伏电站的相互影响

(1) 电能质量。就目前的技术水平而言，电气化铁路向电网注入的谐波和负序分量，远大于光伏电站。在电气化铁路较为集中的地区，电能质量问题都比较突出，时常发生电能质量超标的情况。

光伏电站采用大功率逆变器并网，高速铁路牵引负荷在电力系统中产生的谐波和负序电流会干扰逆变器的功率控制，导致逆变器输出功率受损，严重时导致控制失败，光伏电站不能正常并网运行。

在电气化铁路接入之前，需要校核其引起的谐波和负序分量问题，避免电气化铁路影响光伏电站的正常运行，同时也要求光伏电站具备足够的抗谐波的电压不平衡能力，避免类似于电气化铁路接入使风电场停机的事件发生。

光伏电站会向电网注入一定的谐波电流，在光伏电站接入电网前，必须进行电能质量专题研究，只有电能质量合格或提出了治理措施才允许并网。并网试运行时，必须进行电能质量测试，测试合格才能并网运行。采取专题研究和入网测试两个手段，保证光伏电站接入电网不会引起电网电能质量超标，避免产生不利影响。

(2) 供电可靠性。电气化铁路需要高可靠性的供电电源保障其安全运行，电气化铁路牵引一般采用两路独立电源供电，两路电源互为热备用，在运行线路发生故障停运时，能立即自动切换到另一路运行。

通过暂态稳定性分析，表明光伏电站的接入，没有恶化青海电网的稳定性，不会对电气化铁路的供电可靠性带来直接影响。

3. 大规模光伏发电站的并网技术要求

我国的电网结构相对薄弱，许多在建或者规划中光伏电站都位于电网薄弱地区或者电网末端，加之光伏发电具有波动性和间歇性，光伏发电的接入会对地区电网带来一些不利的影响。为了保证大规模光伏电站接入后电网和光伏电站的安全稳定运动，有必要制定光伏电站接入系统的技术标准。为此，国家电网公司于 2009 年 7 月颁布实施了《国家电网公司光伏电站接入电网技术规定》，对接入电力系统的光伏电站提出了技术要求。

10.4.2 规划光伏发电的经济效益和运行成本分析

光伏发电经济效益不能按照常规电源建设的投资收益来分析，而需要从光伏电站自身建设、并网和电力系统运行的角度来综合考虑，从电站方和电网方综合分析光伏发电的经济效益。

1. 光伏电站投资收益分析

1）光伏电站成本

2008 年，并网光伏发电系统成本每千瓦大约为 4 万元，2009 年，由于金融危机的影响，并网光伏发电系统成本大幅降低，系统最低价格降到了每千瓦约两万元。但总的来说，国内光电工程的系统造价差别较大，每千瓦时的单位造价在 2 万元到 4 万元不等。光伏组件投资占并网光伏发电系统投资成本大约 54.5% 左右，其对整个光伏发电系统成本又很大的影响。表 10-3 是并网光伏发电系统投资成本构成表。

表 10-3　并网光伏发电系统投资成本构成

项目	投资（万元）	比例（%）
光伏组件	1.5	54.5
并网逆变器	0.25	9.1
配件	0.5	18.2
其他费用	0.5	18.2
合计	2.75	100

2）光伏发电电量

光伏电站年理论发电量为光伏电站装机容量和光伏组件表面太阳能年有效利用小时数的乘积，上网电量要考虑太阳能光伏发电系统的效率。太阳能光伏发电系统效率包括：太阳能电池老化效率、交直流低压系统损耗及其他设备老化效率、逆变器效率、变压器及电网损耗效率。太阳能电池由于老化等因素的影响，使太阳能光伏系统运行期发电效率逐年衰减，电池老化系数逐年按衰减 0.90% 计算；太阳能电池方阵组合的损失、尘埃遮挡、线路损耗及逆变器、变压器等电器设备老化，使系统效率降低，地面大型光伏电站损耗及老化综合效率取 80%，屋顶光伏发电损耗及老化综合效率取 81.5%。

2010 年青海省光伏装机容量为 200 MW，2015 年为青海省规划光伏装机容量 1010 MW，按照年等效发电利用小时数 1500 h 计算，2010 年光伏上网电量为 240 GW·h，2015 年为 1210 GW·h。

3）节能减排环境效益分析

煤炭用量，减少二氧化碳排放，对于改善生态环境、缓解温室效应有着重要的作用，具有节能减排社会效益。

2009 年全国火电机组平均发电煤耗为 339 g/kW·h，根据光伏发电电量预测结果，2015

年规划的光伏电站每年可减少标准煤用量为 41.11 万吨。根据相关资料，目前中国光伏电力的平均效益为 0.081 元/kW·h，2015 年规划光伏电站产生的环境效益为 9817 万元/年。

　　4）太阳能光伏系统的能量分期回收

　　太阳能光伏系统，其生产过程中会消耗一定的能量，特别是工业硅提纯、高纯多晶硅生产、单晶硅硅棒/多晶硅硅锭生产三个过程的能耗较高。在评价光伏发电对环境的影响时，必须考虑太阳能光伏系统在制造和安装运行工程中所消耗的那部分能量。太阳能光伏系统的能量回收期是指在全寿命周期中下消耗的总能量（包括生产制造、安装和运行过程中消耗的能量）与太阳能光伏系统运行时每年的能量输出之比，单位为年，即：能量回收期（年）＝太阳能光伏系统全寿命周期内的消耗/太阳能光伏系统每年的能量输出。

　　太阳能光伏系统的能量回收期取决于两个方面的数据：一是太阳能光伏生产制造、运输安装和运行过程中消耗的能量，这主要取决于生产制造的技术水平和运行管理能力；二是太阳能光伏系统的发电量，这取决于光伏电池系统和蓄电池系统的配置、系统的安装位置和方式、当地太阳能资源情况和运行维护的水平。

　　（1）太阳能光电系统全寿命周期内的能耗。计算太阳能光电系统全寿命周期内的能耗，首先要对太阳能光电系统的系统边界进行界定。从理论上说，全寿命周期研究的系统边界应包括太阳能光电系统的生产制造、运输安装、运行和设备回收等各个环节。多数研究都将太阳能光电生产系统制造过程中的能耗视为太阳能光电系统全寿命周期中的能耗。

　　（2）生产制造能耗分布。表 10-4 是 2007 年荷兰能源研究中心和荷兰 Utrecht 大学发展的生产制造能耗数据，反映了 2005/2006 年欧美光伏制造业的发展水平。并网多晶硅光伏发电系统生产过程的能耗为 29371 MJ/kWP，包括生产制造过程消耗的所有能源，折合电耗为 2525 kWh/kWp。

表 10-4　并网多晶硅太阳能光伏系统的生产能耗

项目	能源消耗量	
	按电耗计(kWh/kWp)	按一次能源消耗量计(kWh/kWp)
组件	2205	25606
框架	91	1061
配套部件	229	2660
总计	2525	29 327

　　从并网太阳能光伏系统生产过程中消耗的能量看，单晶硅太阳能电池系统的能耗最高，达到了 3308 kWh/kWp，为多晶硅太阳能电池系统的 131%；薄膜太阳电池系统的能耗最低，为 1995 kWh/kWp，比多晶硅太阳能电池系统低 21%。

　　从电池生产制造的各个环节来看，高纯多晶硅材料、硅锭和硅片的能耗最高。单晶硅电池系统生产中，这三个工艺消耗的能量占总能耗的 80%；多晶硅电池组件生产中，这三个工艺消耗的能量也占到总能耗的 72.5%。

　　电池片的总能耗中，生产原料高纯多晶硅和 SiC 的能耗占很大比例，占总能耗 80%，高纯多晶硅占总能耗的 62%，SiC 占总能耗的 18%，生产能耗仅占 12%。

　　（3）能量回收期的计算结果。关于太阳能光伏系统能量回收期的文献有两类，一类是太阳能光电系统的环境影响评价研究,通过研究产业的发展现状和基础数据,开展环境影响评价,能量回收期是环境影响评价的重要指标之一;另外一类是专门的能量回收期研究,采用已有文献的产业基础数据,开展多个城市和地区的能量回收期研究分析。

目前太阳能并网光伏发电系统的能量回收期为 1.5 年～6.9 年,远远小于太阳能光伏系统的寿命期(30 年)。随着技术水平的提高和产业的发展,未来单晶硅和多晶硅太阳能光伏系统的能量回收期都有可能降至 1 年以下。

根据国际能源机构对 26 个 OECD(经济合作发展组织)国家 41 城市的研究,采用最佳倾角安装的多晶硅太阳能光伏系统能量回收期为 1.6 年～3.3 年,最短的是澳大利亚的珀斯市,最长的是英国爱丁堡市;垂直安装在立面墙的太阳能光伏系统的能量回收期为 2.7 年～4.7 年,最短的是澳大利亚的珀斯市,最长的是比利时的布罗塞尔市。

研究表明,在国内采用最佳倾角安装的多晶硅太阳能光伏系统能量回收期为 1.57 年～3.76 年,最短的是拉萨市,最长的重庆市和成都市;垂直安装在立面墙的太阳能光伏系统的能量回收期为 2.5 年～6.92 年,最短的是拉萨,最长的是重庆。

(4)上网电价。

① 系统造价对上网电价的影响。假定项目资本金收益为 8%;贷款比例为 80%,贷款年限 20 年,贷款利率 6%,采用等额还本利息照付;设备折旧和年运行成本分别按照固定资产投资的 5% 和 0.2% 考虑;年发电有效利用小时数为 1500 h;不考虑土地价格。

② 太阳能资源条件对上网电价的影响。上网电价随年有效利用小时数增加而降低。

③ 国家相关政策。从 2008 年开始,我国在光伏发电上的政策令世界瞩目,在电价补贴和安装补贴方面都有政策出台。

安装补贴方面。2009 年 3 月,财政联合住房和城市建设部出台了《太阳能光电建筑应用财政补助资金管理暂行办法》,提出支持光伏建筑应用系统,并提供 20 元/Wr 的投资补贴。2009 年 7 月 16 日财政部、科技部和国家能源局联合印发了《关于实施金太阳示范工程的通知》,计划在 2 到 3 年内,采取财政补助方式支持不低于 500 MW 的光伏发电示范项目。并网光伏发电项目原则上按 50% 给予补助;偏远无电地区的独立光伏发电系统按 70% 给予补助。

电价补贴方面。2008 年 8 月,国家发改委核准了上海崇明岛前卫村屋顶太阳能光伏系统和内蒙古鄂尔多斯荒漠示范电站的价格为 4 元每千瓦小时。2009 年 6 月 23 日,我国第一个光伏发电特许权项目—甘肃敦煌 10 MW 光伏并网发电项目上网电价确定为 1.0928 元/kW·h。该电价将作为近期国内光伏发电项目的标杆电价进行推广。

表 10-5　太阳能光伏系统造价对上网电价的影响

太阳能光伏系统造价 (万元/kW)	上网电价 (元/kW·h)	太阳能光伏系统造价 (万元/kW)	上网电价 (元/kW·h)
1.1	0.90	2.9	2.37
1.4	1.15	3.2	2.62
1.7	1.39	3.5	2.87
2	1.64	3.8	3.11
2.3	1.88	4.1	3.36

④ 电价发展趋势。SEMI 中国光伏顾问委员会策划起草的《中国光伏发展路线初探》分析了太阳能光伏发电技术及成本,中国光伏发电成本在 2012 年为 1 元 1 度电。综合上述分析,光伏发电上网电价应该在 2020 年前,在太阳能资源丰富地带,具备与常规能源发电电价的竞争实力。

2. 大规模光伏发展需要补贴

2010 年青海省光伏安装容量为 200 MW,2015 年原规划为 3200 MW,按照年等效发电利用小时数 1500 h 计算,2010 年光伏上网电量为 300 GW·h,2015 年为 4800 GW·h。

2010 年青海光伏上网电价按照目前敦煌特许权项目上网电价执行,即 1.09 元/kW·h,脱硫火电标杆上网电价为 0.279 元/kW·h,光伏发电需要补贴 2.43 亿元。

另外,还没有计算常规能源,特别是火电上网电价的上涨,如果火电电价大幅升高,光伏发电对青海电网电价的影响也会降低。大规模光伏发电接入系统,需要电网建设相应的配套工程,需要增加附加电费,也会导致电价的上升。

3. 提高光伏发电经济效益的措施

大规模光伏发电并网需要电力系统调度运行方式做出相应调整才能保证整个系统的安全、经济运行。提高光伏发电经济效益一方面需要充分利用光伏发电产生的电量,不限制光伏发电电量上网;另一方面需要减少由于光伏发电带来系统的额外运行成本,提高常规电源的负荷率。由于间歇性电源的反调节特性,增大了电网平衡的调峰的困难,从而增大了调度的困难,给电网安全运行带来隐患;在现有电力系统调度运行方式下,为保证系统的安全稳定运行,必要情况下,系统不得不限制间歇性电源的出力,要充分发挥光伏发电的作用,提高光伏发电以及整个系统的经济效益,必要的解决方案是进行光伏功率预测和优化电网调度,最大可能减少系统备用成本。

电网公司应根据本省电网和太阳能资源的特点,开发出适应本省的光伏功率预测系统,并逐步建立光伏调度支撑系统,开发光伏电站实施运行、控制信息管理系统以及涉网参数数据库等,使得光伏电站的调度运行信息能接近或者达到常规电厂同等水平;光伏发电具备远程控制能力,使得当系统运行出现困难时,光伏发电参与系统调度。

参 考 文 献

[1] 李川. 基于节能发电调度的减少电网水电旋转备用的研究. 电力科学与工程, 2013 年(1)：32 - 37

[2] 张新松, 袁越, 傅质馨. 基于隐性备用约束的机组组合模型. 电力系统保护与控制, 2013(1)：136 - 142

[3] 王燕涛, 王大亮. 计及风电的系统旋转备用容量的确定. 电测与仪表, 2012(12)：22 - 27

[4] 梁健. 电力系统功角稳定的非线性控制方法综述. 广西电业, 2012(9)：91 - 94

[5] 蔡京陶, 邱乐琴. 李雅普诺夫稳定在电力系统静态稳定中的应用. 电子世界, 2012(23)：28 - 29

[6] 许强. 基于功角稳定的余热发电机励磁 DSP 控制系统. 河北科技大学学报, 2012(5)：439 - 442

[7] 张兴旺. B2C2N 系超硬材料的研究进展[J]. 无机材料学报, 2000, 15(4)：577 - 583

[8] 王革华. 新能源概论[M]. 北京：化学工业出版社, 2006

[9] 刘志刚, 汪至中, 范瑜, 等. 新型可再生能源发电馈网系统研究[J]. 电工技术学报, 2003(4)：108 - 113

[10] 胡家兵, 贺益康, 刘其辉. 基于最佳功率给定的最大风能追踪控制策略[J]. 电力系统自动化, 2005 (24)：32 - 38

[11] 刘其辉, 贺益康, 赵仁德. 变速恒频风力发电系统最大风能追踪控制[J]. 电力系统自动化, 2003 (20)：62 - 67

[12] 卢霞, 刘万琨. 太阳能烟囱发电新技术[J]. 东方电气评论, 2008(2)：63 - 70

[13] 高春娟, 曹冬梅, 张雨山. 太阳池技术研究进展[J]. 盐业与化工, 2012(5)：14 - 19

[14] 杨金明, 吴捷. 风力发电系统中控制技术的最新发展[J]. 中国电力, 2003(8)：23 - 28

[15] 鲁华永, 袁越, 陈志飞, 等. 太阳能发电技术探讨[J]. 江苏电机工程, 2008(1)：81 - 84

[16] 李建丽, 李黎黎. 风力发电与电力电子技术[J]. 能源与环境, 2006(5)：81 - 82

[17] 王超, 张怀宇, 王辛慧, 等. 风力发电技术及其发展方向[J]. 电站系统工程, 2006(2)：11 - 13

[18] 孙景钉, 李永丽, 李盛伟, 等. 含逆变型分布式电源配电网自适应电流速断保护[J]. 电力系统自动化, 2009(14)：71 - 76

[19] http://zhidao.baidu.com/question/8542451.html

[20] 周双喜, 吴畏, 吴俊玲. 超导储能装置用于改善暂态电压稳定性的研究[J]. 电网技术, 2004(4)：1 - 5

[21] 张建成, 黄立培, 陈志业. 飞轮储能系统及其运行控制技术研究[J]. 中国电机工程学报, 2003(3)：108 - 111

[22] 金广厚. 电能质量市场体系及若干基础理论问题的研究[D]. 华北电力大学(河北), 2005：1 - 108

[23] 李君. 电流型超导储能变流器关键技术研究[D]. 浙江大学, 2005：3 - 78

[24] 张强. 动态电压恢复器检测系统和充电装置技术的研究[D]. 中国科学院研究生院(电工研究所), 2006：1 - 60

[25] 李海东. 超级电容器模块化技术的研究[D]. 中国科学院研究生院(电工研究所), 2006：1 - 124

[26] 张宇. 新型变压器式可控电抗器技术研究[D]. 华中科技大学, 2009：1 - 156

[27] 曾杰. 可再生能源发电与微网中储能系统的构建与控制研究[D]. 华中科技大学, 2009：1 - 129

[28] 许爱国. 城市轨道交通再生制动能量利用技术研究[D]. 南京航空航天大学, 2009：1 - 161

[29] 周黎妮. 考虑动量管理和能量存储的空间站姿态控制研究[D]. 国防科学技术大学, 2009：1 - 171

[30] 汤平华. 磁悬浮飞轮储能电机及其驱动系统控制研究[D]. 哈尔滨工业大学, 2010：121 - 130

[31] 郭勇. 河南省太阳能光伏发电发展前景的研究[D]. 郑州大学, 2010：1 - 50

[32] 陈仲伟. 基于飞轮储能的柔性功率调节器关键技术研究[D]. 华中科技大学，2011：1-127

[33] 吴丽红. 太阳能光伏发电及其并网控制技术的研究[D]. 华北电力大学，2011：1-56

[34] 曾山. 几座塔式太阳热能发电站[J]. 国际电力，1997(4)：25-27

[35] 张照煌，刘衍平，李林. 关于风力发电技术的几点思考[J]. 电力情报，1998(2)：5-8

[36] 鹏飞. 我国太阳能热发电技术的一座里程碑[J]. 太阳能，2006(3)：59-60

[37] 陈枭，张仁元，李风. 太阳能热发电中换热管石墨防护套环的制备与研究[J]. 材料导报，2011(8)：100-114